序

治天下唯以用人為本，其餘皆枝葉事耳。

——雍正批鄂爾泰奏摺語錄

　　績效管理為組織策略與員工成果產出之間的橋樑。根據美商宏智國際顧問公司（Development Dimensions International, DDI）的一份「2011年全球領導力趨勢調查」報告，有超過42%的專業人資人員認同績效管理如目標管理、績效檢討等重要性。報告顯示出運用有效的績效管理與策略目標連結提升員工績效表現，是造就組織未來長遠發展的關鍵作為。

　　自2003年出版的這本《績效管理》（第一版），歷年來頗獲大專院校教授、學者的推薦，指定為教科書；在產業界，使用本書的圖表、案例作為設計、修訂績效考核與面談制度的佐證來源，其實用性亦獲得一致性的肯定。例如在《經理人月刊》第71期（2010年10月號），曾專文推薦本書：「從理論、方法、制度設計到執行，呈現績效管理的完整系統。各章節皆附有豐富的圖表、實務範例，提供經理人參考，如績效考核週期、績效面談檢核表等。特別的是第七章為著名企業的績效考核案例，包括IBM、日本花王、台積電等公司。」可窺見本書的價值。2014年出版的《績效管理》（第二版），將原先第一版共七章文字、圖表、案例加以精簡、濃縮，再加入最新的績效管理的實用知識與資料，延伸為十四章，期望更能適合大專院校一學期的《績效管理》教案進度安排；而目前企業界最重視的「目標管理」、「關鍵績效指標」、「360度績效回饋」、「平衡計分卡」及「部門績效衡量指標」等六大單元，則分門別類做一最完整的系列彙整，讓閱讀者得以現學現用，協助實現企業經營的總體目標。

　　本書（第二版）從宏觀面的〈績效管理概論〉（第一章）起頭，再陸續鋪陳出〈績效管理制度規劃〉（第二章）、〈績效考核方法〉（第三章）、〈目標管理制度〉（第四章）、〈關鍵績效指標〉（第五章）、

〈多元績效回饋制〉（第六章）、〈平衡計分卡的應用〉（第七章）、〈各職位績效衡量指標〉（第八章）、〈績效考核制度設計〉（第九章）、〈績效考核行政作業〉（第十章）、〈績效面談技巧〉（第十一章）、〈績效追蹤與改善計畫〉（第十二章）、〈績效管理發展〉（第十三章），並以〈著名企業績效管理制度實務〉（第十四章）的十四家案例作為總結。

　　本書並採用眾多有啟發性的小常識、趣味性的故事、實用性的圖表和績效管理辭彙，使本書在理論與實務方面能相互結合，讓閱讀者更容易掌握績效管理的精髓所在，引用的資料皆可醍醐灌頂，必定能受益無窮。

　　在本書（第二版）付梓之際，謹向揚智文化事業公司葉總經理忠賢先生、閻總編輯富萍小姐暨全體工作同仁敬致衷心的謝忱。限於著者學識與經驗的侷限，疏誤之處，在所難免，尚請方家不吝賜教是幸。

丁志達　謹識

目　錄

圖目錄

表目錄

範例目錄

小常識目錄

Chapter 1

績效管理概論

員工會去執行公司檢核的部分。企業可以透過績效管理塑造員工行為與思維模式，績效管理重視什麼，員工就會留意什麼。

——IBM前總裁路‧葛斯納（Louis Gerstner）

修習人文學科與社會學科，其研究範圍均是以「人」自己的問題做研究；歷史學科，研究「人群」行為（Behavior）的來龍去脈；社會科學諸學科，係研究「人」與「人」之間的關係、組織型態及集體行為的模式；而文學、藝術與音樂諸學科，則研究「人」如何表現、抒發其情緒；哲學與宗教則探討人類價值觀念。凡此諸類心智活動，無論涉及理性或涉及感性，都與我們的生活有密切的因果關係。因而人文學科與社會學科，即是我們嘗試瞭解「自己」的學問（許倬雲，2000）。

管理學的「上游」是所有的社會科學；「下游」是組織與經營上的實際問題。「上游」的學問博大精深，「下游」的問題複雜多變，管理學位居其中從事整合的工作，一方面以開放的態度（Attitude）自上游各界擷取學理的精華，一方面以嚴謹的邏輯將實際的問題分析歸類，並試圖以整合後的學理對問題提出解答（司徒達賢，1999：4）（圖1-1）。

第一節　績效管理的定義

成功的績效管理制度，是確保公司目標達成的重要工具，透過有效績效管理制度的訂定，將能協助員工發揮最大潛力並挑戰更高目標，將每位員工的績效成果與經營策略連結，並啟動高績效的正面循環，進一步打造高績效、高產能團隊。

依據彼得‧杜拉克（Peter Drucker）在《有效的管理者》一書中對「績效」（Performance）的解釋為「直接的成果」。而「管理」（Management）乙詞，依據美國管理學家霍德蓋茨（R. M. Hodgetts）的

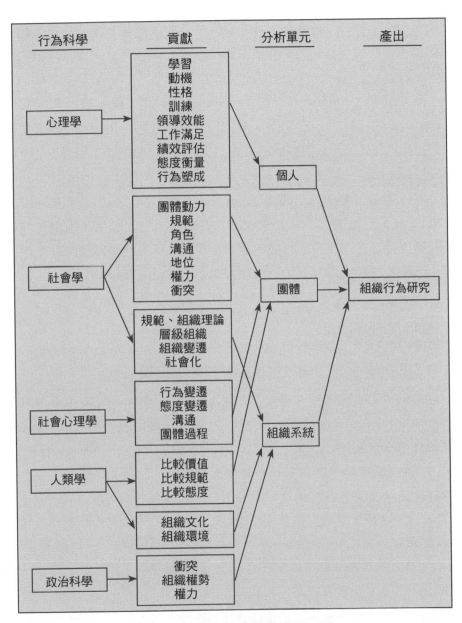

圖1-1　組織行為專業範疇的形成

資料來源：Stephen P. Robbins著，蔡承志等譯（1987）。《組織行為：概念、
　　　　論題與運用》。桂冠圖書公司。

定義是指：「管理是經由他人之努力與合作而把事情完成。這是人類共認的定義，亦為千百年來個人事業成功以及人類科學文明偉大成就之秘鑰。」

績效管理（Performance Management）的定義，按照學者哈特（Harte）的闡釋為：「一套有系統的管理活動過程，用來建立組織與個人對目標以及如何達成該目標的共識，進而採行有效的員工管理方法，以提升目標達成的可能性。」

績效考核（Performance Appraisal）的定義，依據學者舒爾茨（Schuler）的說法：「一套正式的、結構化的制度，用來衡量、評核及影響與員工工作有關的特性、行為及其結果，從而發現員工的工作成效，瞭解未來該員工是否能有更好的表現，以期員工與組織的獲益。」

小常識

績效管理制度的基本理論

第一類理論探討人類需求內涵，包括：馬斯洛的需求層級理論（Maslow's Hierarchy of Needs）及賀茲伯格的雙因素理論（Two Factor Theory）。

第二類理論強調個人行動與結果之關係，包括：弗魯姆的期望理論（Expectancy Theory）、斯金納的學習強化理論（Reinforcement Theory）、亞當斯的公平理論（Equity Theory）、洛克和休斯的目標設定理論（Goal-Setting Theory）。

第三類理論與經濟方面理論相關，焦點集中在成本分析，例如：克拉克的邊際生產力理論（Theory of Marginal Productive），主張雇主為了降低其生產成本，必須按照員工邊際生產力給予報酬，以利市場競爭。

資料來源：朱武獻（2003）。〈公務人員績效管理制度〉。《T&D飛訊論文集粹》（第二輯）。國家文官培訓所，頁238。

一、策略性績效管理系統

績效管理是一種遍及整個組織的管理過程，使員工對於績效目標與達成的手段能具有共同的認知，以增加達成績效目標的可能性。績效管理之所以有別於績效考核，在於其強調：

1.將願景策略目標由上到下展開到每一員工。

2.績效改善的過程管理，包括政策手段、目標值及時程表。

3.績效管理係績效考核與其他人力資源管理功能的結合。

至於績效管理系統要能有效支持事業策略，至少應包括以下因素（李漢雄，2000：147-148）：

1.員工個人目標的設定，必須能支持整個事業策略目標的達成。

2.績效管理應具備績效考核回饋與協助員工發展等雙重角色。

3.員工的考核目標必須有效地與部門和公司的目標結合。

4.由考核者與被考核者針對績效差異與執行障礙分析討論。

5.從考核面談再去發展新的下期目標。

6.從考核面談中展開協助績效完成及個人發展的行動方案。

7.績效考核與薪酬制度的結合，藉以形成績效導向的文化。

8.主管於績效考核期間持續的給予部屬回饋、教導和諮商，是整體績效管理活動的一環。

9.績效考核的結果與薪酬制度的結合必須公平的、合理的。

10.從績效管理的成果去檢討組織現況，作為組織設計、事業策略等檢討改善的依據。

改善組織績效的關鍵是取決於績效管理系統而非績效考核系統。

範例 1-1

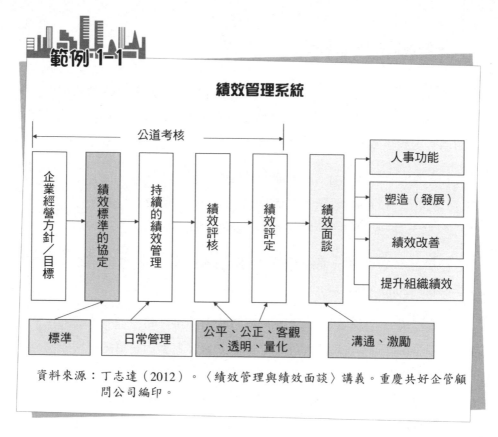

績效管理系統

資料來源：丁志達（2012）。〈績效管理與績效面談〉講義。重慶共好企管顧問公司編印。

二、績效的意涵

　　績效管理是透過人力資源管理，將組織策略目標轉換成員工個別績效項目的制度與方法，用以強調主管與員工間事先對工作目標設定的重要性，以職責為基礎，以工作表現為中心，透過主管與部屬之間經常的互動、諮商與檢討工作上的得失，使部屬知道主管要部屬做什麼？要如何做？工作標準在哪裡？依工作成果來衡量績效，並使員工不斷地經歷新的經驗、培養新的技術，在主管適時的協助下來完成工作目標，並累積工作歷練，成為企業的棟樑。以「績效管理」取代「績效考核」之目的，是在於結合不同人力資源的功能與績效的相關性，以及整合人力資源循環與企

業策略目標。

　　績效考核與策略結合有利於策略目標之有效執行。績效考核是一種策略控制的流程，運用績效考核去強調執行策略所須的行為，引導員工朝向策略目標。

　　綜合言之，績效管理包括個別員工的績效評核，更將個別員工的績效與組織的績效結合，最終目的是提升整體組織的效能（**表**1-1）。

 ## 第二節　組織績效與績效管理

　　組織是由人員與流程所組成，人員在各流程中執行工作，以滿足客戶的需求。以服務業而言，顧客的抱怨不一定是針對員工個人行為而來，大部分客戶抱怨的原因通常是來自流程本身，若服務業不蒐集客戶抱怨的資料，則他們可能會錯失有關流程改善的重要訊息。

表1-1　績效管理與績效考核的差異

績效考核	績效管理
▼一年一度的成績單	▲持續性的過程（計畫、執行、檢討及調整） ▲回饋頻繁
▼回憶性的工作檢討	▲前瞻性的規劃工作 ▲注重工作績效及成果 ▲根據職責衡量
▼員工參與受限	▲員工積極參與分擔成果責任 ▲同時評估工作執行的過程及結果 ▲多方面的資訊取得
▼注重表格和考核的等級	▲注重評估的過程及雙方的溝通 ▲經常正面的回饋以及立即、有建設性的解決問題
▼缺乏附加價值	▲傳達組織理念、達成企業目標的設立個人工作目標的管理工具 ▲重視規劃、指導與考核

資料來源：參考自美商惠悅企管顧問公司台灣分公司「績效管理研討會講義」（1994）。

範例 1-2

惠普科技的績效管理

惠普科技公司（HP）創立於1939年。在績效管理方面，分別針對組織整體和員工個人建立績效評估的制度。在組織整體管理方面，強調公司績效的管理，包括績效管理循環和衡量組織績效指標。

績效管理循環包括企業策略的制定、關鍵績效指標與目標的制定、績效計畫制定與執行、監控與績效評估、獎勵與績效改進五步驟；衡量組織績效指標則參考平衡計分法的精神，設立員工指標、流程指標、財務指標和客戶指標。

在員工個人績效管理方面，則包含制定一致性的計畫和績效指標，對員工授權、教導員工、分類獎勵、問題處理、績效評估等項目。

最後欲達到培養組織文化、訂定績效計畫、建立高效率團隊等目標。

資料來源：張緯良（2012）。《人力資源管理》。雙葉書廊，頁230。

一、績效考核矩陣

在績效考核的矩陣中，組織層次的績效評估指標，其實是人員層次與流程層次績效評估指標的綜合體。根據赫羅內茨（Steven M. Hronce）所著《非常訊號》書中提到績效考核矩陣是指：「平衡不同績效評估指標（成本、品質與時間），用於橫跨多個層次（組織、流程和人員）的工具。」而績效考核矩陣之效益是指：「可使管理者著手瞭解及建立績效評估指標，用於平衡價值及服務，而以公司之策略、目標與流程相配合。」（**表1-2**）

表1-2　組織績效衡量準據

學者	衡量準據
Campbell（1975）	整理過去的研究文獻歸納出十九種不同標準，其中較常用的五種是： 1.生產力：由生產力資料得來。 2.整體績效：員工或管理者共同評定。 3.員工滿足：由員工自我回答的問卷得出。 4.利潤或投資報酬率：由會計資料中算得。 5.員工流動率：由人事資料中衡量。
Venkatraman 與 Ramanujam（1986）	將績效分為三類： 1.財務性績效：銷售額成長率、獲利率等。 2.事業績效：如財務性績效、市場占有率、產品品質、導入新產品、製造附加價值。 3.組織效能。
Nkomo（1987）	1.傳統的財務績效指標：盈收成長率、盈餘成長率、純益率、資產報酬率。 2.每人營收：員工每人平均獲利額、員工每人平均資產額。
張旭利（1989）	公司聲譽、產能利用率、市場占有率、市場占有率之成長率、公司營業淨額與其成長率、公司投資報酬率與其成長率、公司產品或服務種類多寡與品質好壞、公司創新產品或服務的種類、公司目標的達成度、公司對外界變化的適應力、對資源的掌握能力、公司的安全性、公司對供應商的談判力、公共報導對公司支持度、公司自有資金比率。
Miller（1990）	投資報酬率、投資的現金流量、市場占有率、占有率穩定性、價格／成本差距、員工生產力。
吳秉恩（1991）	員工平均離職率、員工生產力、投資報酬率、獲利率。
趙必孝（1994）	員工士氣、缺勤率、離職率、生產力、專業人員吸引力、高級人力使用及營業成長率。
Arthur（1994）	勞工生產力、品質、員工流動率。
Huselid（1995）	流動率、生產力。
MacDuffie（1995）	生產力、品質。
張明雄（1995）	淨值報酬率、營業報酬率、資產報酬率。
許宏明（1995）	營收成長率、稅前淨利成長率、創新產品數、獲得專利產品數、離職率、員工平均產值。

（續）表1-2　組織績效衡量準據

學者	衡量準據
黃錦祿（1995）	利用指標法及文獻探討，找出製造業選用的經營績效指標，發現最重要也最一致的指標排名前五名依序是：利潤率、存貨週轉率、資本報酬率、應收帳款週轉率、銷貨金額營業利益率。
Delery 與 Doty（1996）	資產報酬率、權益報酬率。
Delaney 與 Huselid（1996）	1.認知的組織績效：產品或服務品質、新產品或服務的開發、吸引人才的能力、顧客滿意度、管理者與員工關係、員工間關係。 2.認知的市場績效：營業額成長率、市場占有率、獲利率、行銷能力。
Youndt 等人（1996）	機器效率（設備使用率、瑕疵率）、顧客滿意（產品品質、及時送貨）、員工生產力（員工士氣、生產力）。
Huselid、Jackson與 Schuler（1997）	生產力、資產報酬率。

資料來源：陳哲彥（1998）。《人力資源管理與組織績效之關係——本土及外資企業的比較》。國立中山大學人力資源管理研究所碩士論文。

二、人員層次的績效考核

在績效考核矩陣中，針對人員層次的績效考核，赫羅內茨就品質、時間與成本加以闡述。

(一)品質

可靠度（Reliability）、可信度（Credibility）與適任性（Competence）跟品質因素相關。

1.可靠度的衡量：在服務業中，可靠度可以指人員符合進度的程度（人員是否能在期限前完成工作）；在製造業中，可靠度則通常是指錯誤率。

2.可信度的衡量：在服務業中，可信度是一項很重要的人格特質，因為業務員、接待員、接線生等都必須與外部客戶接觸，譬如金控業訓練員工，其櫃檯服務人員反應之形象非常重要，因此被要求具有可信賴的人格特質。

3.適任性的衡量：無論服務業或製造業，都需針對員工執行工作的技能水準進行衡量，其方法主要是透過能力測驗或證書資格來評定。

(二)時間

反應度（Responsiveness）、調適度（Resilience）跟時間因素相關。

1.反應度：反應度對製造業或服務業都是非常重要的一項指標，例如許多公司都非常關心電話鈴聲響了多久員工才接聽電話，或是員工回答客戶詢問的速度，這都是反應度測試指標。

2.調適度：調適度就是指彈性，若員工擁有多項技能，他們就可依不同的客戶需求提供服務，把事情做得更好，甚至在不同的工作之間進行輪調。

(三)成本

薪酬（Compensation）、訓練（Training）、激勵（Motivation）跟成本因素相關。

1.薪酬成本的衡量：薪酬的衡量包括薪資費用、獎金費用等。
2.訓練成本的衡量：訓練課程費用、指導費等。
3.激勵成本的衡量：分紅計畫、有薪休假等（**表1-3**）。

由於這三類績效評估指標（成本、品質、時間）有互相牽制的作用，企業必須同時加以掌控，更重要的是，企業必須看到整體全貌，諸如績效評估指標如何與組織策略連結？他們如何協助管理者掌握組織內的成本、品質與時間？這些項目都要靠績效管理制度上去落實、去考核、

表1-3　組織層次的績效評估指標

組織層次			
績效評估指標		定義	範例
成本	財務性成本資料	遵守外界法規所編製之歷史性財務資料	・稅務機關 ・證管會
	營運性成本資料	企業每日營運的成本資料	・訂單數 ・銷貨收入 ・現金餘額
	策略性成本資料	做成長期決策的財務分析資料	・自製／外購決策分析 ・產品成本分析 ・目標成本分析
品質	關懷度	對個人的關注	・客戶滿意度 ・員工滿意度
	生產力	組織的效率	・每一員工銷貨收入 ・某時期內之產量 ・產出／投入
	可靠度	一致、可靠的績效表現	・產品退回 ・客戶抱怨
	可信度	利益關係人的認知	・形象調查 ・公共關係
	適任性	擁有必要技能的程度	・第三者認證 ・客戶推薦
時間	速度	組織交付各項產出的速度	・完成訂單週期時間 ・新產品開發時間
	彈性	組織回應不同需求的能力	・組織層級數及控制幅度
	反應度	企業提供快速服務的意願與能力	・回應客戶需求所需時間 ・回覆客戶查詢電話的平均時間
	調適度	面對變革的積極態度	・面對組織變革的心理準備 ・執行提案的個數

資料來源：Steven M. Hronce著，勤業管理顧問公司譯（1998）。《非常訊號》。
　　　　　勤業管理顧問公司，頁47。

去追蹤與回饋（Steven M. Hronce著，勤業管理顧問公司譯，1998）（**表
1-4**）。

表1-4　人員層次的績效評估指標

人員層次			
績效評估指標		定義	範例
成本	薪酬	薪資與獎金	・薪資費用 ・獎金費用
	訓練	擴展員工的技能領域	・訓練課程 ・研討會 ・教授 ・指導
	激勵	鼓勵員工持續改善	・分紅計畫 ・獎酬／認同計畫
品質	可靠度	績效表現的一致性	・績效表現能符合預定時限或承諾 ・錯誤率
	可信度	值得信賴的程度	・個人特質
	適任性	擁有必要技能與知識的程度	・技能等級／熟練程度 ・證書／資格
時間	反應度	員工對提供快速服務的意願與準備程度	・回覆問題、詢問的時間
	調適度	員工改變的能力	・擁有技能的數量 ・個人應變準備 ・提案數量

資料來源：Steven M. Hronce著，勤業管理顧問公司譯（1998）。《非常訊號》。
　　　　　勤業管理顧問公司。

 ## 第三節　績效考核的定義與功能

　　英代爾（Intel）公司創辦人安德魯・葛洛夫（Andrew S. Grove），曾對一組管理人員提出下列兩個問題：為什麼「績效考核」是大多數組織所訂定的管理制度當中的一部分？我們又為什麼要對部屬的工作績效進行考核？他得到的答覆有（Andrew S. Grove著，巫宗融譯，1997：203-204）：

　　1.評鑑部屬的工作。
　　2.改進部屬的績效。

3.激勵部屬。

4.對部屬提供回饋。

5.作為加薪的依據。

6.獎賞優秀的績效。

7.作為懲罰的依據。

8.提供工作方向。

績效考核協助管理者去評估他們實際上所要求且選用最適當的員工，因而績效考核在訓練上扮演一個重要的角色。

一、績效考核的定義

績效考核的定義，係指組織定期（例如年中、年終考核）與不定期（例如專案計畫各階段結束時的評估）有系統地評量員工績效（包括工作能力、技術、態度、意願和方法等）貢獻的價值、工作品質、數量及發展潛力上個別的差異與優劣，以提供能夠作為調整工作表現依據的回饋訊息之過程，進一步使管理者能進行客觀的人力資源決策的依據。因而績效考核屬於人力資源管理體系中人力開發管理之一環，藉由對個別員工或工作團隊的績效評估，以期設法提升績效並達成組織的營運目標。

二、績效考核的功能

績效考核可達到下列幾項在「人力資源管理決策」與「員工職涯發展」兩大主軸的功能（**表1-5**）。

(一)人力資源管理決策的依據

根據一項針對全美六百家公司的問卷調查結果發現，一般的企業大多以績效評估的結果作為「人力資源決策」的依據。

表1-5　績效考核信息的用途

用途類別	具體項目	評分	排序
個人之間的評價	薪酬管理	5.6	2
	個人績效的確定	5.0	5
	不合格績效的識別	5.0	5
	晉升決策	4.8	8
	留用／解聘決策	4.8	8
	離職	3.5	13
員工個人發展	績效回饋	5.7	1
	員工優點與缺點的確定	5.4	3
	轉職與任務安排決策	3.7	12
	個人培訓需要的確定	3.4	14
系統維護	個人組織在目標的發展	4.9	7
	個人、團隊和業務部門工作成績的評價	4.7	10
	人力資源計畫	2.7	15
	組織培訓需求的評估	2.7	15
	管理結構的加強	2.6	17
	組織發展需要的確定	2.6	17
	人力資源系統的監控	2.0	20
文件備案	人力資源管理文件檔案	5.2	4
	遵守人力資源管理的法律要求	4.6	11
	有效性研究的標準	2.3	19

說明：評分採用的是7分制來衡量員工績效考核對各種組織決策和行為的影響。
　　　1＝沒有影響；4＝中度影響；7＝首要影響。

資料來源：Randall S. Schuler and Vandra L. Huber, *Personal and Human Resource Management*, West, 1993, p.283.
　　　　　張一弛編著（1999）。《人力資源管理教程》。北京大學出版社，頁188。

◆ 薪酬管理

　　員工加薪或發給獎金時，是以員工對公司的貢獻度為考量基準，並不以年資為標準。績效考核的結果，依考核等級作為調整薪資及績效獎金

的重要參考，分別決定員工個別不同的薪資調幅及給付金額的多寡，如果績效考核結果和員工薪資不掛鉤，將使績效考核功能失效（**表1-6**）。

◆ 升遷

升遷是遴選適合擔任該項職位的人，而不在報答某位員工過去努力的績效。員工升遷的條件，除了要把現在的工作做得好，而且更要能表現出有接受其他更高層級的工作潛力與意願（Want），經過培育後，組織內部一旦有較高職位出缺時，符合升遷條件的員工，則會被列入升遷的考慮對象。

◆ 裁員

企業遭遇營運瓶頸，在無計可施情況下，需要裁員救企業時，或不定期淘汰不適任的冗員時，則歷年績效考核的結果，就可以扮演相當重要且具有參考價值的佐證資料，提供裁員名單的重要參考依據之一。

表1-6　不同績效考核目的的比較

比較項目	為改進績效的考核	為薪資管理的考核
觀點	向前	向後
考慮	細部的表現	整體的表現
比較對象	工作標準與目標	其他人
決定者	主管與部屬	主管 高階主管 人事主管
面談氣氛	客觀而非情緒化	主觀而情緒化
衡量因素	績效	薪資範圍 公司財務 工作績效 年資
主管角色	諮商、協助	判決、評斷
員工角色	主動、合作	被動、反抗

資料來源：丁志達（2012）。〈績效管理與績效面談〉講義。重慶共好企管顧問公司編印。

◆懲罰

　　對表現欠佳的員工，主管便要探求問題所在，嘗試幫助他改善，如果員工仍然沒有改善意願，一意孤行，則可依《勞動基準法》第11條第五項：「勞工對於所擔任之工作確不能勝任時。」依法資遣。

(二)達成企業的目標

　　企業的政策與計畫的評估，也涉及員工績效考核。績效考核可以瞭解員工在服務部門的工作目標達成狀況，進而瞭解整體企業目標達成率。所以，績效考核作業，對公司政策的擬訂、修正是絕對必要的。

(三)訓練發展

　　績效考核是確認員工訓練發展需求的一項重要工具。評估結果可以顯示員工的優點和缺點，公司據此便可因應實際需要，給予員工適當的訓練，同時發展其優點，例如一位秘書在檔案管理、人際關係方面表現優異，但在電腦操作方面卻表現不佳，此時主管即可以替她安排加強電腦使用技巧的訓練課程。

　　在績效考核當中，主管可以確認員工的績效是否藉由參加訓練而改進。另外，針對受過訓練的員工，也可評估他是否有明確改進，可以用來評鑑該項訓練計畫的成效。

(四)員工發展

　　績效考核可作為員工個人確定自己職涯發展計畫的依據。透過績效考核的回饋，員工可以瞭解到自己在工作上的長處及有待改進的缺點，進而增加其對自我的體認，從而制定自己的最佳生涯發展計畫。

(五)溝通工具

　　績效考核時，主管可以利用工作評估的數據作為基礎，對員工之工

作計畫及工作進展做必要的諮商、溝通，瞭解員工的工作效率，並與員工討論工作中的問題所在，商討改善及解決的方法，並給予必要的協助，同時員工也可藉機與直屬主管溝通其看法。

(六)激勵

員工績效考核做得理想，不但組織內呈現朝氣蓬勃的景象，員工也個個奮發努力，激發員工的潛能，對企業成長發展有絕對正面的意義；反之，如果績效考評不公平，員工個個怨聲載道，不但人才流失殆盡，組織內部人事傾軋不斷，永無安寧之日，自然而然地使得企業整體活力消失而步入衰敗之途。

(七)甄選與任用人員的決策參考

企業甄選與任用人員決策時，績效考核的結果會被拿來與個人特質作比對，以確定這些特質和績效表現間是否有關。舉例而言，管理階層會檢查諸如教育程度、數理能力、語言能力、機械能力以及成就動機等各種個人特質，以瞭解這些特質與績效之間關係的密切程度，而在與某項工作之績效關係密切的一些特質上都有不錯表現的人，會被認為是適合該項職位的。

績效考核的結果也可用來與新進人員招募時的考試結果做一相關的統計分析，以瞭解面試的題目是否需要重新檢討，以提高它的有效度。

(八)提供回饋

績效考核的結果可讓受考核者瞭解自己距離組織所期望之目標還有多遠，以及組織的績效目標為何？績效評估的回饋，應包含一份對受考核者工作之優、缺點的詳細討論資料，並將這份回饋資料應用在職涯發展上。

回饋行為有助於澄清一個人對工具性（指可以讓員工更清楚瞭解在

表現很好時，會獲得什麼獎勵？）與期望值（指可以讓員工知道要達到這樣的績效水準，必須採取什麼行動？）的概念。

　　績效考核所具有的這些功能，都是相當重要的，不過這些功能，有的跟人事管理有關，有的跟組織行為有關。因此，從組織行為的立場，它特別強調績效考核扮演「提供回饋」與作為「獎賞分配的基礎」這兩項角色。

　　績效考核的目的，會依產業別、企業文化的差異而有所不同的需求。企業在制訂績效管理制度與設計績效考核相關應用的表格時，可將下列整理出來的各項績效考核功能，依企業經營實際的需要選擇幾項重點，規劃在績效管理制度內運用：

1. 追蹤公司當年度經營管理目標進度。
2. 提供資訊以協助公司有效執行當年度計畫與策略。
3. 瞭解員工及部門達成目標的貢獻程度。
4. 評估員工之績效以作為調薪、發給獎金、升遷、調職、降職、解僱的依據。
5. 提供公司有關訓練、接班人、策略規劃或員工職涯發展等人力資源管理的資訊。
6. 讓員工參與他本人的工作規範。
7. 改善員工與直屬主管之間的溝通。
8. 作為甄選及工作指派的依據。
9. 作為公司用人決策的依據，決定要慰留或解僱的人選。
10. 激勵員工奮發上進，發揮工作潛能的誘因。
11. 給予員工在工作表現上的回饋，以激勵員工奮發上進，把現在的工作表現得更好。

 第四節　績效考核的原理與原則

　　績效考核可以說是人力資源管理中最重要的一環，員工都會十分重視績效考核的結果，且會依此結果，在經主管指導後逐步改變其工作態度。所以，考核結果的公平性與否，便受到相當的重視（**圖1-2**）。

一、績效考核的公平性指標

　　依據美國《人權法案》第VII條規定，企業機構得推行一項「具有誠意之績效考核制度」。美國有關對員工績效考核的公平性相關法律因素，可以歸納以下幾項：

1.績效考核必須與工作性質明確相關；考核的系統必須能夠衡量工作或結果的項目為主。
2.考核標準必須訴諸於文字，任何形式的考核標準，都必須在考核之前就撰寫清楚。
3.管理者必須能夠考核他們所列出來的行為項目。
4.管理者必須先接受如何使用考核標準的訓練。
5.管理者及部屬必須公開地討論這些考核標準。
6.員工必須要有某些正式的管道以接近較高階層的管理者，以瞭解考核過程。

二、績效考核的原理

　　績效考核要達到公平、公正、公開，下列有幾項原理要遵行（李仁芳、洪子豪，2000：429）：

1.信度性（Reliability）：係指不論何時採用此制度，均能產生一致

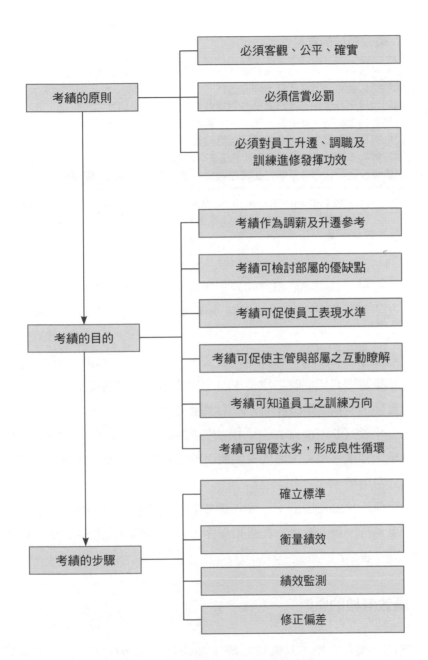

圖1-2　考核的原則、目的與步驟

資料來源：戴國良（2008）。《人力資源管理：企業實務導向與本土個案案
　　　　例》。新茂圖書，頁348。

表1-7　績效考核的重要性

・有助於考核者（不管）與被考核者（部屬）雙方對有效行為進行準確理解。
・有助於考核者與被考核者雙方建立信任。
・有助於消除考核者與被考核者雙方對績效考核寄予的不切實際的期望。
・有助於考核者與被考核者雙方建立人力資源開發的有效系統。
・有助於考核者與被考核者雙方維持與提高員工的積極性。
・有助於考核者與被考核者雙方制定員工的職涯規劃。
・有助於考核者與被考核者雙方在管理過程中進行各方面的信息與回饋。

資料來源：Gary P. Latham、Kenneth N. Wexley合著，蕭鳴政等人譯（2002）。
　　　　　《績效考評：致力於提高企事業組織的綜合實力》。中國人民大學出
　　　　　版社，頁5。

之結果。例如評估績效的分數要有一致性、穩定性，以及如果應用
在不同的評估者，於不同時間所產生的分數差距的程度要降到最
低。

2.效度性（Validity）：係指可確實衡量出工作的表現，例如績效評估
結果實際真能反映工作要求與工作成果。效度是反應評估分數的真
實性，而信度是指評估分數的準確性。

3.公平性（Fairness）：係指績效評估的分數不受個人特徵（如年
齡、性別、年資、種族等因素）而受影響，因而產生差別待遇的不
公平現象。

4.簡便性（Simplicity）：係指績效評估的表格內容和分數處理必須簡
單易行，過度繁雜的表格和程序，反而會降低主管評估的意願與效
果（**表1-7**）。

三、績效考核的原則

無論企業用什麼工具考核部屬，在運用績效考核時，要把握下列的
原則：

1.績效考核執行的過程與結果並重。

2.績效考核要注重評估過程及雙向的溝通。

3.相同的職級應有相同的貢獻度考量。

4.儘量以成果導向觀察及記錄員工的工作紀錄。

5.考核必須考慮各地區的差異性，如市場潛力、工作負荷、競爭強度等。

6.績效考核制度最好保持彈性。例如景氣好的時候，汽車業務員每月銷售台數也許高達七、八台，但景氣不好之時，仍將四台的銷售業績評為劣等，則業務員的心理會深受打擊。

7.實施績效考核時，要注意不要花經理與員工太多的時間，以免本末倒置。

8.績效考核不應再考慮學歷背景、服務年資，而應以工作產值為評估的主軸。

9.考核等第不得輪流分配。

10.正面回饋，要對事不對人，並及時而建設性的解決問題。

11.考核必須反應實際績效，不能被加以扭曲或討好員工。

12.考核結果資料必須保密，尤其不可透露他人的考績，以博取被考核者的認同。

13.績效考核是達成公司經營目標的管理工具之一，應重視團隊績效。

14.考核結果必須力求正確、慎重，不能一改再改，尤其是在被考核者強烈表達不滿時。

15.執行績效考核時，主管應注意考核過程的公平性，對評估結果施予的懲罰一定要公平、公正，不可偏頗，避免判斷時的人為失誤。

16.考核表的內容必須具備相當的信度與效度，亦即考核結果要真正地代表員工實際工作成效。

17. 考核項目雖然無法避免文字的敘述，但是考核結果要能做「量」的比較，最好可運用統計方法加以處理。

18. 選擇考核的項目不宜過多或過少，各考核項目間的關係亦能加以統計處理。

19. 對考核者施以專門訓練，儘量利用評分差距，以客觀的行為作為考核的依據，避免受月暈效應（Halo Effect）等知覺傾向的影響。

20. 考核的程序應以會議或監督的方式進行，以避免草率行事，敷衍塞責的弊端產生。

21. 考核完成後，應特別注意不同單位、不同職位的比較，做誤差的校正，以避免過高或過低的評分。

22. 解釋任何評分結果應按實際職務上的要求，不宜以考核結果作為懲罰的依據。

23. 與被考核的員工檢討考核結果，且以積極態度誘導或激勵該員工。

24. 考核評分前，應儘量蒐集許多客觀資料，作為評分的標準。

25. 考核通常一年舉行一次，但如遇調職、新到職、直屬上司調任或職務改變，則半年考核一次可能更恰當。

26. 別把問題延到年度報告中，而應給予每日回饋或每週回饋，年度報告並不是呈現驚奇的時刻。

27. 別將考核與薪資檢討一起辦理，分開兩次辦理，才能將重點放在工作表現本身而非薪酬。

28. 面談前給予適當時間的通知，讓員工事前做好準備面談的資料與問題的討論。

29. 面對面溝通討論所有事宜，並且做成紀錄。

30. 當主管必須批評部屬時，應把焦點放在明確的行為案例上，而不是個人的人格上。

31. 被考核者與第二層的主管皆需要覆閱考核表，並在其考核表單上簽字。

範例 1-3

台積電績效考核的五大原則

一、如影伴的合作關係

　　台積電（TSMC）對主管的績效評核，不是只考慮其任務達成而已，也要考慮其帶領部屬的能力。當組織內部有表現不適任的主管時，台積電會花功夫進行輔導，之後如果仍然表現不佳，同時造成員工士氣低落，公司才會以較嚴格的方式處理，將主管調任為非管理職。

二、強調自我績效的管理

　　主管與部屬都應該在履行工作義務時，自己承擔應負的責任。這個責任同時也意味著當其中的一方不能履行任務時，另一方有義務立即給予回饋意見及提供警訊。在績效管理制度程序中，任何一項無法達成的工作目標，雙方都需負責，而不能履行義務的一方，則得承擔主要的責任。

三、持續地互動與溝通

　　過去台積電每年進行一次評核，員工重視的是考績分數得分，以及排名名次，現在實施的績效管理制度，則是定期的檢討。主管與部屬間持續不斷密切溝通，其過程是從設定未來的工作目標開始，包括發展行動、適時的對部屬的工作表現提供回饋與工作教導、提供部屬需要的資源及糾正部屬的行動等。新的績效管理制度，最少半年考核一次，如果員工在先前的六個月內表現欠佳時，主管會與員工研訂辦法、解決問題，如此一來，還有六個月可以補救。

四、績效發展

　　台積電每一位員工必須很清楚知道自己的優點與弱點，並且針對不足的工作領域，隨時運用最進步的科技及最新的知識來進行協助改

善。同時也得集中心力在工作中屬於最關鍵及對於公司最有價值的部分的學習與發展。這個目標是為了使員工的潛力充分發揮,進而使公司能在競爭激烈的環境中屹立不搖。

五、例外管理

在例外管理的實務上,台積電集中注意力在10～20%的「傑出」及「需改進」、「不合格」的員工身上,而不是80～90%表現「優秀」及「良好」的員工。表現「傑出」的員工,台積電希望他們表現更好,同時也會照顧他們,因為這些「人才」一旦離職,對公司而言損失很大;表現不好的員工,也必須投入資源給予協助及關心,不可任其自然發展到不可收拾的地步。

資料來源:廖志德(1999)。〈台積電──以頂尖人才打造世界級企業的新績效制度〉。《能力雜誌》,第519期(1999年5月號),頁36-37。

最後,不要忘了,一位員工無論在職多久,其工作表現皆有改善的空間。因此無論如何,即使考核只是簡短的討論,仍有必要採行。

結　語

績效管理是一個策略性及整合性的措施,經由此一措施可發展個別員工及團隊的能力,改善員工的績效,以促進組織的成功。實施績效管理的目的是幫助部屬個人、部門及企業提高績效,它是主管與部屬之間的真誠合作,是為了更及時有效地解決問題,而不是為了批評和指責部屬。

完善的績效考核制度,不但可以作為提拔人才、賞罰的依據,而且更可以鼓勵部屬的工作情緒。

Chapter

2

績效管理制度規劃

希望騾子無缺點，只有自己徒步行。

——英國諺語

　　美國著名管理大師肯‧布蘭佳（Ken Blanchard），早年曾任教於大學，開學後上課的第一天，他在講堂上授課時，就把期中、期末考試的題目統統給了學生，好讓學生有充分的時間準備，而他的授課內容，也就是這些考題。他的這種作法，曾招致同僚們的質疑，迷惑的詢問布蘭佳：「你這樣事前洩題，不是讓他們考上一百分嗎？」布蘭佳反問他們說：「教授主要目的是要教會學生呢？還是要考倒學生呢？」原來，布蘭佳在學期初所給予的題目，就是他這一學期所要教授的全部內容，只要學生有意願考一百分，就必須傾聽每一堂課，並按指定的閱讀範圍去自修，到學期末得一百分，正是每一位教授所期望的！

　　上述例子正說明了績效管理就是要明訂工作範圍，宣示績效標準，讓部屬努力去準備工作，以達預定目標（管理雜誌編輯部，1992：111）。

 ## 第一節　績效考核週期

　　每位部屬都希望自己工作的表現能獲得正面的肯定，這也正是主管的責任。主管除了要考核部屬的工作績效，也要將考核的結果傳達給部屬知道，這種考核部屬與溝通的過程，對主管而言，應該是經常而且持續不間斷的工作，主管不應該拖到年底在一次與部屬算總帳，但也不能完全仰賴平日非正式的督導而已，必須正式與非正式的考核交叉運用。

一、績效考核頻率

　　在績效評估上，績效考核應間隔多久進行一次，仍然是極具爭議的

範例 2-1

公務人員平時成績考核紀錄表

（考核期間：　年　月　日至　月　日）

單位		職稱		姓名		官職等級				
工作項目										
考核項目	考核內容					考核紀錄等級				
						A	B	C	D	E
工作知能及公文績效	嫻熟工作相關專業知識，且具有業務需要之基本電腦作業能力，並能充分運用。公文處理均能掌握品質及時效，臨時交辦案件亦能依限完成。									
創新研究及簡化流程	對於承辦業務能提出具體改進措施，或運用革新技術、方法及管理知識，簡化工作流程，提升效能效率，增進工作績效。									
服務態度	負責盡職，自動自發，積極辦理業務，落實顧客導向，提升服務品質。發揮團隊精神，對於工作與職務調整，及與他人協調合作，能優先考量組織目標之達成。									
品德操守	敦厚謙和，謹慎懇摯，廉潔自持，無驕恣貪惰，奢侈放蕩，冶遊賭博，吸食毒品，足以損失名譽之行為。									
領導協調能力	具判斷決策溝通協調能力，並能傳授知識、經驗、技能，適當指導同仁，且經常檢討工作計畫執行情形，達成預定績效目標。（主管職務始填列）									
年度工作計畫	工作計畫按預定進度如期完成或較預定進度超前，充分達成計畫目標，績效卓著。									
語文能力	積極學習英語或其他職務上所需之語言，已通過全民英檢或相當英語能力測驗或其他語言能力之認證，有助於提升工作績效者。									
個人重大具體優劣事蹟										
面談紀錄										
直屬主管綜合考評及具體建議事項（請簽章）				單位主管綜合考評及具體建議事項（請簽章）						

資料來源：陳怡伶（2012）。《公務機關考績制度與績效管理之權重分配》。國立高雄師範大學人力與知識管理研究所碩士論文，頁105。

課題。國內的傳統產業傾向一年評核一次，高科技企業則為半年或一年考核一次，也有部分的企業會在員工完成某一特定任務（專案）之後，即針對員工此一表現進行績效考核。由此可知，績效考核時機，在實務運用上並無絕對標準，而應視組織與工作特性適度調整，如果任務簡單而部屬有最低要求之能力，則主管採標準週期的考核為宜；如果部屬具熟練且專業化的能力，則可以在每一計畫完成時進行考核，例如基層員工，他們的工作績效可以在比較短期內得到一個好或者不好的評價結果，因此考核週期可以相對短一些；而對於管理人員和專業技術人員，他們只有在較長的時間內才能夠看到他們的成績，因此對於他們的績效考核的週期，就要相對的長一些（**圖2-1**）。

二、績效考核週期計畫

績效考核週期，是指員工接受工作業績考核的間隔時間的長短而言。它包含設定績效目標、訂定年度目標、訂定計畫、階段性指導員工及有效的回饋。

一般而言，績效考核系統的週期計畫應受到以下幾項因素的影響（D. L. Kirkpatrick著，林能敬編譯，1990：21-22）：

1.視績效考核辦法的複雜程度而定。如果表格與程序很複雜，而且需要占用許多時間和文書處理工作，則一年實施正式書面考核一次為宜；如果表格填寫相當簡易，不需花費主管太多時間，則每年分兩次辦理。

2.根據獎金發放的週期長短來決定員工考核的週期，例如每半年或者每一年分配一次獎金。因此，對員工的績效考核也要每半年或者每一年，並在獎金發放之前進行一次評核。

3.視主管的參與意願而定。如果主管熱衷而且感覺其確能改善員工關係與生產力，則一年可做兩次正式考核；如果考核工作變成主管畏

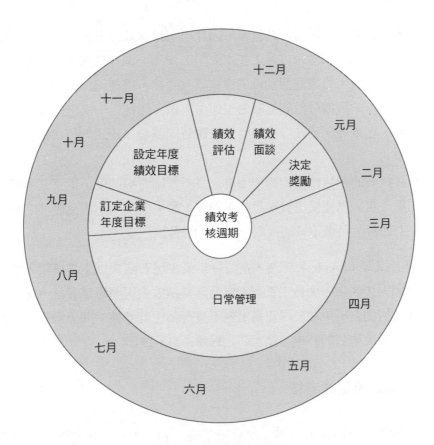

圖2-1　績效考核週期

資料來源：丁志達（2012）。〈績效管理與績效面談〉講義。重慶共好企管顧問
　　　　　公司編印。

　　懂的一樁繁瑣事務並頻生怨言，則一年辦理考核一次足矣。初期實
　　施，最好是由一年一次開始，再伺機發展為一年兩次，而不是一開
　　始就實施一年兩次，而使主管喪失興趣，使得考績辦法變了質。

4.有多少助手能幫忙居中協調主管處理的表格，安排考核的時間及其
　　他文書工作，如果人手夠，則一年兩次考核是可行的。

5.如果每個管理人員負責考核的員工人數比較多，那麼在每次績效考
　　核的時間，對這些管理人員來說，工作負擔就會比較重，甚至可能

因此影響到業績考核的質量，因此也可以採取離散的形式進行員工績效考核，即當每位員工在本部門工作滿一個評核週期（如半年或一年）時，對這些個別員工實施績效考核，這樣可以把員工績效考核工作的負擔分散到平時的工作中來做。因此，一次考核人數的多寡，它牽涉到要花多少時間，花費時間越多，正式考核次數就要愈少。

6.評核者的考核技術如何？如果企業新實施考核制度，則正式考核一年一次，以便使主管熟悉此新制度；當主管漸漸熟悉此制度之使用方法時，可漸進式的採取一年兩次的考核。

學者家博（Jacobs）認為，企業每年至少應有兩次以上的績效考核，否則間隔太久，主管與員工都可能會遺忘其績效表現而難以評核，況且績效考核的目的之一，在於導正員工的不良行為，若考核的間隔過長，將會延誤糾正員工績效的時機（諸承明，1998：113-151）。

三、非正式與正式考核

無論績效考核採取一年一次、一年兩次或一季一次，它的考核週期是要將非正式與正式考核交叉運用，才能真正達到績效考核的目的。

(一)非正式的考核

主管發現部屬表現欠佳時，首先應該口頭勸告，要求部屬改進績效；如果事後能改進，就不必留下任何不良紀錄；萬一員工沒有改進績效，主管就應該給以書面警告，強調改進日期，這種績效改進的問題，千萬不能拖，一拖下去將會花更多的時間去解決。所以，部屬工作中表現的好壞要及時給予回饋。

(二)正式績效考核

　　正式的績效考核，是指每半年或一年主管用正式規定的表單，來整理在平日非正式考核中重要、值得特別加以讚許或需要改進的地方，給予員工在這一段工作時間內各方面表現的綜合評估，如果主管平時即有持續性的考核，則最終的考核將會非常順理成章，而且其結果對主管與被考核者來說，都不會太意外。如果主管在平時沒有做好任何基礎工作，則績效考核會變得比較困難與耗時。

　　美國曾經做過一項實驗，讓人看一張圖片，上面是揮舞著剃刀的白人和戴禮帽的黑人，過一段時間後，人們回憶說他們見到的是揮舞剃刀的黑人和頭戴禮帽的白人，這說明評估者很難記住員工在長時間中的表現，容易發生錯覺歸類（Faulty Category）；但績效考核的頻率如週期太頻繁，則績效考核花費時間長，會讓管理人員卻步。所以，辦理績效考核的一個重要觀點就是，一項重要的項目、任務結束之後，或在關鍵性的結果應該出現的時候，就進行績效考核，較為妥當（**表2-1**）。

表2-1　績效計畫會議檢核表

一、開會前，主管要先明白： 　　1.公司的年度策略與目標。 　　2.部門或團隊的目標。 　　3.員工前一次的績效考核與績效計畫。 　　4.員工目前的工作內容說明。 **二、開會時，主管要讓員工明白：** 　　1.公司與團隊的目標。 　　2.員工目前的工作職責及可能發生的改變。 　　3.年底績效考核的標準。 　　4.員工今年度最重要的工作職責及完成任務。 　　5.員工的任務與團隊和公司目標之間的關聯。 　　6.找出員工可能需要的資源、遭遇的障礙，並提出解決之道。

資料來源：Robert Bacal著，邱天欣譯（2002）／引自：《經理人月刊》，第71期（2010/10），頁67。

 第二節　考核系統績效標準

　　每一位員工並不是都能達到公司所設定的標準，但這並不表示該員工沒有善盡職責，有時只是因為標準錯誤所致。

績效標準誤差

　　有家大型財務公司的總裁，在年底年度考核中，對他們賺錢的一家分公司主管，給了嚴厲的考評，他凍結了該主管的調薪並刪除該主管的紅利，他十分瞭解該主管必定會因此遞出辭呈。

　　這位總裁確實有他的苦衷，他認為該主管就像一匹脫韁的野馬，毫無紀律可言。該主管從來不在辦公室出現，每月的銷售月報也總是遲交，而且今年以來，他已經在每季的會議中缺席兩次，而理由只是為了協助業務員與牢騷滿腹的客戶打交道。在這位總裁眼中，該主管不只是一位差勁的主管，而且還非常難控制。

　　如總裁所料，該主管果然辭職了。但是總裁沒有想到整個分公司的員工都隨著該主管一併辭職，一家原本獲利頗豐的分公司，竟變成虧損累累，而且在短短六個月內，就結束分公司的業務。

　　這種後果，就是因為公司設定的績效考核標準，使得該主管看起來簡直一無是處。因此，當公司裡的優秀人才不照規則行事而出現犯規的情形時，處罰之前或許要考慮重新檢討公司的績效考核設定的標準。

資料來源：Mark H. McCormack著，吳美麗譯（1998）。《管理其實很 Easy》。天下文化。

一、考核系統標準設計原則

在美國進行的一項對全美範圍內三千五百家企業的調查顯示，最常被提及的人力資源管理功能是員工的績效考核，但是卻有30～50%的員工認為，企業正規的績效考核體系是無效的。因此，建立一套有效的績效考核體系，是非常重要的，而有效的績效考核系統的標準，應該有下列幾項重點（曾渙釗，1988：87-90）：

1. 目的：每一項評估都要考慮目的何在？
2. 可達到的：考核的項目是這個部門或員工個人能控制範圍，而且是透過部門或個人的努力可達成的，太困難或太容易的目標都會讓人意興闌珊。
3. 具體的：需要具體明確的工作項目，以業務部門為例，如果說：「盡最大努力做生意」就會顯得不夠明確，可以改為「做多少金額的業務」；另外，與其說「降低成本」，不如改為「降低成本5%，增加收入10%」要來得具體；以人力資源單位來說，「員工離職率不得超過3%」就比「儘量降低離職率」要來得清楚與具體。因此，具體、明確的目標，應該是陳述結果而不是活動，而且必須以清楚、簡單的文字表達。同時，考核的項目是配合公司的目標來訂定，所採用的資料也是一般例行作業中取得的而不是特別準備的。
4. 簡明化：考核的項目不宜太多，針對每一部門或個人來設定幾項重要的項目，這些項目都可反應出日常執行的績效。
5. 可衡量的：二十世紀初葉，美國著名的教育心理學家桑代克（E. L. Thorndike）在其《心理與社會測量學》序文中說：「凡是人的能力，都是存在的東西，而凡是存在的東西，都可以測量。」亦即他明白地指出：「人的能力是可以測量的。」因此，考核的項目可用數據、量化、評分表示目標的進度與達成率，它包括設立所有的標

準。一般現象或態度等較抽象的用語評核，較無法客觀衡量比較，則需採取相互比較的方法。有句管理名言說：「凡是無法衡量的，就無法控制。」

6.時效性：考核資料必須定期、迅速而且方便地取得，如果大費周章，曠日廢時才能得到，則某些考核項目就失去時效性，沒有多大的價值，同時也要規定何時必須達到成果，不要讓目標遙遙無期。

7.為雙方共同同意：接受考核的部門或個人，事先與管理階層或主管共同討論訂定，並同意此項考核標準，以此作為管理和執行的目標（圖2-2）。

二、訂定績效考核的特徵

在職業棒球比賽時，如果投手三振對方，就可以得到獎品，投手站在投手板上，不管他投的是快速直球或是下墜球，要裁判說好球就是好球，說壞球就是壞球，投手剛上場時，不知道主審以什麼標準來衡量，但投了幾次球後，他就能摸得清楚，越投越好了。假如裁判沒有衡量標準，投得好是壞球，投得不好也是壞球，那麼投手就無法再繼續投下去了。因此，企業在建立績效標準之前，主管須先使用工作分析（Job Analysis）的方法，分析每一類工作的內容、需求及情境等資料，其次再規範各類工作的績效標準，發展各類考核量表，以供考核人員對有關成員於平時之工作績效加以記錄，及定期做正式考核之用（曹國維，1987：198-199）。

訂定正式考核作業之後，組織根據考核結果資料，決定某些人事決策，以期提高組織成員的工作效能。因此，訂定績效考核的特徵有下列幾項：

1.標準是基於工作（事）而不是工作者（人）。

2.標準是可以達成的，以工作項目達到可接受為標準，這個標準讓員

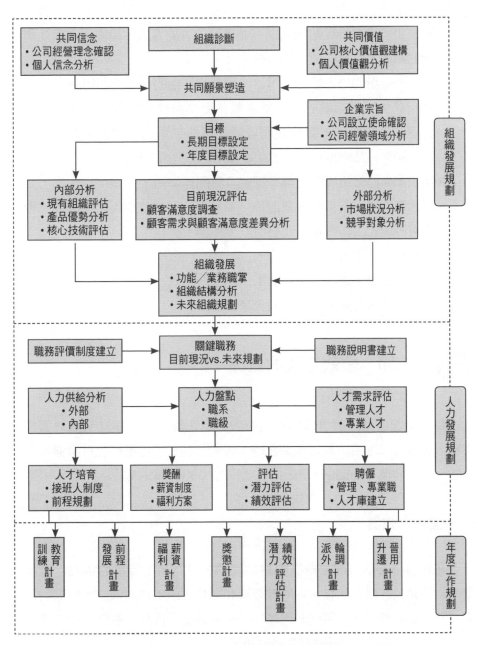

圖2-2　人力資源管理制度規劃

資料來源：常昭鳴編著（2010）。《PMR企業人力再造實戰兵法》。臉譜出版，頁42。

工有很多機會得以超過標準,並得到主管的賞識,也表示未達此標
準的績效,是無法讓人滿意的。

3.工作要項指的是「該做的事」,績效標準指的是「該如何做」。

4.要清楚說明對部屬的工作要求是什麼?所以要有職務說明書。從
管理的觀點而言,職務說明書能記載的工作項目約占全部工作的
75～80%,另外20～25%是臨時或特定的指派工作。

5.建立工作期望達成的目標是哪些?時間性如何?

6.可因新方法、新工具、新設備、新材料或其他重要因素而改變,但
不可因個人工作表現不及格而改變標準。

7.隨時檢視工作表現並做記錄。

8.績效考核衡量標準用來判斷工作執行的成效。

9.與部屬共同討論績效,策勵未來。

 第三節　績效考核的效標

為了保證組織內部管理信息的有效溝通,許多企業建立了績效管理
系統。在實施和應用績效管理系統時,人的行為和管理風格也會發揮其重
要的作用。效標(Validity Criterion)是建立測驗效度的標準。

一、信度與效度

在組織中每項工作都應有明確的標準,以為員工行事的依據。這些
標準愈清楚、客觀而具體,且能被瞭解和測量,則工作績效愈有提高的可
能;甚至績效考核有了明確的標準,可提高其公平性和客觀性,則有賴建
立起信度(Reliability)和效度(Validity)。

(一)信度

信度是指測驗的一致性，亦即評估結果必須相當可靠。例如我們用一把尺來量度物體，今天量度二公尺的長度，明天又是量度得二公尺的長度，不論是由誰來量，都是得到相同的長度結果，這樣，這把尺是有一致性，它產生一致性的結果，它便有很好的信度；反之，倘若這把尺是橡皮製成的，用力一些拉長的話，量出來長度便比不拉長時短了許多，故此結果便不具有一致性，這樣它的信度便低了。在實務上，員工被考核時，各種情境與個人因素都會發生變化，以致常有不一致和不穩定的現象，這些因素包括三種情況：

1. 情境因素：績效考核時，情境因素會影響其信度，如評估時間的安排、對照效應對評估結果的比較等是。
2. 受評者的因素：受評者暫時性的疲勞、心境、健康等個人因素，常使評估者所得印象不同，致有不同的評估結果。
3. 評估者因素：評估者的個人人格特質或心態，對績效評估意見的不一致，常造成評估的不穩定。

基於上述因素，為了增進績效考核信度，可藉由多重觀察，或從多項因素加以比較，或由多個觀察者進行評估，並在短期內做數次判斷，以提高績效考核的信度。

(二)效度

效度，是指所量度出來的是否是我們原來想量度的東西的一個指標。譬如說，我們設計一個物理測驗，但是由於設計不佳，題目中大部分需做繁複的計算，所以測驗的結果，可能並不代表了受測者的物理知識，而是反應了他們的算數運算能力，這樣的測驗效度便很低了（鄭肇楨，1998：346-347）。

在實務上，員工被評估時，有下列三項需考慮的因素：

1.績效向度：在評估績效之前，應先確定影響績效的各種行為向度，並找出可代表行為的標準，譬如員工的職務、責任不同，其設定的績效標準會有差異。因此，績效標準最好能力求周延，相互為用。

2.組織層次：績效評估效度的達成，除了需要考量績效向度外，尚須配合適當的組織層次，使組織群體或個人間能有所關聯。

3.時間取向：績效評估的效度，有時受到時間長短的影響，有些標準具有短期取向，有些則具有長期取向。譬如特定的個人工作行為，可以利用短期方式測定，但團體性的利潤市場占有率，則需長期觀察方能顯現出來。

總之，信度和效度是有相當關聯性的，是整個評估過程良窳的關鍵，可能決定員工績效的適當性。因此，績效考核制度，為符合信度與效度之效果，有關考核因素之設定，應以評量工作績效為主，儘量避免涉及個性與態度之認定，同時，考核因素最好是可觀察且易於衡量的（林欽榮，1991：346-347）。

二、績效考核標準

組織的每個工作都應該設立清楚的標準，說明期望工作者要去做什麼。這些標準應當是清楚而客觀且能被瞭解及測量，它不該以含糊籠統的字眼，諸如「整項工作」、「一個好工作」來描述。

績效考核的標準，有下列三種不同的方法來評估員工的工作績效：(1)絕對標準（Absolute Standard）；(2)相對標準（Relative Standard）；(3)客觀標準（Objective Standard）。當然，這三種方法各有其優缺點。

(一)絕對標準

絕對標準，是指對員工個人工作做成一固定標準，以員工績效與所訂定標準相比較，並評定其達成與否而予以評定等級，因此，員工之間不

做相互的比較。所以，絕對標準的考核基礎，是以員工的績效表現為主力，如「量表尺度法」、「論文式考評法」（Essay Apprasial）、「查核清單考核法」、「加註行為評等量表」等，即為典型的實例方法，它適合於小型部門中評量幾位表現幾乎相同的員工。

　　絕對標準法適用於員工個人職涯發展的用途上。透過絕對標準的評估，員工可以清楚地知道自己工作上哪方面表現不錯，哪方面需要特別加強，而主管亦可據此作為發展員工職涯的依據。

　　絕對標準法的優點，是可用好幾個標準來獨立評估員工的表現，而不像相對標準法傾向於整體特性的評價；另一個優點是，該法具有十足的彈性。不過，此法很容易犯錯，準確性偏低；且評估結果偏高或偏低時，不易看出相互間績效的差異程度；同時，月暈效應、歸因傾向、直覺的偏見與誤差等都可能發生。

(二)相對標準

　　相對標準，係指針對員工績效與其他員工相互比較而評定何人表現為佳，何人表現為差。所以，相對標準的考核基礎，是以員工之間的比較為主，例如「配對比較排列法」、「排列法」、「強迫分配法」都是以相對標準作為評估的依據。

　　相對標準法主要適用於有限資源的分配上，及透過部屬間的比較，主管可以清楚地知道哪些部屬表現好，哪些部屬的表現較差。因此在升遷、調薪或分配獎金等人事決策考量上，這種方法就可以決定哪些部屬可以分配到較多的資源，哪些部屬分配到較少的資源。同時亦可用來決定部屬間的獎懲，甚至在企業要裁員時，用來作為解僱員工的依據之一。

　　相對標準法之優點，是較為省時，並可減低過高或過低評估的主觀偏差；而其缺點，如員工過多則難以排名，也許對最好或最壞的幾名員工很容易找出，但中間表現的員工，則很難配對，又被評估的員工太少，或被評估者之間只有些微差異時，相對標準會造成不符實際的評估結果。

(三) 客觀標準

客觀標準，係指評估員工是由衡量他們完成特殊設定目標和工作關鍵事例的成功度來決定。這種方針在程序明確、目標導向的組織中最為適用。

使用客觀標準法的優點，是強調結果導向，把焦點集中在行為與績效上，它能激勵員工，因為員工知道組織真正期望的是什麼行為與產出，其次是評估者之間評估相關性較高，即一致性高，同時它可提供受評者良好的回饋，以修正其行為，並求其符合上級的評價。不過，該法必須耗費較多的精力與時間，必須隨時做修正，以保證特定行為和工作與績效

範例 2-3

IBM績效標準

今天的資訊業要求的是創新、創造力和團隊工作，由於起伏不定的利潤率和反覆無常的客戶，使公司更須講求績效。如果薪資制度強調的是個人成就及內在的報償，再加上缺乏強有力的短期獎勵制度，便很難使員工有優異的表現。為了激發工作上的競爭，國際商業機器公司（IBM）開始了一系列強調排名的績效評估標準，績效標準也開始逐漸浮現。

IBM不再只依賴員工對公司的忠誠度所產生的正面動機，而開始出現不同的獎金及酬勞。用最低可接受的績效標準來調整個人績效評分，使得去年公司接受的績效標準，到了第二年也許就被判出局。

除此之外，經理們可以用排名的方式來衡量員工們對於公司的相對貢獻，據此撤換部門裡表現最差的員工，但也因此無法顧及員工在績效評估之外的特殊貢獻。因此設定績效考核系統的標準指標就顯得非常重要了。

資料來源：D. Quinn Mills、G. Bruce Friesen著，王雅音譯（1998），頁220-
　　　　　221。

的預測有關。

　　總而言之，績效評估的標準是多重的，就評估本身而言，必須具備相當的信度與效度；就執行績效評估方面，則宜建立一些標準，如絕對標準、相對標準或客觀標準，以提供選擇。同時，欲建立績效評估的公平性與合理性，尚需慎選評估方法。

三、確保績效考核程序的合理性

　　確保績效考核程序的合理性，有下列幾項重點要注意（Gary Dessler 著，李茂興譯，1992：130）：

1.工作績效之評估必須根據完整的工作分析，以反應出特定的績效標準，其程序為：工作分析→績效標準→績效評估。

2工作績效之評估僅在員工完全瞭解績效標準才變得有意義。

3.明確界定工作績效的各個構面（如品質、數量、時限等）。

4.績效構面應該以行為表現為根據，使得所有評等工作有客觀的證據支持。

5.採取評等尺度法時，避免抽象模糊的字眼（如忠誠度、誠實等），除非能以觀察得到的行為加以界定。

6.評估系統應加以驗證。

7.主管主觀的評等也許有用，但只能作為整體評估程序的一環。

8.評估人員在應用評估技術之前，應予以適當的訓練。

9.評估人員在日常工作中，應與被評估員工要多做接觸。

10.可能的話，評估應儘量由一人以上分別進行，如此可消除個人偏差的評核結果。

11.提供申訴管道，使員工不滿上司所給的績效成績時，有申訴的機會（**表2-2**）。

表2-2　良好業績的標準

業績標準	說明
衡量可靠	應該以客觀的方式衡量行為和結果
內容有效	與工作業績活動合理地聯繫起來
定義具體	包括所有可識別的行為和結果
獨立	重要的行為和結果應該包含在一個全面的標準之中
非重疊	標準不應重疊
全面	不應忽略不重要的行為或結果
易懂	應以易於理解的方式對標準加以解釋和命名
一致	標準應與組織的目標和文化一致
更新	應根據組織的變化而定期對標準進行審查

資料來源：Richard S. Williams著，趙正斌、胡蓉合譯（1999）。《業績管理》。
　　　　　東北財經大學，頁122。

 第四節　績效衡量層級的方法

　　組織在評估員工績效時所採用的方法，對員工的工作行為有很大的
影響力，下列舉出的三個例子，可以說明這種看法。

【例一】為里程數而巡邏

　　一家管理顧問公司發現了一項有趣的事實，某社區的巡邏警車常
在高速公路上來回快速的行駛著，這樣子的巡邏行為對於治安似乎毫
無幫助。後來才知道，原來該社區的警察局是以巡邏警車行駛的公里
數，來決定巡邏警員的考績。因此，他們只關心車子跑了多少公里，
而不管他們該去哪裡巡邏。

【例二】為面談人數而面談

　　在一家公立的職業介紹機構（它幫人們找工作，幫雇主找員工）
裡，就業面試人員的考績，是按照他們擔任過多少次面試來評定績效
的，結果使得這些面試人員只關心主持面試的「次數」，而不管該如

何把人才與工作做正確的「媒和」。

【例三】單一評點的服務

　　員工的工作通常是由許多任務組成的，例如飛機上空中小姐的工作，包括向旅客表示歡迎、巡視旅客是否舒適、服務餐點，以及提醒旅客注意安全。如果這種工作的績效評鑑只是用單一準則，譬如說：「服務一百名旅客進用餐點所花費的時間」，那麼所評鑑的只是部分工作績效，未免有失偏頗。更重要的是，如果以這種方式來評估績效，很可能會變相鼓勵空中小姐不去重視其他工作（S. P. Robbins著，李茂興譯，1994：407-410）。

　　上述這三個例子，說明了評估準則的重要性，在績效考核的設計，可說是整體考核制度的靈魂所在，一般企業對績效考核衡量的準則，見仁見智各有不同，但一個實際的、完整的績效衡量方式，對組織與個人都有益處，而一個完善的績效評核制度，應該將員工對工作的投入、過程與產出三個向度同時列入考量（**表2-3**）。

　　針對上述三個向度，績效評估方法區分為：特質取向（Trait Approach）、行為取向（Behavioral Approach）和結果取向（Outcome/Result Approach）（**表2-4**）。

一、特質取向

　　特質取向的評量重心，在衡量被認為此員工所具有多少完成工作任務的能力，它可能與工作結果相關，也可能無關，例如「態度良好」、「滿臉信心」、「一臉聰明相」、「看起來很友善」、「經驗豐富」等，就可能跟工作無關。因此，在三項評估取向中，個人特質取向的評估標準是最弱的一環。舉例而言，蔣中正在民國45年3月以「考核人才的要領與領導原則」為題材的演說中，提出考核人才必須依據的九大原則（主動、合作、負責、熱情、實踐、領導、思維、均衡、信心），以及

表2-3　績效考核執行系統

因素	內容
產出（績效規格）	• 績效標準 • 執行者瞭解所欲產出與績效標準 • 執行者考慮到標準是否可以達到
輸入（任務支援）	• 執行者能否認清輸入所需動作 • 此一任務是否可以不受其他任務干擾 • 工作流程是否合乎邏輯 • 是否有足夠資源來支持此一任務
結果	• 結果是否一致支持所需績效 • 從其他員工的觀點看來，結果是否有意義 • 結果是否如期完成
回饋	• 執行者是否收到績效的回饋 • 這些回饋是否正確、及時、相同、特定、易於瞭解
執行者（本人）	• 是否具有執行任務所需知識、技能 • 是否瞭解績效目標的重要 • 是否在身體、心理及情緒上能執行此項任務

資料來源：李漢雄（2000）。《人力資源策略管理》〈*Strategic Management of Human Resources*〉。揚智文化，頁149。

其相對要避免的負面九大效應（自私、被動、推諉、冷酷、虛偽、模稜含糊、散漫、偏執、疑心）（蔣總統思想言論集編委會編，1966：165-178）。

另外，詫摩武俊在《性格》書中提到一些性格的評語，因個人之觀點而有正負面不同的闡釋。

正面性格：意志堅強的、積極進取的、樂於助人的、善於交際的、性格豪爽的、具有慎重態度的、具有說服力的、不屈不撓的、天真純樸聽話的、自豪的。

負面性格：頑固的、厚臉皮的、強加於人的、輕浮的、頭腦簡單的、磨磨蹭蹭的、甜嘴巴、固執、死心眼的、沒有自主性、驕傲（詫摩武俊，1990：11-12）。

從上述這些個人特質項目來看，似乎可以透露一些訊息，就是只要

表2-4　各種評核方法的優缺點

各種評核方法	特質取向	行為取向	結果取向
考核工具	• 圖表評等量法 • 交替排列法 • 配對比較排列法 • 強迫分配法	• 重要事例技術法 • 敘事考核法 • 加註行為評等量表	• 圖表評等量法 • 重要事例技術法 • 加註行為評等量表
優點	• 很容易發展此評估工具 • 可採用有意義的因素 • 很容易操作此工具 • 方便排列績效	• 針對績效行為因素 • 衡量變項是很清楚 • 衡量後可作為回饋用途 • 較客觀，針對能控制加以評核 • 明確回應員工該努力的訊息 • 可公正地給予報酬或升遷	• 可減少主觀上的偏見 • 衡量事項是很清楚的 • 可聯繫個體績效與組織績效 • 可鼓勵共同設定目標 • 可公正地給予報酬或升遷 • 使人員做對的事，達到組織整體的目標 • 使員工個人發展與組織成長結合
缺點	• 量度錯誤率高 • 對回饋諮商沒用處 • 對給酬與升遷不正確 • 較為主觀，易受偏見影響 • 說服力差的主管，較不願意給予部屬較差績效考核	• 其發展的過程都相當複雜、耗時、費力，要花費很多時間來設計 • 所花費的成本很高 • 量度時也會出現錯誤 • 人員可能不自在，無時無刻都有人在監視	• 要花費很多時間來設計 • 對事業發展展望會取短時間的態度與作法 • 對不合標準的員工可能會終止僱用 • 可能取負面的管理標準 • 目標設定不易，具體達成目標難定 • 員工可能只在意目標達成，而忽略其他部分 • 人員可能為達目標，不擇手段
備註	• 一般企業常採用 • 簡單明瞭，容易填寫 • 公務人員考績法類似此型	• 由直屬主管考評 • 評鑑項目是足以影響其工作績效之特別或重要的事件 • 使用時仍須視個別差異來決定評鑑項目	• 是一種以目標作為考核人員的方法 • 組織已實施「目標管理制度」為前提 • 考核期間大約以一季為宜

資料來源：丁志達（2012）。〈績效管理與績效面談〉講義。重慶共好企管顧問公司編印。

符合這些項目,考核成績就會得到高分,問題是這些項目很難有客觀而公正的評分標準,完全憑考核者的判斷而定,因為這些特質只能考量員工是怎麼樣的一個人,而不是他能否完成被交付的任務。因此,使用特質的考核,要針對工作行為有沒有達到標準為考核重點,例如:

誠信(個人特質):值得信賴、不欺瞞。

誠信(工作行為):不洩露工作機密、不公物私用。

以個人相關特質作為績效效標時,此種考核結果適合作為員工職涯發展與晉升的考量(**表2-5**)。

二、行為取向

以行為取向為基礎作為評估方式,主要是針對員工在工作過程中的各項可能之投注,屬於「只問耕耘,不問收穫」之類型,也就如同台諺:「做人要認真,做事要頂真」這種考核模式,對員工職涯前程規劃有莫大的幫助。它可以看出部屬的潛力在哪裡?如何培育?它較適合使用在基層員工考核,尤其當工作內容無法量化時,工作行為法則屬於較為確實與特定的評估辦法。

學者Schmitt與Klimoski認為,以行為基礎為評估要點的方式,有下列

表2-5　人格特質與工作行為的區別

人格特質（籠統）	工作行為（實例）
可靠度	每個月都遲到幾次
主動性	發現錯誤即時改進
合作性	對同仁不禮貌的批評
親和力	對顧客經常說「謝謝」
誠實	歸還顧客遺失的皮包記錄
能力	限期完成工作數量

資料來源:丁志達(2012)。〈績效管理與績效面談〉講義。重慶共好企管顧問公司編印。

三項優點：

　　1.行為是可以觀察的。

　　2.行為是被評估者所能控制的。

　　3.行為是可以修正的。

　　例如百貨公司的警衛員或服務員，是否對顧客保持愉悅的笑容及友善的態度，這對公司的形象影響頗大，而這些行為本身很容易被觀察，行為基礎的評估標準，可以明確的告訴員工，故公司可將所期望的上述行為列表，作為員工績效考核的效標，以便達到組織預期他們表現出哪些行為目標。

　　行為取向的評估法，計有評比尺度法、強迫選擇法、強迫分配法、個人對比法、書面法、加註行為評等量表、特殊重要法等，其考核結果則可作為工作改善與員工培訓的參考。

小常識

效標（Validity Criterion）

　　效標，測驗所欲測量的目標行為之表現。預測用途的測驗效度，通常是測驗分數與直接測量該效標的獨立指標之間的相關係數。

三、結果取向

　　以結果為評估依據，主要是對員工實質、有形的產出進行評估。員工在考核期間內的成果有哪些項目，一樣一樣的列出來。結果取向屬於實力派，且評估具有客觀性，例如單位產量、業務人員的業績、產品的不良率或應收帳的呆帳金額等。

　　結果導向的考核，應用在對主管級與業務行銷人員的考核最恰當。譬如評量工廠廠長時，可以根據該廠的產量、品質、廢料的多寡，以及每單位生產成本來決定；同理，評量一位銷售人員時，則可以看他在所負責領域內的銷售數量、業績成長率、銷售額以及新客戶增加量來決定（張智寧，2000）。

　　要達到結果取向的方法，主管在執行工作中，要確定每位員工皆清楚其任務與其所需遵守的標準，經常與部屬接觸，隨時掌握部屬的工作進度，適時針對部屬的工作誤差，提供協助與支援，才不會讓部屬在工作中產生挫折感。工作中挫折感的產生，就是因為員工在工作進行中，主管沒有適時的回饋，等到結果做出來後，卻發現它不是組織所需要的結果。

　　古代醫生用「望、聞、問、切」來診斷病人的病情，主管在工作上對部屬也需要「望、聞、問、切」來指導部屬，使其在工作上做得更好，如果主管平日對部屬不聞、不問，績效成果自然不能顯著，則這一位主管在組織內，個人就少有飛黃騰達機會，也只能經常向同事恭喜升官的分。

　　結果取向的方法有目標管理法與評鑑中心兩種，可做個人獎金發放與加薪、晉級的依據。

　　上述三種評核方法，均有其優缺點。從考核的工具來看，雖然近年來仍然有許多學者主張，績效考核儘量減少個人特質的評量，但是有更多的學者認為績效考核具有多重性，不同考核效標，有不同的目的，這三種評核工具都是可行的、可用的工具。因此，績效考核應針對不同職別，設計多種類的表格，適用於不同考核指標的員工使用。如果我們選用多項效標作為績效衡量指標，還需考慮每個效標所占的比重，賦予那些跟整個績效評估最有關的效標較高的權值。

範例 2-4

員工評鑑標準表

	業務人員		非業務人員	
十等職以上	個人工作目標70%	• 盈餘績效30% • 內控能力10% • 營業量成長10% • 競賽達成狀況10% • 業務品質10%	個人工作目標60%	• 工作品質15% • 工作效率15% • 工作態度10% • 帶領團隊合作能力10% • 全員銷售與競賽10%
	個人工作行為30%	• 責任感5% • 領導能力5% • 規劃能力5% • 溝通協調能力5% • 培育部屬能力5% • 控管能力5%	個人工作行為40%	• 責任感6% • 領導能力9% • 規劃能力8% • 溝通協調能力7% • 培育部屬能力5% • 控管能力5%
九等職以下	個人工作目標70%	• 業務品質20% • 工作目標達成狀況30% • 營運量成長10% • 競賽達成狀況10%	個人工作目標60%	• 工作品質15% • 工作效率15% • 工作態度10% • 全員銷售10% • 各項競賽10%
	個人工作行為30%	• 團隊合作精神5% • 主動積極性5% • 控管能力5% • 溝通協調能力5% • 客戶服務5% • 學習態度5%	個人工作行為40%	• 團隊合作精神7% • 主動積極性7% • 控管能力7% • 溝通協調能力5% • 客戶服務9% • 學習態度5%

資料來源：大眾銀行／引自：蔡聰泳（2002）。《我國民營銀行消費金融員工績效評估之研究》。元智大學管理研究所碩士論文，頁117／引自：林淑馨（2011）。《人力資源管理：理論與實務》。三民書局，頁183-184。

結　語

　　績效考核是人為的，很難達到理想評價境界，即使它已建立了一些標準、原理、原則與正確的考核方法，仍然無法完全掌握其準確性。是故，績效考核的公平與否，絕大部分仍掌握在主管手裡，只有管理者建立客觀的心理標準，培養豁達的胸襟，多觀察、多思考，避免主觀的知覺，才能使績效考核運用有效。子曰：「視其所以，觀其所由，察其所安，人焉廋哉？人焉廋哉？」，延伸的意思是說，主管平日多跟員工接觸，瞭解其工作性質與職務關係，採用正確的評量方法，始能臻於公平而合理的考核至善境界。

Chapter 3

績效考核方法

從一個小孔中也可以窺見白晝。

——希活（Heywood）

　　績效考核有多重目的，但不會有適合一切目的的通用績效考核方法（工具）。在績效管理方面的問題，就是要確定設計何種績效考核（評估）方法，來達到企業要追求績效管理的極大化。

　　人事心理學家透過大量的研究，創造了各種評核績效的方法，諸如評定量表法（圖表評等量表、行為觀察量表、加註行為評等量表）、員工比較法（個別排列法、配對比較排列法、強迫分配法、交替排序法）、敘事考核法（重要事例技術法、現場詢問法）、評鑑中心法、目標管理法、自我考核法、查核表等。

 # 第一節　評定量表系統

　　評定量表（Rating Scales）比較容易建立與使用，是最常見的績效考核工具。本方法的基本程序是評定每位員工時，就員工具有的各種不同特質之程度，選擇最恰當的勾選，加總即得員工的總績效。最常見的有圖表評等量表（Graphic Rating Scale, GRS）、行為觀察量表（Behavioral Observation Scale, BOS）和加註行為評等量表（Behaviorally Anchored Rating Scale, BARS）等三種方法。

一、圖表評等量表

　　圖表評等量表是最古典而且最簡單的績效評估工具之一。它是以一條直線代表心理特質（一般量表最常見的考核項目有工作上的品質與數量、專業知識、合作、工作忠誠度、出勤狀況、創意等）的程度。評定者

即依員工具有的心理特質程度，在直線上某個適當的尺度（通常在四點至七點上較為常見）打個記號，即可得到評定項目的分數，再合計得出一個數字性的績效等級（**表3-1**）。

　　圖表評等量表簡單、容易使用，從所花費的時間及其他資源方面來看，此法算是很有效率的方法，而且可供評量分析和比較，但亦容易流於一些主觀性的評估，諸如太寬、太嚴、趨中以及月量效應等的誤導，導致核評結果出現偏誤。為解決此一難題，應確保使用健全的工作分析程序為基礎，才能以量表來進行評等。

表3-1　銀行櫃員的圖表評等量表

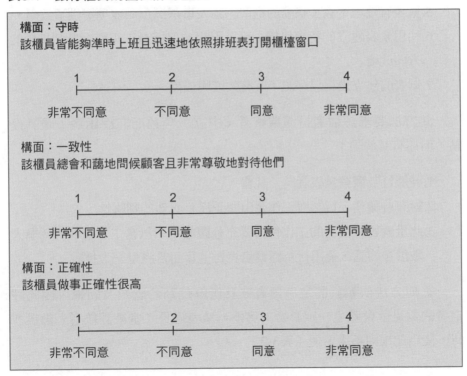

資料來源：Ricky W. Griffin著，方世榮譯（1999）。《基礎管理學》（*Fundamentals of Management*）。東華書局，頁205。

二、行為觀察量表

行為觀察量表（BOS）是由拉薩姆（Latham）和瓦克斯雷（Wexley）所提出，在使用這種評量方法時，首先需要確定衡量業績水平的角度，如工作的質量、人際溝通、執行、工作的可靠性等，每個角度都細分為若干具體的標準，並各自設計一種評量表。此方法之優點有：

1. 所列工作行為要求都以有系統的工作分析為基礎。
2. 明確陳述工作行為的考核項目與向度。
3. 可以讓員工參與重要行為向度的設計，幫助員工瞭解與接受。
4. 由於行為相當明確，故主管很容易做績效回饋，員工也較易遵循。
5. 量表有效地定義了職務的標準，為人事選擇預測變項提供了效標。
6. 利用量表建立的特定目標，可以引起並保持員工工作行為朝積極的方向改變。
7. 量表的建立過程已保證了其有效度與信度。

此方法要求評估者扮演觀察者（中立）角色而非評斷者，是其優點，但亦有其侷限：

1. 發展行為觀察量表耗時、耗費。
2. 對有些職務，行為與工作產出間並沒有必然的關聯性。
3. 此量表對評估者的工作行為要充分觀察，所以當主管督導的部屬人數很多的話，運用行為觀察量表對主管而言將是一大挑戰。

這種方法依賴於評定者對有效及無效行為的感知及回憶，因此評定者的偏見就會產生一定影響；另外，量表過長，當被評核者人數很多時，使用起來則不大方便（**表3-2**）。

表3-2　行為觀察量表

表內容：

職位：銀行核貸助理員
項目：良好的表現
　　1. 精確準備信用報告

| 幾乎沒有 | 偶爾 | 有時 | 經常 | 總是如此 |
| 1 | 2 | 3 | 4 | 5 |

　　2. 與貸款申請者面談時很友善

| 幾乎沒有 | 偶爾 | 有時 | 經常 | 總是如此 |
| 1 | 2 | 3 | 4 | 5 |

項目：不好的表現
　　1. 未能準備跟進的文件

| 幾乎沒有 | 偶爾 | 有時 | 經常 | 總是如此 |
| 1 | 2 | 3 | 4 | 5 |

　　2. 必須經提醒才會準時提出信用報告

| 幾乎沒有 | 偶爾 | 有時 | 經常 | 總是如此 |
| 1 | 2 | 3 | 4 | 5 |

參考資料：黃同圳（2000）。《人力資源管理的12堂課——績效評估與管理》，天下文化，頁126。

三、加註行為評等量表

　　加註行為評等量表（BARS）為美國兩位心理學家帕特里夏‧凱恩‧史密斯（Patricia Cain Smith）及羅恩‧肯德爾（Lorne Kendall）在1963年國際護理同盟會議中所披露，藉由工作分析構成評估構面，並以標準化程序強調行為觀察，提供評估時之參考依據。此方法兼具有重要事例技術法

之客觀性及圖表評等量表的簡單特點,即在量化的績效尺度上加註特別好或特別差的描述性績效實例,是所有績效評核方法中較公平的一種。這種量表近幾十年來很受注意,其方法為:就每個評估項目,找出重要的工作行為表現為標準,按著優劣予以排序,每種行為標準的部分比重不一,端視其重要性而定。此方法由三部分構成:

1.評量績效的向度,例如準時繳交業務等。
2.使用分點評量尺度。
3.一套行為錨點陳述(主要集中於特定、可觀察、可衡量的工作行為)。

有關加註行為評等量表的優點有:

1.標準明確,以重要事件解釋績效點數。
2.量表精確,由熟悉工作內容以及工作目標之員工所發展出來。
3.構面獨立且構面多,不至於以偏概全。
4.回饋迅速,被評者可根據「重要事件」立即獲得回饋。
5.一致可靠,不會因評核者不同而有不同評核結果。

範例 3-1

加註行為評等量表題目

單位			職稱			姓名		
項目	說明		評定					
工作績效	左列各項目之詳細內容與右列評定之定義,請參考下方資料。	□優		□佳	□可	□稍差		□要努力
業務品質		□優		□佳	□可	□稍差		□要努力
專業知識		□優		□佳	□可	□稍差		□要努力
人際關係		□優		□佳	□可	□稍差		□要努力
工作態度		□優		□佳	□可	□稍差		□要努力
個人操守		□優		□佳	□可	□稍差		□要努力
發展潛力		□優		□佳	□可	□稍差		□要努力

項目	等級	評量標準
工作績效	優	工作績效遠大於業績目標。
	佳	工作績效大於業績目標。
	可	工作績效等於業績目標。
	稍差	工作績效小於業績目標。
	要努力	工作績效遠小於業績目標。
業務品質	優	工作成果與效率優異，完全不用主管操心。
	佳	工作成果與效率良好，主管僅須稍加指導。
	可	工作成果與效率合於一般水準。
	稍差	工作成果與效率不如一般水準，且常發生缺失。
	要努力	工作成果與效率極差，造成主管困擾。
專業知識	優	通曉必要之專業與基礎知識，且能舉一反三，自我充實。
	佳	對職務上之專業與基礎知識應用能力良好，執行業務有效率。
	可	對職務上之專業與基礎知識瞭解，可運用於執行業務。
	稍差	對職務上之專業與基礎知識不甚瞭解，運用常有窒礙。
	要努力	對職務上之專業與基礎知識完全不瞭解，凡事須人指導。
人際關係	優	人緣極佳，與其他同事相處融洽，主動幫助他人完成工作。
	佳	人緣佳，會參與組織共同事務。
	可	人緣尚可，與他人互動維持一般水準。
	稍差	人緣稍差，少與組織內其他成員來往。
	要努力	自外於組織，不與組織內其他成員往來，缺乏組織認同感。
工作態度	優	對業務有高度熱誠及責任感，積極進取、努力不懈。
	佳	積極面對業務，對困難的工作亦盡力解決。
	可	處理業務尚稱積極，工作態度大致良好。
	稍差	處理業務之態度稍欠積極，責任感稍嫌不足。
	要努力	消極且無責任感，不喜歡困難或辛苦之工作。
個人操守	優	服從公司規定，品德優異，且能影響他人，對自我要求極高。
	佳	恪遵公司規定，品德兼優，私人生活規律、言行檢點。
	可	遵守工作場所秩序，無不良嗜好。
	稍差	偶爾會忽略工作場所秩序，造成主管及同事困擾。
	要努力	不顧工作場所秩序，嚴重影響他人工作情緒。
發展潛力	優	潛力出眾、有極大發展空間，可栽培往更高層次發展。
	佳	有發展潛力，經適當栽培後能膺重任。
	可	有一般水準之潛力，須按部就班培養。
	稍差	發展潛力稍差，須經更長之培訓期間始能勝任。
	要努力	無發展潛力，應無栽培必要。

資料來源：慶豐銀行人力資源部（2000）。〈人力資源庫介紹與說明〉。《慶豐銀行專刊》，2000年3月，第41期，春季號。

　　雖然加註行為評等量表有上述的優點，但此量表也存在著一些侷限面，許多與工作有關的關鍵事件在制定量表時被刪除了。因此，工作中的某些特點就無法得到體現，並且有時對評定者來說，很難確定被評定者行為與量表中描述的類似程度，因此較難進行配對評定。所以要運用此法時，需以不同層次之行為定義評估構面。

小常識

實施加註行為評等量表的步驟

1. 詳細蒐集對觀察得到的工作行為所做的說明，由熟悉工作內容的人描述與績效有關之重要項目。
2. 針對每項行為進行評估，以確定此行為是代表好或差的程度；由經理人與人事專家共同決定各構面評核因素，對每一行為構面並加以定義清楚。
3. 由一組熟悉工作內容的人確認每一構面內容的涵蓋面。
4. 決定衡量比較的等級，一般使用五點或七點量表。

第二節　員工比較系統

　　員工比較法（Employee Comparison Methods）是相對而非絕對的評估法。它是將個人的績效與另一個人或更多人加以比較。最常見的有個別排列法、配對比較排列法（Paired Comparison Ranking Method）、強迫分配法（Forced Distribution Method）及交替排序法（Alternation Ranking Method）等四種方法。

一、個別排列法

個別排列法又稱序列法（Ranking Order），是將全部受評者之工作狀況分別列出其等級，再依序為其高低訂定成績之優劣，它是所有「員工比較系統」中最簡單的個別比較法，其方法是將所有員工在工作中各個方面的表現，按績效的層面從最好排到最差的順序，並對工作的整體印象進行排列，亦可以對每一個獨立的工作向度中的行為項目分別進行排列，最後把各方面的結果綜合起來，得到總的結果。

個別排列法的最大優點是簡單易行，不需要做任何複雜說明，但是當被考核員工人數眾多時，進行排列就比較困難與麻煩，此時評定結果的正確性也就降低了。例如對排列在中間位置的員工而言，有時就很難判斷先後差別的名次意義。很多時候，這種方法會被用來作為裁員的準則，將表現最差的員工解僱（**表3-3**）。

表3-3　個別排列績效考核表

部門： 考核級職：			考核者： 日期：				
姓名	知識技術	工作態度	領導能力	溝通能力	工作協調	工作數量	工作品質	合計點數
賴柏仁	3	5	5	5	3	4	6	31
蘇建華	2	4	2	1	4	2	2	17
李澤民	6	2	6	4	1	6	4	29
陳信敏	4	1	1	3	6	1	3	19
曹玉琴	5	3	4	6	2	3	5	28
洪鎮鐘	1	6	3	2	5	5	1	23
總評：								
備註：								

資料來源：沙永傑、王忠宗、周賢榮、廖文志等編著（1996）。《企業診斷》。
　　　　　國立空中大學。

二、配對比較排列法

　　配對比較排列法是由考評者對所屬員工的成績用成對比較的方法，決定其優劣。其最終的結果與排列法一樣，是員工的績效順序排列，但配對比較排列法比個別排列法的評定結果要準確得多。

　　配對比較排列法係先將員工姓名用成對組合的方法，寫在小紙片上，每一張紙片寫上兩個員工的姓名，如共有10個員工，其公式為：$\{N \times (N-1) \div 2\}$ 計算（N為人數），則 $10 \times (10-1) \div 2$ 的結果要進行45次的比較。

　　配對比較排列法的優點為，所得之考核結果較為確實，信度達0.9以上；但其缺點是，當比較的人數較多時，手續不僅過繁、冗長，而且乏味，一般適用於人數較少的單位或部門（**表3-4**）。

表3-4　配對比較排列法

成對比較法的評價過程					
姓名	程昱	李典	夏侯惇	荀彧	張遼
程昱	—	李典	夏侯惇	荀彧	張遼
李典		—	夏侯惇	李典	張遼
夏侯惇			—	夏侯惇	張遼
荀彧				—	張遼
張遼					—

成對比較法的評價結果		
姓名	贏的次數	排名
程昱	0	5
李典	2	3
夏侯惇	3	2
荀彧	1	4
張遼	4	1

資料來源：作者自行整理繪製。

三、強迫分配法

　　強迫分配法類似在「曲線上分級」，是預先訂出一定比例，要求主管將所有的部屬依照這個比例來評定優劣，如此可避免主管將所有的部屬統統評好或評壞，例如先設定「優等」的人有10%，「甲等」的人有30%，「乙等」的人有40%，「丙等」的人有15%，「丁等」的人有5%，然後將考評人數按這些比例算出多少人要評為「優等」，多少人要評為「甲等」，其餘依此類推，達到強迫分配的結果。當多數人的表現真的非常好，或多數人的表現都一樣時，就會發生問題。

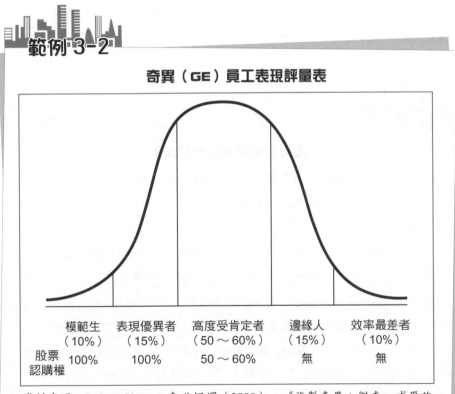

範例 3-2

奇異（GE）員工表現評量表

	模範生 （10%）	表現優異者 （15%）	高度受肯定者 （50～60%）	邊緣人 （15%）	效率最差者 （10%）
股票 認購權	100%	100%	50～60%	無	無

資料來源：Robert Slater，袁世佩譯（2000）。《複製奇異：傑克・威爾許打造企業強權實戰全紀錄》（*The GE Way Fieldbook*）。麥格羅・希爾國際出版公司，頁47。

　　強迫分配法考績的呈現，雖然無法達成絕對的公平，但至少可以達到相對的公平。為解決強迫分配法的缺點，企業可根據各單位業務績效的高低作為分配其單位考核排列各等人數之抉擇。例如單位業務績效考核列優等者，該單位考核「優等」、「甲等」之人數可以增加；單位業務績效考核列中等者，該單位考核「優等」、「甲等」之人數仍照一般規定；單位業務績效考核列差等者，該單位考核「優等」、「甲等」之比例則依一般規定降低，以期單位業務績效與人員考績等級比例能加以合理區隔。

　　《強迫排名》作者迪克‧葛羅特（Dick Grote）認為，嚴格執行汰弱留強的制度，短期內固然可以迅速淘汰少數績效不佳的員工，但長期以降，最後很可能會因為找不到更好員工替代，無形中增加企業的人事成本。因此，他建議，強迫排名制大約運作三、四年後，就可稍做休息，重新觀察組織的績效成果，並採取其他的評估工具。

範例 3-3

微軟宣布放棄強迫分配制

　　微軟（Microsoft）宣布放棄備受爭議的員工績效「排名制」，希望以強調品質的績效評鑑法取代數字化的評級，以促進內部的團隊合作。

　　微軟表示，將不再要求部門經理根據鐘形曲線（Bell Curve）為所有員工打分數，並給他們從一到五的評級。放棄這套通常稱作「堆疊排名」（Stack Ranking）或強迫排名（Forced Ranking）的制度，意味將不再規定微軟10萬名員工必須有特定比率被評為績效不合格。

　　在執行長鮑默爾（Steve Ballmer）的領導下，評級制是晉升和分配紅利與股票的重要依據。微軟表示，即日起放棄數字化的評級，改用較頻繁、強調品質的員工績效評鑑法。這項改變使微軟成為一

連串取消強迫排名制的大公司之一。排名制在1980年代在奇異公司（General Electric Company, GE）執行長威爾許（Jack Welch）採用後大為流行，制度的特色是績效排名差的員工都被鼓勵辭職。

威爾許在他的書上說，「有人認為淘汰績效最差10%的員工很殘酷無情，其實不然。等到員工生涯較晚的時候才告訴他們不適任，才是殘酷。」不過，威爾許在奇異的繼任者伊梅特（Jeffrey Immelt）已取消這套數字化評比制。伊梅特偏好能坦率告訴員工哪些表現合乎標準、哪些還有待改善的評比制度。

達拉斯績效管理顧問葛洛特估計，財星500大企業至少有30%仍繼續使用排名制，但大多改用較柔軟的名稱，如「才能管理」制，避免引起負面聯想的「強迫排名」字眼。葛洛特說，純粹的堆疊排名制已經很少見，許多企業都在評級中加入一些改良，例如美國國際集團（American International Group, AIG）公司給部門經理更大的彈性，可以分配評級，並把行政助理排除在排名外。

資料來源：世界新聞網財經新聞組（2013）。〈微軟　不幫員工打分數了〉。《世界新聞網·北美華文新聞》（2013/11/14）。

四、交替排序法

交替排序法乃將被評估之員工依表現之良窳（如生產力、出錯率、曠職率等），按順序排列。一般的作法是將單位內的全體員工評估出最佳（第一名）的員工和最差（吊車尾）的員工，接著依剩下人選評出次佳及次低者，如此交替，將所有人員均全部排出為止（**表3-5**）。

表3-5 交替排序法

評等量表

依據你所有評估的特質,將所有參與評估的員工列出。選出在此一特質上表現最佳的人,將其姓名填在第一欄的第一個空格上;隨後刪掉這人的姓名,在其餘的人選中,選出在此一特質上表現最差的人,將其姓名填寫在第二欄的最後一個空格上。接著再刪掉這人的姓名,在其餘的人選中,選出在此一特質上表現最佳的人,填寫其姓名在第一欄的第二個空格上⋯⋯依此類推,直到所有人的姓名均已出現在量表上。

在此特質表現最佳者

1. _____	11. _____
2. _____	12. _____
3. _____	13. _____
4. _____	14. _____
5. _____	15. _____
6. _____	16. _____
7. _____	17. _____
8. _____	18. _____
9. _____	19. _____
10. _____	20. _____

在此特質上表現最差者

資料來源:Gary Dessler著,張緯良譯(1996)。《人力資源管理》(*Human Resource Management*)。華泰文化,頁361。

第三節　敘事考核系統

　　敘事考核法又稱為書面評語（Written Essays），是最簡單的評估方法，一般在白紙上用文字陳述員工之整體形象，包括員工過去的工作績效表現、升遷的可能性、長處、短處、工作上改進的建議及有待加強面所需要的訓練及協助等，並標示其「績效等級」。這種方法不需要複雜的格式，評分人也無須接受什麼訓練，但是評估的結果，往往決定於評分人的筆下功夫能不能充分表達員工真實的工作情形。

範例 3-4

專業人員稽核評估報告

　　姓名：杜約翰
　　職稱：物料支援主任
　　評估期間：1982.02至1982.08
　　工作內容說明：
　　負責管理生產規劃流程與製造標準制定過程——包括維修及發展。

　　評估期間完成事項：

產出評估：
良好

　　在這年中，生產規劃流程有顯著的改變。各部門之間的協調做得不錯，而管理活動也都能有效率地進行。

　　優點及需要改進之處：
　　約翰在二月調到物料支援部。當時生產製造流程碰到了一些難題，而約翰很快地便進入狀況，與前一任主管順利交接。
　　但在製造標準制定方面，約翰的表現就沒那麼好。他雖然很努力但成效不佳。我想有兩個原因：

流程評估：
缺少
活動相對於
產出

　　• 約翰不太能清楚地訂定明確的目標。一個明顯的例子是他無法制定好目標及主要產出；另外一個例子則是他在三月間所做的製造標準系統評估時情緒化的結論。到現在我們還是不知道這個系統何去何從。一個人如果沒有明確的目標，很容易就會陷入「徒勞無功」的陷阱——這與接下來的第二點極有關聯。

陳述必須有
實例證明

讚美也得找
實例支持！

告訴員工他
該如何增進
績效

除直屬上司
外，還得向
上再呈報一
級。另外也
得呈報人事
部門，讓他
們處理薪資

- 我覺得約翰很容易誤以為開了會就是有進度。他應該在開會前多下點功夫，訂清楚會議的目標。

約翰之前的財務背景很顯然地在很多地方都能派上用場。最近的例子是他幫忙採購部門解決了一些財務上的問題——雖然並不是他份內的事。

約翰很希望能繼續晉升到下一個管理階層。這一次我並沒有擢升他的打算，但我相信他的能力終究會讓他升到他想要的位置。然而，在晉升之前，他必須證明他能處理複雜的案子—— 如之前的製造標準系統，而且重要的是必須要有結果。他必須要能清楚明確地分析問題，訂定目標，然後找出達成目標的方法。而這其中大部分都要靠他自己。

雖然我會從旁協助，但主角還是他。當他能證明他能獨立作業之時，擢升自然會水到渠成。

總而言之，約翰對目前的工作還算能勝任。我當然也明白他剛從財務部門調到製造部門，自會碰上一些難處。我會繼續幫他忙—— 特別是在目標訂定以及尋找解決方法上。約翰在物料支援上的評比是「及格」——他當然還有很大的空間可以努力改進。

評比：☐不及格
**　　☐及格**
**　　☐表現良好**
**　　☐表現優異**

直接主管（簽名）：＿＿＿＿＿＿＿＿＿　日期：8/10/82
總經理（簽名）：＿＿＿＿＿＿＿＿＿　日期：8/15/82
矩陣主管（簽名）：＿＿＿＿＿＿＿＿＿　日期：8/10/82
人事部門（簽名）：＿＿＿＿＿＿＿＿＿　日期：8/18/82
員工（簽名）：＿＿＿＿＿＿＿＿＿　日期：8/22/82

這是個雙重報告的例子，物料經理
委員會的主席也參與了此項評估

員工簽名只表示他看了這份報告，
但並不一定表示他完全同意

資料來源：Andrew S. Grove，巫宗融譯（1997）。《英代爾管理之道》。遠流
　　　　出版公司，頁223-224。

一、重要事例技術法

重要事例技術法（Critical Incident Technique）為費南根（J. C. Flanagan）和布斯（R. K. Burns）所倡導。此方法是主管特別注意部屬在關鍵性行為上有什麼特殊的優良表現，或者犯了什麼特殊的重大過錯，然後根據這些事例來考核部屬。不夠要特別記得，重要事例技術法的記錄出發點是主管希望該員工能夠做得更好，而不要抓屬下的「小辮子」。如果某件事已經重要到必須記錄下來，那表示對工作的績效有影響，因此，一定要跟員工面對面溝通，花點時間與員工討論這件事。

通常這些關鍵性行為包括：物質環境、記憶與學習、檢查與視導、綜合判斷、反應能力、數字計算、可靠性、理解力、創造力、生產力、獨立性、接受度、合作性、主動性、正確性和責任（陳正強編著，2000：167）。

設計重要事例技術法最重要的原則是，要能簡單好用，而且讓自己

範例 3-5

重要事例技術法

民國103年4月7日（星期一）下午二點

對約翰提出口頭警告，因為他在電銲時沒有戴上安全護目鏡。上星期他參加了安全講習，將口頭警告的事做成備忘錄，不過約翰拒絕在上面簽字，布希當時也親眼看到他拒絕簽字。

民國103年4月29日（星期二）上午二點

瓊斯公司的人打電話來告訴我，由於比爾的事後跟催，使得我們公司免去在下一次訂單多付一次錢的成本，應該感謝比爾的努力。

資料參考：Mike Deblieux著，林瑞唐譯（1997）。《檔案紀律管理》。商智文化，頁26-27。

固定持續的運用。表格內應能明確指出所發生事件的人、事、時間、地點及為何？同時記錄的資料不要太冗長，才不致讓重要事例技術法的記錄被視為畏途。

　　重要事例技術法的優點，是為員工的績效考核提供了實際訊息，以具體事實提供主管作為輔導員工的資料。主管不宜使用一些意義不明確的用詞，例如「為何最近工作很差」，而可以具體地與員工討論實際觀察到的事件。但此方法由於涉及人格因素，故而缺乏客觀計量的比較，只有靠重要事例技術法與評定量表結合運用，才能克服上述缺點。

二、現場詢問法

　　現場詢問法（Field Review Method）由瓦滋渥斯（G. W. Wadsworth）所採用，係由工作績效評估人員或人事人員到現場與在職者之主管，或其他瞭解在職者工作人員討論其各項表現後，再予以核定等第，送請各相關人員參考（**表3-6**）。

表3-6　各種績效考核方法的特點分析

優缺點＼技巧＼用途	尺度法	排列法	重要事例法	行為定位法	目標管理	評鑑中心
範圍劃分的意義	有時有意義	很少有意義	有時	通常有意義	通常有	通常有
所需要的時間	少	少	中等	多	多	多
發展所需費用	低	低	低	高	中等	高
評定時錯誤的可能性	高	高	中等	低	低	低
部屬接受的程度	低	低	中等	高	高	高
主管接受的程度	低	低	中等	高	高	高
在分配報酬的用途上	差	差	平常	好	好	好
對員工諮商的用途上	差	差	平常	好	好	好
在發掘晉升潛力方面	差	差	平常	平常	平常	好

資料來源：石銳（1991）。《企業人力資源作業手冊——用人》。行政院勞工委員會職業訓練局，頁66。

第四節　評鑑中心法

　　良好的績效評估系統是每位主管都夢寐以求的管理利器，但是傳統的評估方法似乎存在著天生的缺陷，以狹隘的眼光看待績效評估，以過去發生的事件為評估導向，容易引起企業用人方面的短期行為，因而「評鑑中心法」、「目標管理」（第四章）、「關鍵績效指標」（第五章）、「多元績效回饋法」（第六章）、「平衡計分卡」（第七章）乃應運而生。

一、評鑑中心法

　　第二次世界大戰時的德國，將「人才評鑑」的想法，用於選拔納粹親衛隊幹部隊員。在1943年，美國在選拔情報機關（Office of Strategic Services of U. S. Army, OSS）幹員時，為分析候補人員所具備的特性而設立的能力檢定機構，開始研究萌芽。

　　該項計畫大約在1957年由民營企業美國電信電話公司（AT&T）開始引進，因該公司業績大幅成長時，需要有大量的管理者，而由工業心理學家貝瑞（D. W. Bray）與拜漢（W. C. Byham）開發成評量計畫（Assessment Program）來遴選合適的管理者。其後，兩位學者在1972年設立評量計畫的專門指導公司（DDI），對美國許多企業或政府機構的管理職選拔，提供了評鑑中心（Assessment Center, AC）的設立與指導的援助（**表3-7**）。

二、評鑑中心小組成員

　　評鑑中心或稱小組評論法，是由員工的直屬主管與另外三、四位瞭解員工工作情況的管理者組成小組，對員工進行評估。這種小組評論的

表3-7　管理才能評鑑項目

編序	高階主管 （總經理級）	中階主管 （經理級）	初階主管 （主任級）
1	決策 （75%）	目標設定 （56%）	專業知識 （68%）
2	危機處理 （71%）	專案與流程管理 （51%）	問題解決 （64%）
3	遠景 （67%）	計畫組織 （50%）	工作效率 （58%）
4	策略規劃 （65%）	溝通技巧 （49%）	激勵部屬 （49%）
5	管理變革 （57%）	衝突管理／團隊建立 （47%）	執行力 （48%）
6	計畫組織 （54%）	培養部屬 （46%）	溝通技巧 （41%）
7	諮詢與授權 （49%）	問題解決 （45%）	主動積極 （36%）
8	市場敏感 （41%）	激勵部屬 （43%）	品質管理 （33%）
9	衝突管理／團隊建立 （35%）	創新 （37%）	資訊蒐集 （31%）
10	風險承擔 （35%）	市場敏感 （36%）	工作熱忱 （30%）
11	目標設定 （34%）	諮詢與授權 （34%）	誠信正直 （30%）
12	創新 （32%）	會議引導 （32%）	時間管理 （29%）
13	洞察力 （29%）	危機處理 （31%）	人際關係 （29%）
14	人脈建立 （27%）	策略規劃 （30%）	客戶服務 （26%）
15	誠信正直 （26%）	談判 （29%）	計畫組織 （25%）

資料來源：張裕隆（1998）。〈三百六十度回饋（七）〉。《國魂》月刊，1998年5月號，頁75。

優點是多人評定，可以減少直接管理者個人偏好及標準過寬、過嚴、趨中、月暈效應對評定結果的影響，並對員工改進工作提供了幫助。

評鑑中心是被視為對具有潛力者提供可靠的預測，但是它的費用高，原因如下：

1.因為必須要慎重設計，以合乎企業需要。
2.因為占用相當可觀的管理時間。
3.有時很難找到對員工工作表現比較熟悉者的其他人員來共同評核。

評鑑中心的功能在於評鑑員工的職能，以利安排在適當的職務和未來的發展方向（適才適所），它較適合用來評估高層管理人員的發展機會。

小常識

評鑑中心的條件資格

1.必須使用多元化的評估技術，而其中至少有一項必須是與工作情境類似的模擬訓練。
2.必須使用懂得多種技術的評估者，而這些人員要先受過「評鑑中心制」的訓練。
3.透過考核者及各種技術廣泛蒐集資訊，再據此審查工作成果。
4.由考核者對員工行為進行全面評估，而這項評估係於不同時間進行行為觀察得來的。
5.模擬訓練可以用來探索不同的預設行為，而這些訓練也需事先經過測試才可以派上用場。
6.由評估中心所評價出來的工作範圍、屬性、特質或品質，是由對相關的工作行為進行分析後才做出決定的。
7.評估中心所使用的技術，都是事先經過設計的，其目的在於對預先設定的工作範圍、屬性、品質等方面做評價時提供相關資訊。

資料來源：David Goss著，陶文祥譯（1997）。《人力資源管理》。五南圖書。

 ## 第五節　績效管理要領

中國古代是以「工作能力（才）」、「一般性品德與人格特質（德）」、「應有的行為規範（常）」與「見識與氣度等價值觀（識）」四類評量因子來鑑識人才。

將上述古人才、德、常、識四項的識人、用人之見解，應用到現今企業界實施的績效考核上，可說不謀而合。蔣中正曾在「考核人才的原理與原則」的講詞中提到：「人才根本在培育，其關鍵在考核，而其成敗則在任用。三者之中，考核一事，實為中心環節。因為有培育而無考核，則必失之於泛；有任用而無考核，則失之於濫。故如何才可使賢者在位，能者在職，任用適宜，捨考核之外，實無他途可循。」可窺知績效考核對組織、主管與員工三者之間的重要性，更何況，俗諺說：「請神容易送神難」，因而績效考核乙事，千萬不可等閒視之。

企業實施績效管理，在組織面、主管面、考核面、目標面和回饋面有下列幾項要領值得關注，以達到勞資雙贏的和諧境界。

一、組織面

1. 到目前為止，沒有一套績效管理制度可以適用於所有的企業與員工，績效考核必須隨著企業所處的產業環境，企業在產業中的地位，以及企業的規模而有所不同的考核標準及項目。
2. 由於企業的策略目標會隨著時間而改變，因此，績效管理也必須隨著策略目標而改變，同時績效管理不僅止於追求策略目標，也要扮演溝通、發展、獎懲、督促等角色。
3. 績效考核由於目的的不同，其考核的對象、內容、見解也隨之而異。

4. 對不同職務的員工，不適宜一律使用同一種類的考核表格與評分標準。員工的責任不同，職務不同，考核的內容以及各項考核的比重亦應有所不同。

5. 無論組織使用何種績效評估方法，都必須和工作有關。因此，在選用績效考核方法之前，組織必須從事工作分析，並發展工作說明書與工作規範。

6. 完善的績效考核制度，不但可以作為提拔人才、獎懲的功用，而且可以鼓勵員工的工作士氣。考核制度不健全，員工因而受到不公平的獎懲，立即影響員工工作情緒。績效考核辦理不善，其他人事管理功能也很難有成效。故欲健全組織管理制度，則需建立完善的績效考核制度。

7. 一年評估幾次，完全視企業產品特性及營業型態而定，最重要的是能將產能作適當的提升。

8. 表單及作業程序是執行績效考核制度的工具，需要站在使用者的觀點來設計，簡單、易懂、容易接受是執行績效考核成功的要件，同時也要兼顧評估過程及評估結果的信度與效度。

9. 績效考核要項，原則上不宜太多，如此，被考核者也較易掌握自己未來該努力的方向。

10. 如果主管不可以將不同的員工之工作比較，只可以就個人的表現作比較的話，這樣做的結果，績效不佳者仍然可以留在公司，對企業或所有在職員工來說是不公平的。

11. 當考核者與被考核者的看法相左時，公司必須有一套申訴管道。

二、主管面

1. 績效考核的要求如要像自然科學似的正確無誤是不可能的，這就是為什麼績效考核不用「測定」而用「評價」的原因。因為事實的把

握和評價，都得經由人來進行，因而某種程度的誤差應是無法避免的。

2.在績效考核中，部屬的直線主管與人事人員，分別擔任不同的角色功能，直線主管扮演主角，用公正、客觀的方式來評估員工；人事單位則為績效考核制訂規章及諮商方法，並幫助直線主管選擇最適當的考核工具做績效考核。

3.績效管理始於計畫。計畫的目的在於使績效評估在一開始便走對了方向，它是一個目標設定的過程，據此使每一位部屬明瞭他們的任務與標準。

4.大部分主管對於打考績這件事，都感到很困惱，特別是當他們不太肯定自己的判斷時，那就是為什麼他們常常拖延、遲交考核表的原因。

5.徒法不足以自行，主管一旦缺乏將考績做得正確、公正、公開，再完美的績效考核制度設計也是枉然。

6.績效考核制度所需數量化的資料愈少，被評估的人就愈容易產生抗拒現象。某些主管因害怕「得罪部屬」，儘量將衡量用語抽象化，解決之道則要對考核的主管進行績效考核訓練。

7.環境會隨時改變的，主管千萬別輕易承諾部屬一些事情。徵求他方意見，不表示就要完全採納他們的意見。

8.「自我評鑑表」係由員工本人親自填寫，多少已反映出個人工作中最敏感的問題是什麼？員工也自行鑑定工作能力上的弱點所在處。因此，負責主持面談之主管，在面談時只需集中於改進的方法而不需要再重複其缺點。

9.有效的員工考核制度應著重在績效，而非印象。主管對部屬之工作應隨時保持敏銳的觀察力，是使考核制度發揮功能的有效關鍵。

10.被考核員工所期待的結果是考核的回饋。因此，考核對部屬的自尊與後續的工作行為有極強烈的衝擊力，不可等閒視之。

11.糾正部屬的目的是「指正」而非「責罵」。主管是在糾正部屬的「行為」而不是指出他有哪些「人格特質」。

12.績效考核是主管在幫助部屬解決工作上的問題，而不是在挑剔、批評部屬。

13.負責考評主管如能夠以解決問題為出發點，而不是對被考評者進行審查或判斷其缺點，則績效面談所產生二者之間的尷尬，就相對的減至最低。

14.績效評估最主要的目的，不是去評判員工表現的好壞，而是讓員工找到繼續改善的方向，這也是人力資源部門專業人員要向公司員工推廣的觀念。

15.績效考核過程，主管應該極力強調員工的職涯發展，而不是去強調薪資問題。

16.一位員工一整年的工作績效，主管平日就應以文件檔案方式予以保存，以備不時之需。

17.當主管必須「批評」部屬時，把焦點放在明確的行為案例上，而不是個人人格上。

三、考核面

1.凡是與工作有關的績效與成就，主管都不能忽略；凡是與工作無關的特質與行為，主管都不應該與績效混為一談。

2.被考核者的性格不能作為考核的對象，對他人的性格予以批評是侵害他人的人權。

3.工作績效的考核，係在用客觀的方式或工具，找出員工對公司的貢獻。

4.唯有員工均明瞭績效標準時，評估結果才會正確。

5.所評估的品質與數量要並重，僅重視數量，將會危害到公司長遠的

生存和發展。數量可從做出來的量化評估，品質即從錯誤的數量來衡量。

6. 考核制度不能使員工因其年齡、性別、年資等因素而受到歧視。

7. 設計評量表之標準，應簡潔且合理一致。

8. 衡量員工的績效必須排除員工本身所不能控制的變項，諸如景氣不好、原料短少、不良生產機具等。

9. 不能列為績效考核的項目有：性格活潑開朗、性情沉靜、人品、會說不會做、相貌、嗜好。

四、目標面

1. 績效與目標是一體之兩面。計畫執行前必須確定目標，執行時則測量執行的成果，而將績效評量的結果，作為檢討及改善的依據。

2. 任何企業的經營都必須朝著設定的目標推行，在訂定目標時，以具體的、可衡量的、可達到的、重要的和可追蹤的為其必要的條件。

3. 目標管理不是一種行為的衡量，而是一種員工對組織成功貢獻度的衡量。

4. 太重視「結果導向」，容易引起員工的本位主義，為達目標不擇手段，破壞團隊合作，忽略企業的政策，只看眼前不看遠景的短視作為。

5. 屬於發明創造性質的工作，不宜於將目標設置得太具體，規定得太僵化，那就限制了創意的「點子」。

五、回饋面

1. 根據研究發現，組織內成員在工作時如用大約20～30%的能力，即可不被解僱。如經過高度的激勵，則可發揮80～90%的能力。

2.績效考核最主要的目的不是去批判員工表現的好壞，而是找出員工繼續在工作上改善的方向。

3.績效面談是交換彼此意見及構想的機會，而不是互相推諉責任的場所。

4.績效考核應該包括長期職業目標的討論和在組織內其他工作機會的發掘。經過溝通討論後，部屬可以真正地瞭解自己的工作表現，及需要修正的原因。

5.績效考核可激勵員工努力達到所欲考核之目標，而若能再加上獎酬制度予以配合，則將產生相乘之激勵效果。

6.每位員工應該得到績效考核實質上的通知，以及被鼓勵談論任何在工作上關鍵性的事項。

7.由於員工的參與，在解決問題時可以發現許多創意。

8.不正確的績效考核結果，可能導致錯誤的管理決策；沒有意義的績效考核，則徒然浪費金錢、精力和時間。

9.定期的績效回饋，有助於發現問題後做出即時修正；若績效落差的原因是員工的能力問題，則可用訓練方式處理；若是意願問題，則應設法瞭解員工動機，激勵員工；若是經營環境問題，則應檢討目標達成性，甚至重新訂定目標。

 結　語

　　選擇適當的績效考核方法是件相當複雜而困難的工作，績效考核可以著重在個人特質、行為面或結果面，但每種評估方法都有其特性與優缺點，人力資源管理者要確保其所選定的績效考核工具能客觀、明確地協助管理者瞭解其部屬的生產力，才能真正地做到有效的考核目的。

績效管理
Performance Management

範例 3-6

績效管理的實施步驟

美商安迅資訊系統公司（NCR）的績效管理方法共分三個階段進行：(1)計畫；(2)管理；(3)評估。

一、計畫

在計畫階段，由主管與部屬共同參與。主管配合公司政策，為部屬擬定年度工作計畫，而部屬也可以提出希望加強或力有未逮之處，與主管討論修正計畫，計畫須經雙方同意後才能定案。定案後寫在考核表上。

主管必須遵守SMART的原則：明確（Specific）、可衡量（Measurable）、可達成（Achievable）、實際可行（Realistic）、時間限制（Time Bound），為部屬訂定工作事項以及工作技巧。

二、管理

主管必須隨時追蹤員工的工作進度，遇有工作表現良好，主管要口頭讚賞，以加強部屬信心；表現不盡理想時，主管也要馬上糾正，免得到年終考績時，部屬埋怨主管不及時教導，以致影響績效。

三、評估

主管利用考核表來評估部屬。考核表上有工作事項（What）、工作技巧（How）與評分等三欄，每一工作事項之後，同時列有該項占績效考核全部分數的比重，比重的多寡視工作重要程度而定。

主管完成考績後，尚須提出員工的訓練需求內容，以改進或加強工作績效。有些人工作無法做好是因為能力不足，也有些人在某些方面深具發展潛力，這兩類員工皆可施以教育訓練，以加強其技術；如員工因為工作意願力不足，導致績效不彰，則以激勵、處分或重新安排職位等來提升績效，如果這些措施皆無效，也只好予以資遣。

資料來源：管理雜誌編輯部譯（1992）。〈良好績效評估範例報導──考績考績考出高效率〉。《管理雜誌》，第222期（1992年12月號），頁118-120。

Chapter

4

目標管理制度

除非太陽不再升起，否則不能不達到目標。

——富士康集團總裁郭台銘

目標管理（Management by Objectives, MBO），現已蔚為普世認同的有效管理體制，為企業提升執行力與競爭力的重要利器。公司願景的釐定，乃是期使全體員工對於企業未來的發展有共同的想法，但願景因係未來的規劃，是一個藍圖而已，比較含糊，所以必須要訂定目標來逐步達成。透過有效的目標管理與績效考核作業相結合，以提升人力資源管理工作的綜效，並強化企業的競爭優勢。

目標管理在績效考核之運用，可彌補「對人」考核的缺陷，即強調員工參與目標的設定會提升其工作動機，進而提高績效。

範例 4-1

哥倫布發現新大陸

西班牙政府在進行1741年度預算時，結論認為除非有錢購買軍火，否則就不能繼續進行人人都認為非打不可的一場戰爭。由於把摩爾人（Moors）趕出西班牙是伊莎貝拉女王（Queen Isabella）政府至高無上的目標（神主牌），女王必須籌措戰費，女王認為只有改進對外貿易的收支，才能籌到所需的戰費。

不久，她召見她的部屬哥倫布（Christopher Columbus），跟他談起她的目標，哥倫布同意替她籌到這筆錢。隔了一段時間之後，哥倫布前往晉見女王，提出幾項建議，其中包括找尋一條沒有海盜橫行的通往英國航道，以及找到通往東方的新航道。伊莎貝拉和哥倫布無拘束地討論整個事情，最後達成一項清楚的決策，尋找一條通往東方的新航道。

一旦達成這項決策之後，哥倫布就開始思考為達成目標所必須做

的事，用目標管理的術語來說，女王訂定了她的目標（增加西班牙的財富），哥倫布和女王雙方都同意了決定的目標（找一條通往東方的航線）。

哥倫布然後訂定走向目標的「主要成效」，其中包括取得幾艘船隻、訓練船員、試航，以及決定啟航日期等等，其中每一項都設定了完成期限。

「伊莎貝拉的目標」和「哥倫布的目標」之間的關係很清楚，女王希望增加國家的財富，哥倫布希望找到一條通往東方的安全航道。從這裡可以看出這兩個層次的目標關係，如果部屬的目標能達成，上司的目標也能達成。

對哥倫布來說，主要成效不難達成，但他並沒有找到通往中國的新航線。因此，也就沒有達成他的目標。從目標管理的角度來看，哥倫布算是失敗了，可是他達成的績效是否夠好？他發現了新大陸，替西班牙帶來難以計算的財富，因此，一位部屬即使並未達成特定的目標，仍然可以達成良好的績效。

資料來源：丁志達（2014）。〈高績效目標管理與績效考核技巧〉講義。中國生產力中心編印。

第一節　目標管理概念

古時候射箭人以鵠作為標的物，其目標是鵠鳥，據此引申，目標乃是企業希望達成之預期結果，亦即各項目標必須從「我們的企業是什麼？它將會是什麼？它應該是什麼？」引導出來的方向。

一、目標管理的由來

　　人群關係的組織理論，起源於1930年代前後，至60年代左右，將研究的重心由「組織結構」轉向組織中「人」的因素來探討，偏重員工行為與非正式組織的研究，重視員工在組織中的互動與參與。

　　管理大師彼得·杜拉克受此一學派的影響，於1954年著《管理實務》（*The Practice of Management*）乙書，首次提出「目標管理與自我控制」（Management by Objectives and Self-Control）的概念，強調主管與部屬共同合作與協商的重要，這是一種管理的工具，它不是命令而是承諾，也影響日後採用「目標管理」作為員工績效評估的一種方法（**圖4-1**）。

　　提出「Ｙ理論」的人群關係理論學者道格拉斯·麥克葛瑞格

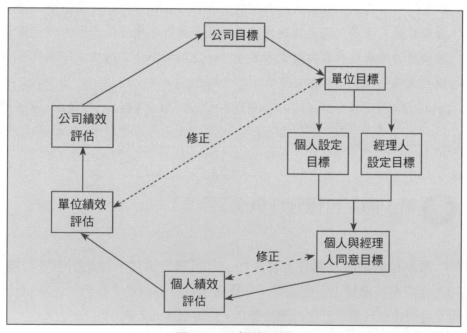

圖4-1　目標管理圖

資料來源：Michael Armstrong著，羅耀宗譯（1992）。《管理技巧手冊》。哈佛企管顧問公司，頁338。

（Douglas McGregor）在1957年首先提出績效評估可作為員工諮商與員工發展之用的工具；到了1965年奧迪內（G. S. Odiorne）發展了這一概念，把參與目標管理的人員擴大到整個企業範圍。

目標管理的基本思維模式，在於一個組織必須建立其大目標，以為該組織的方向；為達成其大目標，組織中的經理人必須分別設定其本單位的個別目標，並應與組織的方向協調一致；個別的目標實為經理人遂行其自我控制的一項衡量標尺。

杜拉克曾指出，管理是一項崇高的使命，也是一種實務，因為唯有透過實踐的工夫，才能獲得預期的成果，若要使一群平凡的人做出不平凡的事，也唯有透過「目標管理」與「自我控制」方可實現（**表4-1**）。

表4-1　傳統的管理與目標管理方法比較

類別	傳統的管理方法	目標管理與自我控制的方法
設置目標的方法	目標一般由上級領導部門制定並做任務下達。下級沒有自主權。	1.目標是由上下級共同制定的。 2.下級在制定中有充分的自主權。
員工參與程度	部門和員工作為執行者，沒有多少發言權。	1.企業各部門和員工充分參與並發表意見。 2.這些意見得到充分的考慮。
個人目標與企業目標間的關係	部門與個人利益容易與企業整體利益發生衝突。	1.強調個人目標。 2.團隊目標和企業目標的統一，個人利益與企業利益的統一。
管理方式	往往採用命令方式，下級只有責任卻沒有完成任務所需的權力。在採用承包的方式時，實行的是放任管理。	1.採用員工自我管理的方式。員工可以自己確定工作方法。 2.上級有責任幫助下級掃清完成目標的障礙。
管理導向	1.注重過程。 2.不要求部門和員工瞭解自己做的工作對整體目標的意義。	1.結果導向。 2.用管理控制工作的結果而不是過程。部門和員工知道自己做的工作和企業整體目標的關係。
績效評估方式	根據上級制定的評價標準，由考核部門評價成果，並提出改進，容易摻雜主觀原因。	根據上下級結合制定的評價標準，由員工自我評價工作成果，並做出相應改進。

資料來源：黃建東（2006）。〈目標管理的精髓〉。《中外管理》（2006年9月號），頁45。

小常識

X理論與Y理論（Theory X and Theory Y）

美國社會心理學家麥克葛瑞格在他的《企業人性面》（*The Human Side of Enterprise*）一書中提出膾炙人口的X理論與Y理論。

X理論：假設員工沒什麼企圖心、不喜歡工作、想逃避責任，而需要有嚴密的控制。假設是由較低層級的需求所支配。在此假設下，人之所以工作是為了金錢或是避免被懲罰。

Y理論：假設員工會自動自發、接受責任並會主動負責，可以透過激勵的方式使其自覺地為企業工作。在此假設下，管理者的任務要幫助員工自我成長與發展，並使之為實現理想之目標而自我控制與努力。

資料來源：丁志達撰文。

二、目標管理的特徵

目標管理為企業提升執行力與競爭力的重要利器。透過有效的目標管理與績效考核作業相結合，以提升人力資源管理工作的綜效，並強化企業的競爭優勢（**表4-2**）。

目標管理的最大好處，是部屬能在制定目標的程序中有參與的機會，其特徵有下列幾項：

1. 目標管理係以「人性」為中心之管理方法，與傳統之管理方法不同。

2. 目標管理乃將企業內員工之願望與企業經營的願景相結合之管理技術。

3. 目標管理係以激勵代替懲罰，以民主領導代替集體領導，採取合乎人性之管理方法。

表4-2　企業總目標的種類

項目	說明
產量目標	以機器設備的全部能量來生產為最終目標。
銷售目標	以生產及庫存數量（除了保留安全存量以外）全部出售為最終目標。
成本目標	以降低生產、銷售及管理方面可控制的成本或費用為目的。
投資目標	以擴充生產規模，增設銷售機構，收購其他事業達到企業成長的目的。
研究發展目標	以開發新產品、新技術或改善製程為目的。
管理改進目標	以提高經營績效或生產力為目的。
利潤目標	以增加盈餘或減少虧損為目的。

資料來源：王宗忠（2004）。《目標管理與績效考核》。日正企管，頁100-101。

4. 目標管理係利用設定目標會談，使員工親自參與計畫與決策工作，以增進其責任心與榮譽感，並使員工獲得「我有一份」參與之滿足感，以發揮其工作潛能。

5. 目標管理對工作進度之追查及其達成目標之程度，係採取自我控制及自我檢討之方式，俾以建立員工之自尊心。

6. 在目標達成過程中，有些是有其本人無法控制的突發事態，這些事態影響到目標達成時，應該把它們當作外在的原因排除後，再予以客觀地評價（**表4-3**）。

小常識

目標的作用

- 目標提供了業績標準。它注重組織活動及組織成員努力的方向。
- 目標提供了與組織活動相關的計畫和管理控制的基礎。
- 目標為決策提供了指導，並且證明了所採取行動的合理性。它減少了決策中的不確定性，防止了可能招致的批評。
- 目標影響組織結構，有助於確定所使用技術的性質。組織構成的方

式會影響其所要努力達成的目標。

- 目標有助於加強個人和小組對於組織活動的投入。它注重有目的的行為，並且為激勵和獎勵系統提供了基礎。
- 目標表明組織到底是什麼樣的，它的真正實質和組織成員及組織以外的人的特點。
- 目標可以作為評估變革和組織發展的基礎。
- 目標是組織目的和政策的基礎。

資料來源：Richard S. Williams著，趙正斌、胡蓉合譯（1999）。《業績管理》。東北財經大學，頁87。

表4-3 訂定目標管理的面談作法

順序	作法
概述這次討論的目的和有關資訊	1.部門和自己的主要任務。 2.對員工本人的期望。
鼓勵員工參與並提出建議	1.傾聽員工不同的意見，鼓勵他說出顧慮。 2.透過提問，摸清問題所在。 3.對於員工的抱怨進行正面引導。 4.從員工的角度思考問題，瞭解對方的感受。
對每項工作目標進行討論並達成一致	1.鼓勵員工參與，以爭取他的承諾。 2.對每一項目標設定考核標準和期限。
就行動計畫和所需的支持和資源達成共識	1.幫助員工克服主觀上的障礙。 2.討論完成任務的計畫。 3.提供必要的支援和資源。
總結這次討論的結果和跟進日期	1.確保員工充分理解要完成的任務。 2.在完成任務中，何時跟進和檢查進度。

資料來源：丁志達（2014）。〈目標管理與績效面談實務班〉講義。中國生產力中心編印。

小常識

三類績效評估方法

一、主觀裁決法

　　它係主管用主觀、抽象的個人特質來評估員工的工作績效，容易造成員工的反彈。

二、行為觀察法

　　它係以每個不同職位所需具備的不同行為來特別設計，成本高又複雜，評核標準也可能因不同考核者主觀偏見而造成信度與效度的偏失。

三、目標達成法

　　它係將績效評估與目標管理結合的一種制度，員工在一個績效年度伊始，主管及部屬雙方就依個別職位共同設定當期所應達到的工作目標，當作一年中執行的依據，年度終了，再進行總評估，並訂定下一期的目標。

資料來源：丁志達撰文。

三、設定目標的原則

　　目標管理即是如何制定工作目標，然後以目標進行有效的管理。目標管理法共有四個要素：特定目標、共同設定、明確時間、績效回饋。應用目標管理法，不僅是評估員工工作績效的方法之一，更是組織用於激勵員工的具體作法。

　　設定目標的原則，有下列幾項要點：

1. 各層級之個體目標須能支持共同之總目標。
2. 目標須考慮長期與短期之配合。
3. 目標須按其重要性，賦予重要程度的等級。

4.目標項目不宜太多,致超過能力限度。

5.目標範圍不宜太大或太小。

6.目標內容應力求具體,最好能以數量表示。

7.目標內容應是重要工作項目。

8.目標訂定標準須具有挑戰作用。

9.目標必須書面化。

10.應有測定目標工作的具體標準。

清晰的目標能夠激勵員工努力找尋實現目標的路徑,能夠激發人的恆心和毅力。

應用目標管理法,不僅是評估員工工作績效的方法之一,更是組織用於激勵員工的具體作法。這種目標管理法給予員工相當大的參與感,員工可根據不同的狀況調配時間及運用各項資源(**圖4-2**)。

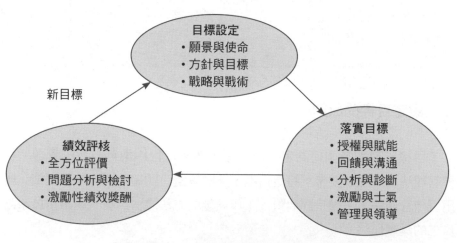

圖4-2 設定目標管理流程

資料來源:丁志達(2014)。〈高績效目標管理與績效考核技巧〉講義。中國生產力中心編印。

小常識

目標的重要性

哈佛大學有一項跟蹤調查，振聾發聵：

1.27%的人沒有目標。

2.60%的人目標模糊。

3.10%的人有著清晰但比較短期的目標。

4.其餘的3%的人有著清晰而長遠的目標。

二十五年後：

1.那些3%的人，幾乎都成為社會各界的成功人士。

2.那些10%的人，大都生活在社會的中上層。

3.那些60%的人，都生活在社會的中下層。

4.那些剩下27%的人，在抱怨他人、抱怨社會，也抱怨自己。

可見，缺乏目標，只有慘澹，沒有經營。

資料來源：老范行軍（2009）。〈目標：蘋果樹的眼裡，坐著第二個牛頓（外一篇）〉。《HR經理人》（2009/07），頁27。

第二節　目標管理的設計

　　目標管理所依據的觀念是相當簡單的，如果你不知何去何從，你就不會到達目的地，或是正如印度諺語：「如果你不知道何去何從，任何一條路都把你帶到目的地。」但時間、金錢所費不貲。

　　目標管理設計主要是為了給目前的任務提供回饋，它應該告訴工作進展如何？以便使工作者能夠做必要的調整，不走冤枉路。因此，目標管理制度所設計的目標，應該只是短距離的時間。舉例來說，如果我們擬

定的計畫是以年度為基礎,則相應的目標管理制度的時間架構,至少應該以季為單位,甚至以月為單位來檢討,當員工的目標達成時,上司的目標也才能達成。目標設定,由上而下,成效目標的達成,由下而上(**圖4-3**)。

目標績效管理通常是以循環方式(環狀循環)進行,在會計年度伊始,由主管與部屬共同擬定績效目標,為避免多頭馬車效應,目標的訂定,應由組織所揭示的目標向下發展衍生出部門目標、接續擬定主管目標,最後再擬定員工目標,環環相扣,加以運作。主管在充分與部屬溝通後,達成目標的協議,每一季(月)再由主管和部屬檢討,到年終才做一次總結,針對達成的協議做一檢討,評定整年的績效表現。

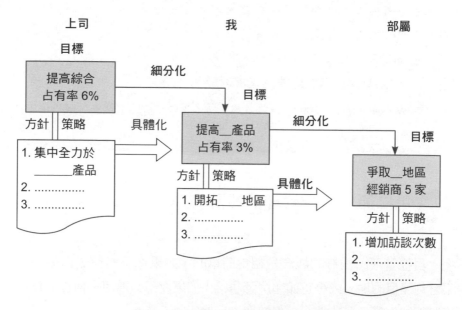

圖4-3 由上而下依序設定目標

資料來源:本鄉孝信著,杜武志譯(1981)。《目標管理實務:主管人員實務手冊》。清華管理圖書中心,頁100。

範例 4-2

惠普（HP）的企業目標

目標	內容
利潤 （Profit）	體認利潤是我們對社會貢獻最佳的單一衡量標準，並且是我們企業力量的根本來源。我們應該與其他目標配合一致，致力追求最大可能之利潤。
顧客 （Customers）	對提供顧客的產品與服務，鍥而不捨地改進它們的品質、用途和價值。
專業領域 （Field Interest）	集中力量，在能力所及範圍內，持續不斷為成長找尋新契機，並能對該領域有所貢獻。
成長 （Growth）	強調成長是實力的衡量標準，並為生存需要之要件。
員工 （Employees）	提供員工各種機會，其中包括分享因員工貢獻而達成的成果。依據工作表現，提供員工工作保障，並由工作成就感，提供員工滿足自我的機會。
組織 （Organization）	維持助長員工自勵、自發及創意的組織環境，並在達成既定工作目標上，擴大員工自主性。
社會公民 （Citizenship）	善盡社會優良公民之職責。對執業所在地的民間團體和社會機構有所貢獻，回饋他們塑造的環境。

資料來源：David Packard著，黃明明譯（1995）。《惠普風範》（*The HP Way*）。台北：智庫文化，頁89-90。

一、目標管理的執行步驟

　　科學的辦事方法，貴在有系統、有條理，而管理的基本功能，包括計畫、組織、用人、領導、控管等所構成的管理步驟，亦就是所謂的管理循環（Management Cycle）。目標管理推行的步驟亦應循此程序，妥加規劃（圖4-4）。

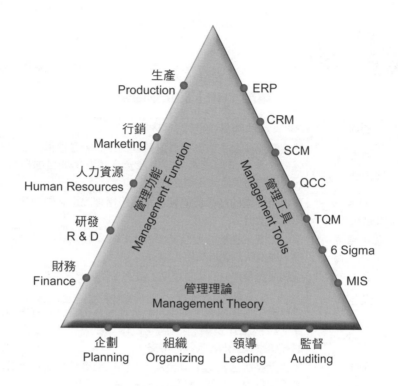

【註】

1.企業資源規劃（Enterprise Resource Planning, ERP）。

2.客戶關係管理（Customer Relationship Management, CRM）。

3.供應鏈管理（Supply Chain Management, SCM）。

4.品管圈（Quality Control Circle, QCC）。

5.全面品質管理（Total Quality Management, TQM）。

6.六標準差（6 Sigma）。

7.管理信息系統（Management Information System, MIS）。

圖4-4　管理金三角

資料來源：張幼恬（2005）。〈落實企業目標管理與績效考核〉講義。哈佛企管
　　　　　公司編印。

範例 4-3

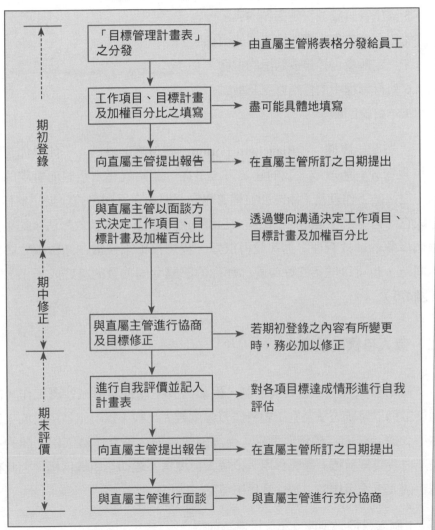

全錄（XEROX）目標管理作業流程

期初登錄	「目標管理計畫表」之分發 →	由直屬主管將表格分發給員工
	工作項目、目標計畫及加權百分比之填寫 →	盡可能具體地填寫
	向直屬主管提出報告 →	在直屬主管所訂之日期提出
	與直屬主管以面談方式決定工作項目、目標計畫及加權百分比 →	透過雙向溝通決定工作項目、目標計畫及加權百分比
期中修正	與直屬主管進行協商及目標修正 →	若期初登錄之內容有所變更時，務必加以修正
期末評價	進行自我評價並記入計畫表 →	對各項目標達成情形進行自我評估
	向直屬主管提出報告 →	在直屬主管所訂之日期提出
	與直屬主管進行面談 →	與直屬主管進行充分協商

資料來源：李建華（1995）。〈績效衡量——標竿制度與激勵作為之探討〉。《今日會計》，第62期（1995年12月號）；林秀容（1991）。〈目標管理與考績制度之結合〉。《全錄人》，第87期。

目標管理執行的步驟，有下類幾項重點提示：

1.公司目標與達成方針之明示。

2.部門目標與方針之設定。

3.與主管討論並決定工作內容。

4.依各項工作內容決定工作的目標。

5.決定衡量目標達成狀況的指標。

6.執行過程中的持續修正及檢討。

7.年終總回顧。

「布蘭佳專欄」（Blanchard Forum）有這麼一段話：「如果你想確保績效管理有所成效，我的建議方法是在一開始就建立明確而實際的目標，之後的工作就是不斷幫助並輔導你的部屬鎖定目標，並一步一步有效達成它，再下來才是如何依照達成目標的程度設計你的績效辦法，如果前兩個步驟的績效管理，你都做得很好，我想接下來通常在你做績效評估的同時，也可以開始好好慶祝你和你的部屬共同獲致的美好成果了。」（圖4-5）

二、個人目標的設定

使用目標管理法也有其限制，例如對於生產線與機械性質工作，評估員工仍以傳統方法為宜；對於監督幅度較大，或不以員工為中心的工作亦不太適合。因目標管理重視人員訓練與發展，不宜作員工相互間的比較；自我設定目標有激勵作用，但個人目標常不能切合組織目標，因此在訂定個人工作目標時，須注意以下各點：

1.個人目標必須達成單位目標為前提。

2.個人目標要具有挑戰性，但並非不可能達成。

3.個人目標選定項目最多以五項為準，以免目標過多，無法全力以

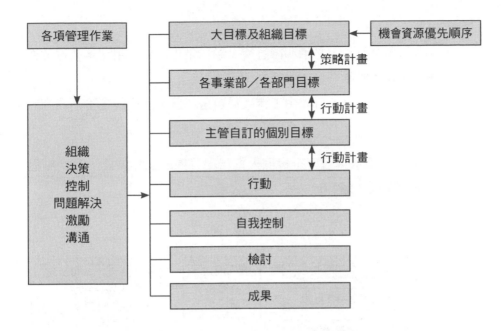

圖4-5　目標管理制度的全面程序

資料來源：Alexander Hamilton Institute, Inc著，許是祥譯（1991）。《目標管理制度》。中華企業管理發展中心，頁75。

小常識

組織績效（Organizational Performance）

　　組織中一切活動的終極目標均在創造利潤，提升組織績效。組織績效代表著一個組織的營運管理成功與否。因此，組織績效的衡量一直是經營管理者關注的焦點，一方面是其關係到組織是否得以永續經營與發展，另一方面也涉及到組織策略性決策的制定與策略執行的效能等議題。所以，有效的組織績效衡量將有助於評估組織的調適與運作的品質。

資料來源：丁志達撰文。

赴。

4.個人目標之訂定，必須明確具體，予以量化，如要用文字敘述，亦應力求簡單扼要。

5.個人目標之訂定，可先由工作人員自選自訂，然後與主管共同商討決定。

古諺云：「滴水穿石。」每個人把自己分內的工作做好，公司整體目標就會水到渠成（圖4-6）。

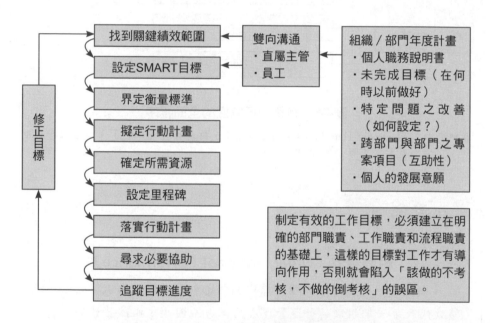

圖4-6　個人工作規劃與分配流程

資料來源：丁志達（2014）。〈高績效目標管理與績效考核技巧〉講義。中國生產力中心編印。

 第三節　目標管理實施辦法

　　目標管理是訂定目標，決定方針，安排進度並使其有效達成，同時對其成果需加以嚴格覆核之組織內部的一種管制體制，以啟發員工個人能力，使其發揮最大潛能。

　　一個周延的目標管理實施辦法，應包括下列各項（李南賢，2000：617-625）：

1.總則：說明推行目標管理的宗旨、原則、方法暨推行小組的成員、組織及其職責權限等。
2.目標的設定：說明中、長期成長計畫的規劃與年度目標層級區分，以及目標體系的建立，並規定目標管理使用表格及目標設定原則。

 範例 4-4

目標設定項目撰寫作法

動詞 （工作活動）	受詞 （對象）	不定詞 （如何做及為什麼）	不定詞的受詞 （目的）
分析	財務報表	（以）提出	業務改善建議
編撰	信用資料	（以）決定	信用等級
計算	工時、薪點	（以）計算	工資
訓練	接待禮儀	（以）提升	客戶滿意度
設定	打磨機	（以）打磨	金屬模具
操作	拌料機	（以）混和	原料與補料
統計	經濟及財務相關資料	（以）掌握	預算的達成率
預測	各項投資	（以）提高	公司財產運用之功效

資料來源：常昭鳴（2008）。《策略規劃P-D-C-A：PSR企業策略再造工程》。臉譜出版，頁222。

3.目標執行的追蹤管制：說明應如何隨著達成目標的要求提供支援、協助與授權；工作人員應如何自我控制，如何實施例外管理原則；以及有關追蹤管制表卡的規定等。

4.目標成果的評核：說明上下兩級人員如何共同驗收成果，評核結果，如何與下期工作目標結合，又如何與人事升遷、獎懲相配合等。

5.附則：說明是否需另訂實施細則及修正程序等。

一、目標管理失敗的原因

在實務的執行中，許多企業表面上實施了目標管理，卻因為上下認知偏差及基礎訓練不足（包括高階主管），使得在實施目標管理後發生了很多問題，甚至導致失敗。主要原因在於（劉家寧，2002）：

1.對目標做過分的強調：不擇手段，只求達成「數字目標」，反而造成管理問題、員工流失。

2.對目標管理做職責上的授權：讓次級主管訂定目標，而真正的執行者卻茫然失措。如許多公司品質（管）部門設定公司品質、出貨、客訴目標，但是生產、製造單位根本做不到，而形成各說各話。

3.把目標管理作為書面的制度：過分強調書面報告，造成在開會時玩數字遊戲，很少人能真正查證數字的計算方式與來源。

4.主管不聞不問：上級主管不參與、不反對也不表示意見，但卻不積極推動，造成空轉流於形式。

5.大多數人以「例行工作」作為設訂目標的基準：如生產單位列出出貨量、不良率、報廢率、加班工時等，例行的工作太多，造成了目標管理失真。目標管理是著重於「做些什麼」及「人的靈活運用」。

6.無法與衡量基準取得平衡，也無法應用在績效考核上：使部分主管

疲於奔命努力工作，但有的主管表現平平，甚至摸魚打混依然無事。

7.公司對內外環境評估不周延：在設定企業整體目標、長程規劃時顯得倉促（有時隨便抓個數字，有的業務單位以本身行業特殊無法預測為由），造成公司年度目標模糊不清，結果經理人又回到從前——邊做、邊趕、隨時改。看起來大家都很忙，但內心卻很恐懼不知道明天在哪裡。

範例 4-5

經濟部所屬事業實施目標管理注意要點

壹、概說

一、本部為求所屬各事業有效推行目標管理制度，特訂定本要點，作為各事業制訂其目標管理實施辦法之參考。

二、各事業實施目標管理之主要目的，在提高經營績效，激發員工潛能，促進經營現代化。為達成此項目的，在管理措施上，應以下列各點為鵠的：

　(一)建立以人性為中心之管理制度。

　(二)利用目標之會同設定，使各級主管及員工均有參與其本身工作計畫與評核之機會。

　(三)採取自我控制，自我評核之方式，使員工發揮自動自發之精神。

三、各事業為推行目標管理制度，在推行初期，應設立專責單位（委員會或小組），負責目標管理之規劃、推動及聯繫等事宜。俟推行有效後，即將此項任務歸正式主辦部門繼續辦理，使成各事業經常性之工作。

貳、目標之設定

一、目標按照組織，分為總目標、單位目標及分項目標。

(一)總目標為事業經營之主要目的，有長程計畫目標、中程計畫目標與年度總目標之分，由事業主持人，根據經營方針、政策及計畫，參考已往經營實績，及預期業務成長率暨新環境等制訂之。

(二)單位目標為事業內各單位之一級主管，根據其單位職掌，配合總目標設定之。

(三)分項目標為各單位內二級以下各級主管及員工，各依其工作任務，配合本單位目標設定之。

二、目標項目之制訂，應由上而下，每一項目按照其重要性、緩急程度及工作繁重等，分訂其比重百分率。

三、分項目標應設定至最低層主管為止。至非主管之分項目標應否設定，及其項目多寡，由直接主管按其工作性質決定之。

四、目標內容應具體切實，並應訂立具有數量化或衡量基準之數值。其無法訂立數值者，則應標明時限，或預期之績效。

五、凡經設定之目標，均應由執行人填列目標管理單。

參、目標之執行

一、目標設定後，應將執行所需條件加以陳述，其有必需相當權限始能達成任務者，各事業須作適當之授權，俾使目標執行人負起全責執行。

二、為瞭解目標達成程度，直接主管對所督導之目標項目，應規定執行人定期提出目標管理單，作為進度之報告。

三、為實施例外管理原則，凡對目標之執行，係屬正常情況，而無困難事件發生者，可由執行人自我控制，繼續辦理。其有例外事件發生，應填列困難問題報告表，送請直接主管查核，謀求補救措

施。

四、為期目標之有效達成，直接主管應對目標執行人所提出之困難報
　　告，除確定應採取之措施外，必要時，得改變目標項目或調整目
　　標數值或基準。

　　如改變後之情形顯有妨礙本身目標之要求，應即列入本身困難問
　　題，報告上級直接主管。

肆、目標成果之評核

一、目標成果之評核應在年度終了時，由目標執行人填寫目標管理
　　單，每級由下而上，分別報告直接主管，以憑在成果檢討欄核計
　　積分。

　　單位目標之評核報告，應將副本抄送目標管理推行部門。其餘各
　　級目標管理單由直接主管留查。

二、目標評核報告，除前項核計積分外，應著重於各項目標執行之檢
　　討，與下年度目標計畫之建議。

三、各級主管核計目標執行人之目標績效，如因環境變遷而影響目標
　　進度時，得視目標實際情形，註明事實，另行加分，但以不超過
　　原評分數十分之一為限。

四、各級人員目標之評核報告，應作為各該人員年度考績之主要參
　　考。

伍、其他

一、目標管理之執行，有特殊績效或貢獻者，各級直接主管得列舉事
　　實，層報事業主持人獎勵之。

二、推行目標管理部門，應根據各單位目標評核報告，製成總目標之
　　綜合分析報告，並對下年度總目標計畫提出各項建議。

資料來源：經濟部所屬事業實施目標管理注意要點（中華民國59年11月25日
　　　　　(59)國營54249號）／更新日期：2013年11月19日。

目標管理的實施

為激勵達成公司的策略目標，基本上企業仍多採用獎金的方式。計算獎金時先看公司整體的大目標是否達成，若已達成，則公司會以表現來決定要分配給各單位之獎金成數，然後由各事業部門依其各自的預定目標達成標準，分配不同等額的獎金。

有關各部門個別的與績效評估連動之獎酬部分，值得注意的是賺得最多錢的部門，不一定分得最多獎金，因為「某些產品賺錢，某些產品卻賠錢，這不全然是產品本身的問題，因為有些產品可能是公司策略性要求所致。從市場觀點來看，最賺錢的單位不一定對公司最有利，因為它可能只是短期上看起來賺錢，真正賺錢的反倒是另一個部門。一項新產品剛上市，消費者的接受度都還不明朗時，即所謂的「Question Mark」（問題兒童）階段，突然間生意開始好轉，該產品變成了所謂的「Super Star」（明星），讓公司開始賺大錢，但同時也要花大筆錢促銷，如廣告費用等支出，到了某個階段，整個生意變得穩定時，該產品變成「Cash Cow」（金牛），利潤開始降低，但有穩定之收入，惟因競爭對手增加，成長空間有限，產品可能漸漸地變成「Dog」（狗），最後產品可能沒有機會在市場生存。在一般產品研發階段，全是花大錢，但好好投資可能變成「Super Star」，相反地，公司不從事投資，在「Cash Cow」階段，雖然仍有穩定收入，但未來前景呢？所以要看公司之產品組合策略，其領導者是否可以看出哪一個產品很有未來發展性，有願景而大力投資。

所以不是說某個部門最賺錢，就應該拿得比別人多的獎金。例如某部門的顧客群全是政府機構或產品有獨占市場，很穩定營業額，根本不需多花太多的努力，就可以「坐享其成」；相反地，某個部門則

屬於開疆拓土型,一切都在努力摸索,要花費很大的心力,才能使產品有讓市場接受的機會,因此,依照市場的觀點,可能公司80%之產品不用花80%的努力,只需20%的努力程度即可達成目標。但對公司那20%屬開創性之新產品,卻要花上超過80%的努力,所以理應把獎金預算的80%分給那20%的新產品上,剩下的20%預算才分給其他80%的產品。

資料來源:王文英、廖韻淳、林貞妮(1999)。〈策略與績效評估及獎酬制度關係之探討──以摩托羅拉電子公司為例〉。《會計研究月刊》,第167期(1999/10),頁66。

 ## 第四節　實施目標管理的建議

　　管理學者哈羅德‧孔茨(Harold Koontz)曾對「實施目標管理遭遇的問題」提出下列的看法(陳照明,1997:38-40):

1. 灌輸實施目標管理之本質及其哲學:如果從事目標管理的人員不瞭解目標管理之本質及其哲學,則目標管理將只是一種毫無目的、無法產生任何成果之技術。
2. 授與管理者適當的工具:為達成目標,除了需要有人力和物力資源外,尚需有職責明確之組織及適當之授權,瞭解規劃前提、組織之目標、策略和上司的目標等問題。
3. 體認目標之性質及目標之必要性:管理者應該設法使各項目標能密切結合,否則協調工作將很困難。
4. 盡力設定可以驗證的目標:堅持設定可驗證的目標可能有其困難,但應盡力提高目標的可驗證性,訂定有意義且可付諸實行的目標。
5. 設定實際且可達成的目標:如果設定之目標極易達成,則該目標將

不易受重視，也無法誘發最佳之績效；如果目標極為困難，甚至無法達成，將造成挫折。

6.瞭解完成目標所需的時限：有些目標達成期限為一星期，有些為一個月，有些為三個月，有些為一年，甚至超過一年。目標之設定及其完成期限不必與會計或預算期間相一致，而應與所需之完成期限相一致。

7.同意變更目標：當環境變遷致使原定目標不切實際時，即應變更目標以符合實際，利於執行，但變更目標時應審慎從事，同時考慮對他人目標的影響。

8.共同設定目標：上司對部屬之目標雖擁有最終之決定權，但在設定目標之過程中，應使上司與部屬能共同設定，此為獲得部屬承諾感之必要條件。

9.建立並維護正式及健全的目標審核制度：目標管理可說是自成一個完整的制度，如果只引進部分，將很難收到實際的效果，而目標達成率的評價，就是要瞭解本身對整體企業的貢獻度。

10.視目標管理為一種管理制度和管理風格：無論隱藏於目標管理背後的基本功力究竟是為了進行評估、參與管理、協助預算之執行，還是為了其他，我們都應該視目標管理為一種制度，或一種具有各種構面及可多方運用之管理風格。

11.瞭解目標管理無法涵蓋所有的管理工作：目標管理是有效管理的一個不可或缺的要素，但它無法涵蓋所有的管理工作，管理者的全部工作並不止此。

一、實施目標管理的成功要則

根據一份調查研究整理後的報告，列出了目標管理制度推行成功的八大要則如下（Alexander Hamilton Institute, Inc.著，許是祥譯，1991：96）：

1.應由組織的高階管理者為起點，積極參與，持之有恆，俾確立整個組織對目標管理的信心。

2.制度建立伊始，應有周詳的計畫，並應特別重視對各級單位主管有關目標管理的基礎教育和訓練。

3.應准許從容確立目標管理制度的基礎。須知積習難除，過去的觀念絕非一朝一夕所能改變。

4.目標的設定應屬可以衡量；將來執行時的成果，必須為人人皆能具體認定。

5.與現行的資訊系統及控制制度相結合。當累積推行經驗之後，或管理階層感到有改變的需要時，當可改變原來的資訊控制制度。

6.對於良好績效，應有獎勵。獎勵應與成果關聯。

7.在目標管理制度的推行期間，應鼓勵組織上下各級管理階層均能熱心討論。

8.應有定期性的檢討，並建立資訊的回饋制度（**圖4-7**）。

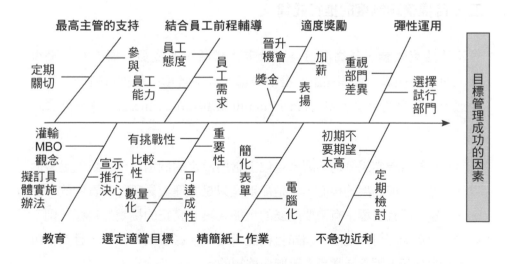

圖4-7　實施目標管理成功之關鍵因素

資料來源：丁志達（2014）。〈目標管理與績效面談實務班〉講義。中國生產力中心編印。

二、績效目標設定注意事項

心理學家洛克（E. A. Locke）提出目標設定理論，他認為目標設定必須注意下列幾點要項，才能激勵個人順利達成目標（尤振富，2009：9）：

1. 目標特性：目標需設訂明確且不易達成，才能產生績效。
2. 目標機制：引導個人付出努力、注意力及行動力，才能達到目標的機制。
3. 回饋：提供個人瞭解工作方向、努力和策略的正確訊息。
4. 認同與承諾：必須讓個人認同且承認他們有能力也願意達成所設定的目標。
5. 自我效能：相信自我可以順利執行的一種信念，自我效能高的人較重視明確的目標，也願意設定較高的標準。

三、目標管理制度的推行戒律

杜拉克強調，為高潛力員工設定目標時，要從員工需要有什麼貢獻，而不是從員工實際能做什麼來考量。以下各項，是推行目標管理制度應予以避免的事項（Alexander Hamilton Institute, Inc.著，許是祥譯，1991：97-98）：

1. 勿對目標作過分的強調。單位主管所設定的個別目標，雖然是整個目標管理制度的核心，但是那畢竟只是經理人員所付職責中的一部分，而且目標常有需要改變的可能。具有真正的挑戰的目標，則不一定全部可以達成。須知目標能否達成，影響因素甚多，且其中可能有若干因素為當事人所無法控制的。
2. 勿做目標管理職責的授權，例如任由次級主管越俎代庖，為其上級主管設定目標等是。

3.勿視目標管理為一項書面的「制度」，過分強調其制度的規定，而忽視了成果的重要性。

4.勿聽任單位主管個人的喜惡作為設定目標的依據；並應注意勿以例行業務或瑣細的業務設定目標。

5.勿堅持缺乏彈性的方案或程序。須知情勢倘有變動，目標管理自也需隨之而變動。

6.勿以目標管理制度作為懲戒或非難各級主管的手段。

7.勿奢望目標管理能夠解決管理上的所有問題。

四、目標管理與績效評估

目標管理最大優點，在於能提供一套績效評估之設定，使經理人對部屬績效得以做客觀、有意義及可行性之評估。此種評估係以績效與目標

範例 4-7

行員拚業績　樹林農會呆帳一堆

台北縣樹林市（新北市樹林區）農會羌寮分部辦理信用貸款傳出弊端。檢調單位發現部分行員涉嫌勾結代辦業者，找來一百多位人頭申辦信用貸款衝業績，共放款3,800萬元，但最後列為呆帳的竟然達3,792萬元，造成農會重大損失。

檢調單位發現，羌寮分部在民國94年10月至隔年1月間，承辦個人信用貸款業務時，疑似利用人頭辦理貸款，每個人頭可以無擔保貸款30萬元，行員每完成一件貸款可獲得1萬餘元獎金。

資料來源：何祥裕（2007）。〈行員拚業績　樹林農會呆帳一堆〉。《聯合報》（2007/06/27），C2版。

之比較為基礎，而非以印象作為評估之標準。

　　為推行目標管理所配合運用的激勵措施，大抵可分為精神面之獎勵以及物質（金錢）面的獎勵。一般企業採用的方式，約有下列的方法（鄭瀛川，2006：96-97）：

1.由主管與部屬共同對目標執行的成果加以評估檢討，使部屬工作成就獲得肯定之賞識，從而收取激勵之效。
2.運用成果發表會表揚目標執行優異的團隊或個人。
3.對目標執行績效較差者，採用調整工作或調職之方式處理，即將評核結果作為人事考核之依據。
4.對目標執行之成果確屬優異者，發給象徵性之獎金或獎品等。
5.將業績反映在全公司的員工福利上，例如福利設施之改善、員工福利項目之增多等。

範例 4-8

獨創一格的企業文化傳統

　　幾年前，一家公司的老闆開玩笑地跟員工打賭，認為公司無法一年成長20%，達到六億美元的營業額。他自信滿滿地放話說，如果真的達成六億美元的業績，他就跳進公司門前的小池塘裡。

　　一年後，他可後悔當初的大話。在公司狂賀達成六億美元的業績時，他當著全體員工的面，二話不說，咬牙跳進冰冷的池子裡。

　　從那天起，落水成了公司的傳統，表現優異的高階經理、業務員及其他的員工跟著老闆一起落水，接受眾人的年度表揚。

資料來源：丁志達（2012）。〈人事管理制度規章設計〉。中華民國勞資關係協進會編印。

6.將目標執行成果直接與薪金或佣金發生關聯,即將評核的結果作為支薪的依據,一般多用於銷售人員的獎勵與薪資計算等。

　　績效與目標是一體之兩面。計畫執行前必須確定目標,執行時則測量執行的成果,而將績效評量的結果作為檢討及改善的依據。

結　語

　　彼得‧杜拉克說:「我們必須把目標轉化成工作,而工作一定要明確、清楚、不含糊、可以評量結果,並且要設定工作的完成期限及特定任務的責任歸屬。目標可不是命運,它們是方向;目標不是命令,它們是承諾;目標不是要決定未來,它是要動員企業的資源與精力以創造未來。」因而,任何企業的經營都必須朝著設定的目標推行,在訂定目標時,以具體的、可衡量的、可達到的、重要的和可追蹤的為其必要的條件。當目標管理制度與組織的各項重要活動及職能開始密切連結,如此,大目標和個人目標才能一氣呵成,達到公司所設定的目標。

Chapter 5

關鍵績效指標

你不能衡量它，就不能管理它。

——彼得‧杜拉克（Peter Ferdinand Drucker）

　　一家企業組織如果已經建構「高瞻遠矚」的企業願景，加上擬定「眾所皆知」的競爭策略後，如果沒有一套遊戲規則來衡量成效與具體的行動的話，往往會淪為空談。彼得‧杜拉克說：「界定企業目的與使命是件困難、痛苦且具風險性的工作。但是，唯有這樣企業才能設定目標、發展策略、集中資源、有所行動；唯有這樣，企業才能管理績效。」

　　關鍵績效指標（Key Performance Indicator, KPI），是透過對組織內部某一流程的輸入端、輸出端的關鍵參數進行設置、取樣、計算、分析，衡量流程績效的一種目標式量化管理指標，是把企業的戰略目標分解為可運作的遠景目標的工具，是企業績效管理系統的基礎，它是管理中「計畫─執行─評價」中「評價」不可分割的一部分，反應個體與組織關鍵業績貢獻的評價依據與指標。

 ## 第一節　關鍵績效指標概論

　　目標管理是由各單位主管與部屬針對部門運作或個人職責範圍內所要負責的工作項目訂定績效目標。KPI則是依公司的使命、願景、策略、關鍵成功因素等逐級展開，來檢查公司體質、工作流程、員工貢獻等。

　　鑰匙（Key）是用來開門，而且要開對門。KPI是一種量化指標，可反映出組織的關鍵成功因素。因此，KPI指標的選擇會隨著組織的型態而有所不同，但無論組織選擇何種指標做出KPI，該指標都必須能與組織目標相結合，並且能夠被量化衡量（**表5-1**）。

表5-1　各部門的實際績效指標

分類	營業部KPI
經營層	1.訂單利益達成率。 2.銷售目標達成率。 3.應收帳款回收準時率。 4.顧客滿意度。 5.市場占有率。
管理階層	1.銷貨準時率。 2.銷貨達成率。 3.售價達成率。 4.年度銷售達成率。 5.報價未成功之損失金額。 6.逾期罰款金額。 7.合約廢棄率（訂單取消）。 8.經銷代理開發筆數。
作業層	1.報價筆數。 2.報價金額。 3.報價平均周期（標準機）。 4.報價平均周期（特殊機）。 5.合約成交筆數。 6.急單台數。 7.因客戶需求之交期變更。 8.退回維修筆數。 9.品質改善聯絡書筆數。
分類	**研發一部KPI**
經營層	1.新產品開發（特殊機）周期。 2.目標成本專案達成率／金額。 3.設計改善、改良成本減低率。 4.研究發展貢獻率。
管理階層	1.製造規劃重大變更成本損失金額。 2.設計改善、改良成本損失金額。 3.設計變更倉（留料用）再利用金額。 4.客訴案件所產生的異狀金額。
作業層	1.設計某產品所增加的金額。 2.工單缺失。 3.設計變更聯絡書之件數。 4.出圖項目件數。

（續）表5-1　各部門的實際績效指標

	5.逾期未回覆承認圖（4天內；未依工時出圖）。 6.工件及五金購入品錯誤不良金額。 7.月別不良點數。 8.新產品開發（特殊機）周期。
分類	生產部KPI
經營層	1.人工成本比（生產性附加價值）。 2.生產力。 3.生產效率。
管理階層	1.機器設備稼動率。 2.設備資產週轉率。
分類	生管部KPI
經營層	1.產能負荷率。 2.出貨達成率。 3.出貨準時率。 4.90天以下物料在庫率低減。
管理階層	1.周＿＿日排程達成率。 2.周＿＿日排程準時率。 3.已完成未出貨金額。
作業層	1.工單開立達成率。 2.工單結案及時率。 3.工單計畫未達成（逾期兩週）筆數。 4.急件請購件數（台身上線後開始請購）。 5.標準機供應商交期達成率。 6.採購下單及時率。 7.採購下單正確率。 8.供應商請款準時率。
分類	人事部KPI
經營層	1.勞動分配率。 2.職能提升率。 3.離職率。
管理階層	1.薪資計算準確率。 2.薪資計算及時率。 3.加班減少率。 4.失能傷害頻率。 5.教育訓練達成率。

（續）表5-1　各部門的實際績效指標

分類	品保部KPI
經營層	1.全公司客訴件數。 2.客訴索賠金額。
管理階層	1.進料檢驗準確率。 2.物料不良率。 3.成品不良率。
作業層	1.測試達成率。 2.進料檢驗（IQC）不良率。 3.製程檢驗（IPQC）不良率。 4.最終產品檢驗（FQC）不良率。
分類	總經理室KPI
經營層	會議成效管理。 經營計畫達成率。
管理階層	文件管理編修及時性。

資料來源：安侯顧問公司／引自：盧懿娟（2005）。〈我的KPI經驗——機械製造／金豐機器：它讓我們落實每週檢討改進〉。《經理人月刊》，第4期（2005/03），頁93。

KPI的原則

　　哈佛大學教授柯普朗（Robert S. Kaplan）說：「可以把KPI想像成飛機駕駛艙內的儀表。飛行是很複雜的工作，駕駛需要燃料、空速、高度、學習、目的等指標。而管理階層和飛行員一樣，必須隨時隨地掌控環境和績效因素，需要藉助儀表來領導公司飛向光明的前途。」因此，彼得·杜拉克說，關鍵領域的指標KPI，是引導企業發展方向的必要「儀表板」。

　　一般來說，設定KPI包括：(1)與企業的目標、策略連結；(2)量化；(3)容易理解；(4)可達到的；(5)和行動相關聯；(6)平衡；(7)定義明確等七大原則。所以KPI是衡量管理工作成效的重要指標，是一項數據化管理工具，將公司、員工、事務在某時期表現量化與質化，藉以協助優化組織表

現，並規劃願景。

在設計衡量指標時，衡量指標必須和團隊的目的緊密結合。如果指標與團隊目的脫節，會淪為只是衡量活動完成度的工具。研究顯示，指標越具體、具有相當的挑戰性但是可達成，則激勵效果越強，員工績效也越高。在設定過程中，員工參與程度越高，則對績效指標接受度越高，越能產生高績效指標水準（韓志翔，2011：33）。

第二節　KPI使用的專有名詞

企業的績效乃是根據企業文化、願景來加以展開，以創造具體企業的「競爭優勢」為目標；為達成此一目標，企業必須彈性地微調組織架構，讓各企業主要的功能流程發揮最佳效能；接著在大目標確立下，使用績效評估系統，例如目標管理（MBO）、關鍵績效指標（KPI）、平衡計分卡（BSC）等，來衡量企業內外部各部門與個人工作績效的表現。

一、KPI的專有名詞

(一)目標管理

彼得・杜拉克在談論目標管理時提到：「經營者的職責是要把焦點集中於整個事業的成功。管理者所被賦予的工作，是要根據企業的目標來決定其成果，也要根據對企業所做的貢獻來評價。上自總經理，下至班長或職員，每個人都必須有個清楚的目標。」由此可以瞭解，目標管理是成果導向的管理，其基本思想，在於一個組織必須建立其大目標，作為該組織的方向；為達成其大目標，組織中的管理者必須分別設定其本單位的個別目標，而此等個別目標應與組織的目標協調一致，從而促進組織的團隊精神。

(二)關鍵績效指標

關鍵績效指標（KPI），是指衡量一個管理工作成效最重要的指標，是一項數據化管理的工具，必須是客觀、可衡量的績效指標。關鍵績效指標的設定有助於企業各層級績效表現的呈現，針對企業經營目標達成與否提供即時的資訊，以利企業做到績效重點管理或績效表現異常時的及時處置，也作為企業成立績效改善專案的重要參考依據。

(三)關鍵結果領域

關鍵結果領域（Key Result Area, KRA），它是為實現企業整體目標、不可或缺的、必須取得滿意結果的領域，是企業關鍵成功要素的聚集地。它也是對組織使命、願景與戰略目標的實現起著至關重要的影響和直接貢獻領域，是關鍵要素的集合。彼得・杜拉克認為，企業應當關注八個關鍵結果領域：市場地位、創新、生產率、實物及金融資產、利潤、管理者的表現和培養、員工的表現和態度、公共責任感。當然，對於企業具體來說，應根據自己的行業特點、發展階段、內部狀況等因素來合理確定自己企業的關鍵結果領域。

新加坡國家圖書館管理局採用關鍵結果領域來評量組織成員的工作表現，其所訂定的關鍵結果領域包括：個人發展（Personal Development）、作業管理（Operations Management）、員工發展及訓練（Staff Development and Training）和新計畫（New Projects）。

(四)關鍵成功因素

關鍵成功因素（Critical Success Factor, CSF）即是要成功達成目標所需之主要因素，包括腦力規劃因素與實際執行因素等。成功沒有標準答案，對每一企業與個人定義亦不同，因為目標不同，成功定義便有所不同。如果將一件事的完成比喻成道路規劃與執行，關鍵成功因素即是要到達成功彼岸所必須具備之必要活動與作為（含不作為）。

聯想集團的目標規劃

到河對岸是我們的目標,這是人人看清的事情。難的是如何搭橋,如何造船,或者學會游泳。在根本不會游泳的情況下奮不顧身地跳入水中,除了泛起一陣泡沫帶來滑稽的悲壯以外,什麼結果也沒有。

聯想還沒過河,只是已經到達河邊,正在測量水深、建造過河工具。我們具備了過河的能力。聯想運作中一直比較注重管理基礎,即建班子、訂戰略、帶隊伍。制定戰略,就是要把目標清晰化,透過科學化的步驟,藝術化的調整,明確做什麼不做什麼,分批運作。

資料來源:聯想集團創始人柳傳志/引自:遲宇宙,〈聯想局:一家領袖企業的中國智慧〉,網址:http://www.exvv.tw/mall/detail.jsp?proID=312294。

(五)績效管理循環

一個完整的績效管理循環(Plan-Do-Check-Action, PDCA)應該包括績效計畫、績效輔導、績效考核與處理、績效回饋與申訴、績效結果應用五個面向。

(六)平衡計分卡

平衡計分卡(Balanced Scorecard, BSC)是一種績效管理的工具,它將企業戰略目標逐層分解轉化為各種具體的相互平衡的績效考核指標體系,並對這些指標的實現狀況進行不同時段的考核,從而為企業戰略目標的完成建立起可靠的執行基礎(**表5-2**)。

表5-2　關鍵績效指標的專有名詞

英文詞彙	縮寫	中文
Management **b**y **O**bjective	MBO	目標管理
Key **P**erformance **I**ndicator	KPI	關鍵績效指標
Balanced **S**core **C**ard	BSC	平衡計分卡
Key **R**esult **A**rea	KRA	關鍵結果領域
Critical **S**uccess **F**actor	CSF	關鍵成功因素
Key **B**usiness **A**rea	KBA	關鍵業務板塊
Key **S**trategic **O**bject	KSO	關鍵策略目標
Prime **F**actor	PF	主要因素
Plan-**D**o-**C**heck-**A**ction	PDCA	績效管理循環

二、KPI之設定與選擇

　　目標管理（MBO）是由各單位主管與部屬針對部門運作或個人職責範圍內所要負責的工作項目訂定績效目標。KPI則是依公司的使命、願景、策略、關鍵成功因素等逐級展開，來檢查公司體質、工作流程、員工貢獻等。

　　企業在推動KPI之前，必須先釐清產業大環境的走向，公司的策略目標是什麼？以及競爭優勢在哪裡？在指標選擇方面，要注意KPI的分類，不只是財務指標，在顧客觀點（如滿意度）、內部流程（如專案完成度）以及學習成長（如研發能力）各方面的指標都必須包括在KPI中，最後，要使企業中每一個員工的KPI都能引導到公司的KPI中。例如遠東百貨的策略面思考因素有：商圈發展與競爭情勢、商品結構與同業差異性、人力資源政策、附加價值服務與同業差異性，以及行銷手法與同業差異性等。

　　每家企業的KPI會因為經營策略的不同，競爭環境與產業趨勢的變化而有所不同。但企業利用KPI的落實，釐清工作目標，凝聚組織成員的認知，可以形成一股很大的力量。KPI之設定與選擇方面應注意的事項有：

1.從關鍵績效領域尋找關鍵績效指標。在不同的策略議題與目標下，可供達成任務之關鍵結果領域（**KRA**）便會有所不同。

2.須與策略目標具有關聯性（緊扣先前所設定之策略目標）。

3.須為成果導向（重要的成果效益）。

4.須有明確定義（說明計算或呈現方式）（**表**5-3）。

表5-3　經營目標與實際績效指標

經營目標	實際績效指標
行銷	1.各產品別銷售預測的準確性。 2.準時交貨率（客戶服務水準）。 3.客訴案件。
生產計畫	1.接訂單率。 2.準時交貨率。 3.延遲交貨率。
倉儲管理	1.存貨料帳的準確率。 2.定期盤點的準確率。 3.存貨進出異動資料的準確率。 4.挑料或組裝所用的時間。
生產控制	1.供應廠商的前置時間。 2.依照生產計畫準時發出率。 3.生產計畫達成率。 4.製造效率。 5.退貨和報廢率。 6.加班的時數。
物料管理	1.缺貨率。 2.存貨週轉。 3.請購單依照需求計畫準時發料率。
採購	1.供應廠商準時交貨率。 2.進貨品質合格率。 3.進貨成本的差異（成本降低或上漲）。
品質	1.核准新採購物料或廠家所需的時間。 2.產品更新的比例。 3.進貨檢驗所需的時間。 4.進貨／退貨的處理效率。

（續）表5-3　經營目標與實際績效指標

經營目標	實際績效指標
工程	1.工程變更實施的時間。 2.用料清單的準確性。 3.因工程變更而產生的呆料存貨。 4.工程原型完成的時間。
成本會計	1.標準成本資料的更新。 2.各種成本差異分析報告提出的時間。
其他	1.銷售績效。 2.每位員工的生產率（收益額）。 3.存貨週轉。 4.投資／資產報酬率。

資料來源：曾渙釗（1988）。〈為企業做健康檢查──績效評估的方法〉。《現代管理月刊》，第142期（1988年11月號），頁87-90。

　　衡量指標本身不是目的，如果設計不當，員工甚至可能造成為了達成績效不擇手段。舉例來說，如果警察的績效指標就單純是降低犯罪率一項，那麼他就很可能為了降低犯罪率而吃案；若銷售人員的績效指標就只是成交率，那麼他也可能會為了急於成交而欺騙顧客（EMBA世界經理文摘編輯部，2012：97-98）。

第三節　SMART原則

　　KPI在目標管理上就是所謂的「關鍵少數」，如果從80/20法則的角度來看，KPI就是那關鍵的「20」，所以需求其「重要」、「關鍵」，而不是需求其「多」。因而，KPI設定應根據SMART原則來訂定。

　　目標訂定應該注意的原則，一般稱為SMART原則。

一、明確的（Specific）

它指績效考核要切中特定的工作指標，具體不能籠統，明確地說出必須完成什麼事，例如「提高客戶滿意度」（簡單、不複雜、有意義）。

二、可衡量的（Measurable）

績效指標是數量化或者行為化的，驗證這些績效指標的資料或者資訊是可以獲得的，可以讓你追蹤做了什麼事，什麼事還沒有做，例如「滿意度提高到95%」（可以被量化、資料是可提供的）。

三、可達成的（Achievable）

績效指標在付出努力的情況下可以實現，避免設立過高或過低的目標，所訂定的目標不要不切實際，免得突然讓部屬覺得沮喪（雖然極具挑戰性，但是透過努力還是能夠完成的）。

四、相關的（Relevant）

績效指標是實實在在的，必須能夠支持公司的使命、目標和策略；可以證明和觀察，盡可能體現其客觀要求與其他任務的關聯性（可實現、合理的、恰當的）。

五、有期限的（Time-bound）

注重完成績效指標的特定期限（如每月或每季）。重要、緊急的目標必須先完成，可以用一個公式，依「事情的重要性」打分數：極必要者

5分、必要者4分、重要者3分、有幫助者2分、不太重要者1分；依「急迫性」打分數：本月5分、下月4分、本季3分、下一季2分、年底1分。將這兩項分數乘起來，16～25分的就是A級任務，在月底前必須完成；9～15分的是B級任務，在本季之內完成就可以；1～8分的是C級任務，是較不重要的任務（EMBA世界經理文摘編輯部，1999：127-128）。

哈佛大學商學院教授西蒙斯（Robert Simons）認為，每個人的衡量指標都不該超過七項，因為超過這個數字，大家都記不住了。

小常識

80/20法則

80/20法則（帕雷托法則）指的是，在原因和結果、努力和收穫之間，存在著不平衡的關係，而典型的情況是：80%的收穫，來自於20%的付出；80%的結果，歸結於20%的原因。

KPI符合這個80/20法則。在一個企業的價值創造過程中，存在著「80/20」的規律，即20%的關鍵人員創造企業80%的價值；而且在每一位員工身上「80/20」同樣適用，即80%的工作任務是由20%的關鍵行為完成的。因此，必須抓住20%的關鍵行為，對之進行分析和衡量，這樣就能抓住業績評量的重心。

資料來源：丁志達撰文。

第四節　推行KPI的作法

每家企業的KPI會因為經營策略的不同，競爭環境與產業趨勢的變化而有所不同。但企業利用KPI的落實，釐清工作目標，凝聚組織成員的認知，可以形成一股很大的力量（**表5-4**）。

表5-4　KPI指標設計專案作業說明

項目	內容	參與人員
前置作業	1.企業資源評估 2.成立專案小組 3.確認專案時程與細節 4.澄清專案目標	1.顧問 2.專案小組 3.高階主管
KPI績效管理培訓	1.建立專案小組及公司部門主管的KPI觀念 2.建立專案小組及公司部門主管的績效管理觀念	1.顧問 2.專案小組 3.部門主管
建立與策略結合之公司KPI指標	1.確認公司策略目標 2.確認各部門策略計畫 3.公司層級KPI指標項目確認 4.高階主管KPI指標填寫	1.顧問 2.專案小組 3.高階主管 4.部門主管
建立與策略結合之部門KPI指標	1.召開KPI檢討會議 2.建構KPI計算公式 3.部門層級KPI指標項目確認 4.部門主管KPI指標填寫	1.顧問 2.專案小組 3.部門主管
部門行動計畫擬定	1.召開部門KPI指標說明會 2.召開KPI目標達成行動計畫研討會議 3.個人撰寫KPI目標 4.主管審核及達成共識	1.顧問 2.專案小組 3.各權責部門負責人
KPI檢討流程制定	1.KPI達成率檢討流程建立 2.績效獎勵制度與KPI達成率的結合	1.顧問 2.專案小組

資料來源：《理才勝經》，聯經出版，頁112／引自：丁志達（2014），〈高績效目標管理與績效考核技巧〉講義，中國生產力中心編印。

一、找到KPI的要訣

　　KPI雖然是績效管理的衡量工具，但是單一指標所展現的，卻往往只是一項事實，而不是造成事實的因素，主管很難透過它判斷採取的行動是否正確。管理大師麥可・韓默（Michael Hammer）指出，最好的衡量指標要包含領先指標（Leading Indicators），能夠預測績效，而不只是追蹤績效。

對企業內部而言，KPI要有改善的功能，從部門到個人的表現、主管到員工的表現，都要能衡量，並且找出改善的方法。KPI也是企業願景的「達成度」，以及企業策略目標的「執行力」的衡量標準。

對企業外部而言，KPI要能衡量企業整體的表現，找出企業成功的關鍵，並且衡量在這方面企業的表現好不好。投資人會基於個人對產業的瞭解，來選擇衡量企業表現的指標。

KPI對於企業還有「凝聚共識，共同發展」的意義，利用KPI的落實，釐清工作目標，凝聚組織成員的認知，可以形成一股很大的力量。

企業在推動KPI之前，必須先釐清產業大環境的走向，公司的策略目標是什麼？以及競爭優勢在哪裡？而且KPI不要太多，根據保羅・尼文（Paul N. Niven）的看法，大多數的美國公司和顧問大約會選擇20～25個KPI。

二、訂定KPI的量度

企業在訂定KPI的量度時，應由上而下（Top-down）和由下而上（Bottom-up）兩方面來進行。

1.由上而下：它係指從企業總體策略出發，一路下達員工的績效指標。例如下一年度公司所有產品的目標總收益，配合計算出總平均毛利率，即可約略得出各產品需成交多少數量，才能達成收益目標。
2.由下而上：由各部門主管與部屬溝通，找出最合理的績效指標。KPI的落實是由下而上的，但發展是由上而下的。

以微軟公司為例，微軟員工大約有60%的KPI是上承公司的策略，另外，40%KPI是自己創造的，它是員工自己生涯規劃的承諾，希望職業生涯的下一步往哪裡走、應該有哪些學習與成長的KPI，主管都會跟員工一

起討論,讓員工更有發展的空間(劉陽銘,2005:67)。

三、KPI評估原則

動態績效管理專家保羅・尼文提出了下列KPI七大評估原則(鄭君仲,2005:68):

1. 和策略連結:KPI需要和企業的願景與策略緊密連結,這是最明確且最重要的標準。只有屬於企業「要在該領域保持策略性績效」的標準門檻者,才應該被列為KPI。

2. 量化:質化的績效指標,在評估時容易牽涉到主觀的意見,難以精確掌握其意義,而量化的指標通常比較具客觀性,是一種「實證」管理,做多少事、回饋多少的貢獻度,量化後一目了然,且在意義的傳達上也不會產生太大的差異,這樣在衡量與評估上會更方便、公平,但是在設定量化時,重點是在「衡量的工具」如何制定,這是需要花一些時間來準備的。

3. 容易理解:KPI的使用者,應該要能夠解釋KPI的操作性,以及其影響策略的重要程度。因為只有在員工能夠理解KPI的目的和重要性的情況下,KPI才能被有效推展與執行。

4. 可達成的:選擇KPI時一定要務實,因為如果KPI的資料來源無法控制,那這樣的KPI將不具意義。

5. 和行動相關聯:KPI應該要能夠正確地描述評估的流程,或是企圖達到的衡量指標。

6. 平衡:企業在訂定KPI時,要注意各指標間的相互平衡,以避免指標間的矛盾最後妨礙了策略目標的達成。

7. 定義明確:企業必須要清楚地定義出每個KPI所代表的意義(**表5-5**)。

表5-5　量化指標

類別	指標
預算達成率	銷貨量、生產量、利潤、外銷量
實績成長率	銷貨量、生產量、訂貨量、利潤、外銷占有率、貨款回收率、新顧客比率
節約率	人員、人事費用、出差旅費、材料費、運輸費、外包加工費、倉租費、廣告費、促銷費、水電費、事務用品費
改善率	成本受益率、服務、交貨日期
週轉率	總資產、庫存
勞動效率	開工率、出勤率、加班、標準時間、工時、閒置時間
安全衛生指標	災害次數、生病率
進步率	機器設備、製造技術、新產品開發、專利許可數、事務管理、電腦化

資料來源：東京芝浦電氣株式會社／引自：江幡良平著，陳郁然譯（1989），頁200。

四、KPI的執行

KPI的執行，可分為下列六大階段，周而復始的執行。

1. 檢討企業或個人現況，並決定未來方向或目標（策略思考），例如成為全公司最佳銷售人員。
2. 找出達此方向的關鍵工作或流程，例如年度業績冠軍。
3. 轉化此關鍵工作或流程，成為具體可以管理或檢討的目標數字，例如全年業績總額、全年業績預算、每月增加新客戶數、每日拜訪客戶次數等。
4. 訂定此KPI的執行時間表，例如在2014年與2015年兩年間完成。
5. 逐月檢討改進KPI的執行，例如針對業績不良加以檢討後，擬訂出增加拜訪次數、調整客戶選擇方向、加強說服技巧等改進措施。
6. 階段目標完成後，重新檢討所處情境，持續或訂定新的KPI。

在KPI的運用上，各產業會著重在不同的方向，例如：金融業除了最

重視的財務指標外，也很重視創新能力；以服務業來說，內部流程和顧客構面指標的權重會比較大；製造業由於需要利用低成本取得競爭優勢，所以比較重視內部流程的績效指標（**圖5-1**）。

五、推行KPI的效益

在《非常訊號——如何做好企業績效評估》（*Vital Signs: Using Quality, Time, and Cost Performance Measurements to Chart Your Company's Future*）一書中，作者史蒂芬‧赫羅內茨（Steven M. Hronce）指出，以

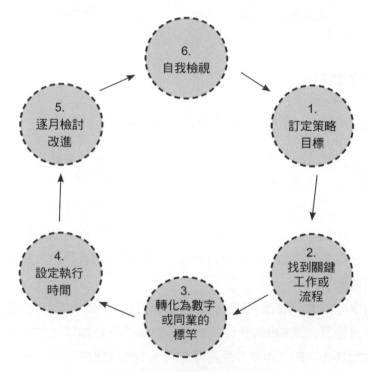

圖5-1　KPI六階段循環圖

資料來源：鄭君仲（2005）。〈輕鬆搞懂KPI：7組條列重點帶你上路〉。《經理人月刊》，第4期（2005/03），頁68。

KPI作為企業管理的核心，有以下幾項效益（鄭君仲，2005：67）：

1.監控進度：透過正確的KPI的定期檢核，主管階層可以有效追蹤工作執行的狀況。

2.推動變革：透過KPI的制訂和推動，能改變員工的看法，並促使組織變革。KPI能對新的行為加以定義，並給予獎勵。換句話說，透過KPI的評估衡量，即能以最低的成本、最有效地改變組織人員的行為。

3.進行標竿比較：運用KPI使企業達到「事實管理」的境界，因為KPI可以提供必要的資訊，讓企業可與其他標竿企業進行實際上的比較，作為改善的依據。

4.使客戶滿意：組織人員的行為會隨著KPI的訂定與執行而改變。如果在推展KPI時，能夠注意各方面的平衡，員工就不會只把利潤等財務目標作為首要任務，而忽略了對客戶滿意度的關注。

六、關鍵績效指標的考評方法

關鍵績效指標（KPI）是一種透過對組織內部某一流程的輸入端（Input）、輸出端（Output）的關鍵參數進行設置、取樣、計算、分析，衡量流程績效的一種目標式量化管理指標，它是把企業的戰略目標分解為可運作的遠景目標的工具，是企業績效管理系統的基礎。

(一)建立關鍵績效指標體系遵循的原則

1.目標導向：即關鍵績效指標必須依據企業目標、部門目標、職務目標等來進行確定。

2.注重工作質量：因工作質量是企業競爭力的核心，但又難以衡量，因此，對工作質量建立指標進行控制特別重要。

3.可操作性：關鍵績效指標必須從技術上保證指標的可操作性，對每

一指標都必須給予明確的定義，建立完善的資訊蒐集渠道。

4.強調輸入和輸出過程的控制：設立關鍵績效指標，要優先考慮流程的輸入和輸出狀況，將兩者之間的過程視為一個整體，進行端點控制。

(二)確立關鍵績效指標應把握的要點

1.把個人和部門的目標與公司的整體戰略目標聯繫起來。以全局的觀念來思考問題。

2.關鍵績效指標一般應當比較穩定，即如果業務流程基本未變，則關鍵指標的專案也不應有較大的變動。

3.關鍵績效指標應該可控制，可以達到。

4.關鍵績效指標應當簡單明瞭，容易被執行、接受和理解。

5.對關鍵績效指標要進行規範定義，可以對每一關鍵績效指標建立「關鍵績效指標定義指標表」。

(三)運用關鍵績效指標進行績效考核的難點

績效管理最重要的是讓員工明白企業對他的要求是什麼？他將如何開展工作和改進工作？他的工作的報酬會是什麼樣的？主管回答這些問題的前提是，他必須清楚地瞭解企業對他的要求是什麼？對所在部門的要求是什麼？也就是主管要瞭解部門的關鍵績效指標是什麼？同時，主管也要瞭解員工的素質，以便能「適才適所」的分配工作與制定目標給部屬（**表5-6**）。

第五節　人事部門生產力評估

一般而言，行政業務的工作比較難加以量化，因為有一部分的工作

表5-6　組織績效面向及其評估指標

組織績效面向	評估指標
財務績效指標	投資報酬率、投資報酬率成長率、資產報酬率、淨值報酬率、權益報酬率、營收成長率、盈虧成長率、投資的現金流量、獲利率、成長力比率、營業淨額、營業淨額成長率、稅前淨率成長率、公司自有資金比率、存貨週轉率、應收帳款週轉率、銷售金額等
營運績效指標	產品品質、產品設計、產品或服務種類、新產品或服務的開發、產能利用率、存貨管理、效率、成長、企業目標達成度、對資源的掌握能力、企業的安全性、意外發生率、企業對供應商的談判力、達成母公司所要求目標的程度、與競爭者的相對績效、整體公司績效等
人力資源績效指標	員工生產力、員工平均收益、員工平均年資、員工平均每人獲利額、員工平均每人生產額、留職率、員工流動率、重要員工流失率、高階與其他主管的流動率、員工升遷至高階主管與其他主管的比率、人力資源聲望、人力資源價值、參與及權利賦予、訓練與發展、員工士氣、工作滿足感、相關人員認同程度、吸引員工的能力、將員工留在組織內的能力等
市場績效指標	企業聲譽、市場潛力、市場對該企業的評估、公共報導對企業的支援度、股票市場價值、市場占有率、市場占有率的成長率、市場占有率穩定性、行銷、銷售水準、銷售成長率、顧客服務、顧客滿意、及時配送等
適應性績效指標	穩定性、適應力、環境控制、求生存的認知、策略運用能力、創新能力、技術發展能力、整合能力、資訊與溝通、彈性、機動性、資源掌握能力、紓解壓力的能力、面對衝突的凝聚力、組織目標的內化、管理者與員工的關係、成就的強調、創新產品數、獲得專利產品數、新產品上市的成功率、新產品占銷售的比率

資料來源：常紫薇（2002）。《企業組織運作之內在績效指針建立之研究：以一般系統理論為研究觀點》。中原大學企業管理研究所未出版碩士論文。

時間要處理「突發」而來的工作，但是就整體而言，它還是需要抓重點式的將工作要項成果，用「數據」呈現（**表5-7**）。

　　以人事部門生產力的評估例子而言，其生產力評估層面可分為實質面與價值面：

表5-7　關鍵績效衡量指標範例

	策略目標	落後指標	領先指標
財務面	F1-增加股東價值	・股東權益 ・人均利潤	・人力資源附加價值
	F2-增加人力資本	・人力資源報酬率 ・人均成本	・勞動成本比率 ・員工競爭力評比
	F3-減少人事成本	・人事預算變動率	
顧客面	C1-成為策略夥伴	・部門服務協議評比	・員工承諾指數
	C2-提升客戶技巧之職能	・人力資源實務評比	・企業e化指數
	C3-回應品質的服務	・員工滿意度	・回應時間 ・首通來電解決率
內部流程面	O1-校準人力規劃與企業策略	・策略計畫的導入率	・策略規劃有效率
	O2-提供高品質的諮詢服務	・人資客製化比率	・顧客服務比率
	O3-建立以策略為導向的工作環境	・生產目標達成率 ・薪資策略校準率	・功能任務與策略連結率
學習成長面	S1-核心職能建立	・員工參與率	・核心職能達成率
	S2-建立第二專長	・自願離職率	・核心員工留任率
	S3-建立以績效為導向的企業文化	・組織活性評比	・內部晉升率

資料來源：Dave Ulrich (2001), *HR Scorecard*／引自：于泳泓、陳依蘋（2004）著。《平衡計分卡完全教戰守策》。梅霖文化，頁197。

一、實質面

1.單位期間內人事之福利、申訴、離職、退休案件辦理件數。

2.單位期間內人事異動及員額編制之調整件數。

3.單位期間內人事資料之建立分析保管件數。

4.單位期間內違規與失職之處理件數。

5.單位期間內招募面談所耗用時間。

二、價值面

1. 單位期間內各部門人員薪資總額。
2. 單位期間內人事訓練成本。
3. 單位時間內人員招募成本。
4. 單位期間內超過同業標準之平均工資成本（**表5-8**）。

依據人事部門生產力評估層面，延伸到人事部門之生產力評估方式，它又可分為「效率」與「效能」兩大部分來衡量人事的流動率、招募人員的素質、獎懲處理的案件、訓練的次數與花費的成本、薪酬總成本與競爭廠商的比較分析、部門預算執行成效等來加以評估後，再根據部門之生產力評估指標，落實到檢討人事人員生產力評估，則人事行政工作的成效就能較「客觀」的評估與提供回饋（王貳瑞，1997：157-158）。

 結　語

明確的目標可以一路發展出KPI，最終再經由回饋與檢討，不斷地循環以達到績效評核的目的。因此，**KPI**就是用來衡量企業的競爭策略是否有確實達成，以績效管理的方法，進而促進企業全方位願景的實踐。同時，**KPI**的衡量結果一定要與獎酬制度連結，才能讓員工集中注意力，並給予員工前進的方向，否則就無法發揮引導和激勵作用。

表5-8　人力資源管理的關鍵指標

類別	關鍵指標
生產力及效率	・依工作類別及工作績效計算的缺勤率 ・事故發生的頻率 ・事故成本 ・解決爭端的平均時間 ・聘僱每位員工的成本 ・平均每位員工每月加班時數 ・人力資源預算占銷售額的比率 ・人力資源人員占全體員工的比率 ・每年員工提案數 ・每一位詢問員工的答覆時間 ・填補職缺的時間 ・員工健康指標
人員聘僱及員工學習	・依招募來源計算的員工流動成本 ・員工參與指數 ・非自願性的員工離職率 ・直接與間接員工比率 ・正職員工與派遣員工比率 ・每位員工的職能開發費用 ・每位員工平均訓練時數 ・受訓人員每小時訓練成本 ・依工作類別計算的受訓人員比率 ・員工取得證照比率 ・人員素質的提升率
專才及獎勵	・內部輪調機率 ・平均員工服務年資 ・核心人才的留任率 ・績效評估分數的範圍（分布） ・激勵性薪酬的差異分析與比較 ・公司與競爭者的薪資比率

參考資料：Hugh Bucknall、鄭偉著，趙建智譯（2006）。《人力資源管理的36個關鍵指標》。梅霖文化，目錄頁。

Chapter
6
多元績效回饋制

只有在建立目標之後，我們才會知道自己做的是不是蠢事。

——前德州儀器總裁休斯（Charles Hughes）

　　傳統的績效考核，都是由員工的直屬主管來做評核，是一種「單向評估」、「定點評估」的結果，相對的也產生績效考核偏誤的現象，使部屬不能心悅誠服地接受指導，更遑論進一步的改善。

　　根據學者的調查，美國前一千大的企業中有將近90%之組織已採取某種型態的多元績效回饋制（Multi-source Feedback Systems），例如奇異電器（General Electric）、杜邦（DuPont）、陶氏化學（Dow Chemical）、克萊斯勒汽車（Chrysler）、美國運通（American Express）、納比斯科食品（Nabisco）等著名企業。此制度強調績效管理的公平性與客觀性，以作為提升管理職能之重要工具，而其中最矚目者是多元績效回饋制（**圖6-1**）。

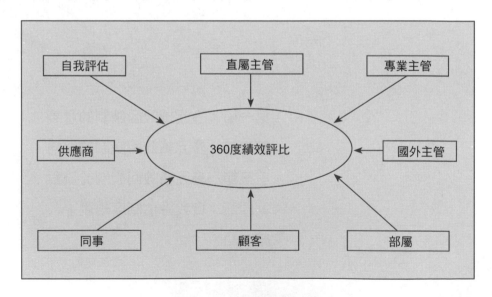

圖6-1　多元績效回饋圖

資料來源：丁志達（2012）。〈績效管理與績效面談〉講義。重慶共好企管顧問
　　　　　公司編印。

第一節　多元績效回饋制的意義

　　多元績效回饋制，又稱全方位（360度）績效回饋制，即綜合主管（管理者）、部屬、同儕、顧客、供應商與員工本人等多元的回饋結果後，再對員工的工作成績結果做出最終的評價，這種回饋方式在提供部屬未來職涯發展規劃時最為有用。

　　一般而言，參與評估人員則必須對受評估人員的工作表現有相當程度的觀察機會，以及充分的瞭解，此外，他們的意見與感受也必須是受評者或組織所重視。例如客戶服務部門有甲君、乙君兩位，其績效評估者是甲君、乙君的直屬主管。甲君、乙君的工作需求面是需要面對十到二十位顧客，甲君在主管面前常常力求表現，也深得主管喜愛，但顧客關係是普通而已，偶爾其直屬主管可從其他顧客或同仁中聽到甲君傳言，但總是被甲君的一些理由所帶過；相較之下，乙君較為木訥寡言，但他比較深入客層，也因此許多快要失去客源的訂單也都被他留了下來，然而，乙君這些工作表現不容易從直接的數字顯現出來，此時全方位績效回饋制可能發揮其功能，除了直屬主管做績效考核外，也讓顧客、同事、其他相關部門做評估，讓主管與員工共同真實的面對多元的績效回饋，進而知道工作上需要補強的地方（張錦富，1999）。

範例 6-1

多元績效回饋制引領人才成長

　　自2007年起開始，中國生產力中心結合五項「核心職能」（創新、專業、盡責、精實、學習）與六項「管理職能」（願景與策略、溝通技巧、分析能力、領導能力、團隊發展、績效管理），建構出「管理職能評鑑」、「核心價值評核」和「工作績效評核」的多面向

動態式績效發展與管理模式。

　　以「管理職能評鑑」為例,針對所有擔任管理職的主管進行360度評鑑,目的在於評估擔任主管職務者,是否具備有效達成管理目標所需的人格特質、領導管理觀念與技能。透過多維評鑑與分析,以瞭解其現有管理職能的優缺點,輔以訓練,改善缺點,促使領導行為配合組織成長正向改變。舉例來說,在主管行為獲得上司、同儕、部屬較低評鑑分數的構面,針對此較弱的管理職能優先辦理主管訓練,將組織資源用在刀口上。

　　「核心價值評核」是針對全體同仁進行評核,其目的在於評估同仁是否擁有符合組織價值觀及達成使命、願景必須具備的能力(行為準則)。評核者包括直屬上司、自己、同儕及內部顧客,除評核者選定機制外,另擬訂隨機抽樣原則,雙軌並行,以提高評核結果的信度與效度。

　　「工作績效評核」亦是針對全體同仁進行評核,其目的在於評核每位人員當年度應達成的工作(產出)目標。為兼顧任務達成及能力發展,採取動態式指標設定的方式,由主管及部屬針對年度目標與策略,選擇適當的績效指標及分配權重,透過雙方溝通及確認,經主管核定後作為年度績效評量的依據。透過指標選用及權重規劃,使部屬能夠更清楚地掌握達成目標的要求與重點;另一方面,主管可根據每位部屬的個性、專長、能力等差異性,讓每個人理解自己應有的表現,可避免淪入齊頭式平等的管理盲點。

資料來源:張寶誠(2010)。

一、多元績效回饋制的演變史

　　多元績效回饋制模式起源於1940年代的評鑑中心（Assessment Center, AC），此乃英國陸軍智囊團運用多元的評估，從事不同的評量工具來評估受評者，其方法是用遊戲、考試、誘導等來評量參與者的能力，而測量的工具則包括面試、筆試或實作等來測量參與者的工作能力，其為多元回饋模式最早的雛型。

　　1950年代出現領導能力評鑑與選擇（Leadership Assessment & Selection）的活動，乃同樣採取多元評估者的評估方法，只不過另外加入領導效能面向的評估，對於主管領導能力的評鑑卓有貢獻（**表6-1**）。

表6-1　360度領導力評估

特性	表現準則	經理	同僚	部屬	其他
願景	• 為組織發展並傳達出了明確、簡單且以客為尊的願景／方向 • 前瞻性思考、伸展視覺、挑戰想像力 • 啟發並激勵他人為願景努力、籠絡人心，並以身作則 • 在適當的時機，隨時更新願景以因應那些對企業造成影響的持續性快速改變				
顧客／高品質重點	• 傾聽顧客意見，並將顧客（包括內部顧客）的滿意度，視為最高優先 • 在工作的每一個面向上啟發並展現出追求完美的熱情 • 在你提供的所有產品／服務上，致力達成最高品質的承諾 • 在整個組織內創造出以客為尊的服務心態				
操守	• 在所有的行為上都保持著對誠實的明確承諾 • 遵守承諾，並對自己的錯誤負責 • 完全服膺公司的政策與GE&PS的道德規範 • 言行一致，並絕對值得他人信任				

（續）表6-1　360度領導力評估

特性	表現準則	經理	同僚	部屬	其他
可靠／承諾	• 設定事業目標並積極達成承諾 • 展現出堅持信念、理想與支持工作夥伴的勇氣／自信 • 公正、富同情心，但同時仍勇於做出困難的決策 • 為了保護環境，展現出絕不妥協的責任感				
溝通／影響	• 以開放、坦白、明確、完整以及持續的態度溝通──願意接受別人的批評與指教 • 有效地傾聽，並挖掘出新點子 • 以事實與合理的辯證來影響、說服他人 • 拆除藩籬，並在不同的基礎、功能與層級間發展出具影響力的關係				
共享所有／無界限	• 有自信願意超越傳統藩籬和他人分享資訊，並對新觀念保持開放的態度 • 鼓勵並提倡共享的團隊願景與目標 • 信任他人；鼓勵冒險與無界限行為 • 擁護「合力促進」計畫，讓每個人都能發聲，並願意接受來自各方的想法				
團隊建立者／授權	• 選擇有才能的人，並提供訓練與回饋以開發出團隊成員的最大潛能 • 將整個任務授權給領導者，並授權給團隊以發揮出最大的效能，且領導者本身就是團隊型球員 • 表揚並獎勵團隊的成就；創造出積極／有趣的工作環境 • 充分運用團隊（文化、種族、性別上）的多元 以達成事業目標				
知識／專業／智慧	• 擁有並願意與他人分享功能性／技術性的知識與專業，且持續地保有學習的熱情 • 展現出廣泛的商業知識與看法，並有跨功能／多文化的認知 • 充分運用智慧，以有限的資料做出正確決策 • 能快速地從不相關的資料中歸納出共通點；能在關鍵的問題和第一次行動中抓到重點				

（續）表6-1　360度領導力評估

特性	表現準則	經理	同僚	部屬	其他
創新／速度	• 創造出實際、積極的改變，將改變視為契機 • 能夠預見問題，並設計出更新、更好的行事方法 • 痛恨／避免／鏟除「官僚作風」，並致力於簡潔、簡單與明確 • 瞭解，並以速度為競爭優勢				
全球化視野	•展現全球性的認知／感受，並樂於建立多元化／全球化的團隊 • 重視，並促使全球化達極限，並讓工作團隊多元化 • 每個決策都考量到全球性的影響，鼓勵追求全球性的知識 • 尊重、信任與尊敬所有人				
評分標準：有極大進步空間 ｜ ｜ ｜ ｜ 表現優異 　　　　　　　　　　　1 2 3 4 5					

資料來源：Robert Slater著，袁世珮譯（2000）。《複製奇異：傑克‧威爾許打造
　　　　　企業強權實戰全紀錄》（*The GE Way Fieldbook*）。麥格羅‧希爾國際
　　　　　出版公司，頁50-51。

　　1960年代，出現了員工工作滿意的評量（Job Evaluation），利用聘
請內部選擇的焦點團體及委員會，以進行評估是否具有工作的滿足感。

　　1980年代起，企業界出現了「才能評鑑」與「績效評量」兩種評估
方式，主要運用到績效評估的發展性目的（**表6-2**）。

　　誠如著名學者Jamieson與Julie O'Mara所著的《管理2000年的工作
力》（*Managing Workforce 2000: Gaining the Diversity Advantage*）書中提
及的論點：

　　　　今天的工作隊伍，無論從外表、思想或行為都已經不似從
　　　前了，而且擁有不同的價值觀、不同的工作經驗及追求不同的
　　　需求與慾望，工作隊伍已從年齡、性別、文化、教育價值、身
　　　心障礙等層面急速的變遷。

表6-2　經營管理發展考核表

單位名稱：＿＿＿＿＿＿＿＿＿＿＿　單位代號：＿＿＿＿＿＿＿＿＿＿＿

考核時間：＿＿＿＿年＿＿＿＿月＿＿＿＿日起至＿＿＿＿年＿＿＿＿月＿＿＿＿日止

受考評人姓名：＿＿＿＿＿＿＿＿＿　姓名代號：＿＿＿＿＿＿＿＿＿＿＿

一、考評項目：

　　註：1.考評項目被評為「特優」或「欠佳」者，須說明具體理由。

　　　　2.計評方式：採基點制；「欠佳」者1點，「尚可」者2點，「良好」者3點，「甚佳」者4點，「特優」者5點。總基點未達39點以上者，暫不派受培訓，得點未達45點以上者，不得列為基、中階層主管遴派之人選。

　　　　3.考核由直接主管初評，間接主管複評，單位主管作總評。遇初、複、總評不同時，請以不同顏色筆更改，並蓋更正者之職章，最後以單位主管總評為準。

	1 欠佳	2 尚可	3 良好	4 甚佳	5 特優
1.工作績效——工作量：（達成規定工作、職務、責任與目標的勤勉程度） ※本項表現特優或欠佳之理由說明：	☐	☐	☐	☐	☐
2.工作績效——工作質：（正確、完整、有效率完成份內工作） ※本項表現特優或欠佳之理由說明：	☐	☐	☐	☐	☐
3.人群關係：（與主管、部屬、同僚及大眾相處共事的表現） ※本項表現特優或欠佳之理由說明：	☐	☐	☐	☐	☐
4.工作知識：（對其工作及有關事務各方面的瞭解） ※本項表現特優或欠佳之理由說明：	☐	☐	☐	☐	☐
5.計畫與組織能力：（計畫將來、安排程序及布置工作之能力。對於人事、物料及設備的經濟有效使用） ※本項表現特優或欠佳之理由說明：	☐	☐	☐	☐	☐
6.分析能力：（考量問題、收集及衡量事實，達成成熟結論及有效地予以陳述之能力） ※本項表現特優或欠佳之理由說明：	☐	☐	☐	☐	☐

（續）表6-2　經營管理發展考核表

項目					
7.決斷能力：（作決定的意願，及其所做決定成熟的程度） ※本項表現特優或欠佳之理由說明：	☐	☐	☐	☐	☐
8.適應能力：（對上級指示、新情況、新方法，及新程序之瞭解、解釋及調節適應的快慢） ※本項表現特優或欠佳之理由說明：	☐	☐	☐	☐	☐
9.創造能力：（創造或發展新觀念及主動推展新工作的能力） ※本項表現特優或欠佳之理由說明：	☐	☐	☐	☐	☐
10.表達能力：（用口述及文字表達思想與意見的能力） ※本項表現特優或欠佳之理由說明：	☐	☐	☐	☐	☐
11.識才能力：（對於他人之天賦、才華、能力的辨識發展與運用的能力） ※本項表現特優或欠佳之理由說明：	☐	☐	☐	☐	☐
12.領導能力：（建立目標、激發士氣、溝通意見使部屬產生完成目標意願的能力） ※本項表現特優或欠佳之理由說明：	☐	☐	☐	☐	☐
13.品德表現：（包括服務、負責、操守、忠貞等綜合表現） ※本項表現特優或欠佳之理由說明：	☐	☐	☐	☐	☐

二、性格特徵：（根據上述十三項能力及表現，綜合判斷受考評人之性格特質，本項依受考評人實際情況，得予複選）
　　☐1.B型：適合擔任單位主管之類型。
　　☐2.D型：適合擔任現場指揮性主管之類型。
　　☐3.S型：適合擔任內部幕僚性主管之類型。
　　☐4.PL型：適合擔任計畫性工作之類型。
　　☐5.PR型：適合擔任專業性研究工作之類型。

（續）表6-2　經營管理發展考核表

```
┌─────────────────────────────────────────────────────────────────┐
│ 三、培訓建議：（請以阿拉伯數字由小至大，列出優先派訓班別之順序）          │
│     □班別名稱_____        班別代號_____        │
│     □班別名稱_____        班別代號_____        │
│     □班別名稱_____        班別代號_____        │
│     □班別名稱_____        班別代號_____        │
│     □班別名稱_____        班別代號_____        │
│     □班別名稱_____        班別代號_____        │
│                                                                   │
│ 四、派職建議：（本項得複選；如複選，請以阿拉伯數字由小至大，列出優先順     │
│     序）                                                           │
│     □仍留原職位                                                    │
│     □可調遷：輪調：□原部門輪調　□部門間輪調　□單位間輪調            │
│              派升：□專業性（或計畫性）職位　□主管職位               │
│                                                                   │
│ 考評人（簽名或蓋章）：                                              │
│                                                                   │
│ 單位主管：        間接主管：              直接主管：                │
└─────────────────────────────────────────────────────────────────┘
```

資料來源：台灣電力公司。

　　因為工作團隊的變遷，績效評估的方式也就不能只是單純的站在主管或組織的立場來獎懲員工，反而必須以員工本身的發展為目的，並且以多元的方式來評估員工的績效，才能真正的評估員工的績效表現，避免不公的評估事情發生，因此，多元的評估模式，就因應時代的需要而產生（孫本初，2000）。

二、多元績效回饋制的功能

　　多元績效回饋即在於透過回饋機制幫助當事人有所知覺、成長與發展，可達到下列幾項功能性的目標（Virginia Obrien著，蔡璧如譯，1998：61）：

1.揭露能力，顯示策略性計畫和實施計畫績效之間的關係。

2.加強對客戶服務的注意。

3.強化全面品質管理和持續改善計畫。

4.支持促進團隊精神。

5.創造高度參與的工作團隊。

6.減少階級制度，鼓勵精簡。

7.揭露邁向成功的障礙。

8.協助規劃、評估、發展與訓練的方法。

9.避免歧視和偏見，減少法律訴訟的潛在可能。

10.找出員工的優缺點。

小常識

使用多元績效回饋制的目的

1.使主管能透過回饋制加強對自己優缺點的察覺，並藉以擬定生涯發展方向與發展計畫，以加強自我省思與自我察覺，期待能取得績效的極大化。

2.由多方的評核來源，反映工作績效的實際成果，使員工能有更多參與評核的機會。

3.績效管理系統化，配合組織發展的職能模式，可作為接班人遴選的工具。

4.由多方評核來源協助組織進行變革，不僅看管理者對組織的貢獻，更可以辨識行為與組織的政策、核心價值和客戶期望是否一致。

資料來源：彭懷真（2012）。《多元人力資源管理》。巨流圖書，頁165。

 第二節　多元績效回饋制的面向

　　多元績效回饋的過程，乃是因為其結合了組織成員在職場生涯中相關的集體智慧，包括有內部系統（上司、同儕、部屬、員工本人）和外部系統（顧客、供應商）等的智慧結晶，期使組織之成員能透過這些集體的智識，提供員工具有競爭力的技能，並且能讓員工瞭解個人的優缺點和如何有效的發展自我，這也是與傳統績效評估模式最大的不同點（**表6-3**）。

表6-3　360度回饋評估方式與傳統評估方式的比較

比較項目	360度回饋評估方式	傳統評估方式
資料的來源	全方位	由上而下
資料的正確性	能夠清楚將員工不同水準的工作表現做明確的區分與辨識	不同員工之間的評鑑結果區辨小
資料的有效性	各效標之間的區辨大 效度較高	各效標之間的區辨小 會受各種偏誤的影響而降低效度
資料的完整性	可以兼顧全方位的觀察角度與觀察機會，所得到的結果完整性較高	僅限於直屬主管一人之判斷，觀察機會與角度有限
考評焦點	未來取向，重視工作過程，著重於行為、技術與能力；可評鑑員工私下的工作表現	為過去取向，重視工作結果，著重於結果或期望，可評鑑員工公開的工作表現
對無表現者的評鑑	可實際反應受評者的真實表現	缺乏對表現不佳部屬的其他評鑑工具，為避免不必要之麻煩，有時會給予超出其表現所應有的評鑑結果
評鑑的公正性	員工有完整被認知的機會，不會因故被忽略或產生誤會；由受評者提供評鑑者名單，結果來自所有評鑑的總和，不會因少數一兩位有意操控而左右全局，影響公平性	評鑑結果會受到政治因素、個人偏好以及友誼介入的影響

（續）表6-3　360度回饋評估方式與傳統評估方式的比較

比較項目	360度回饋評估方式	傳統評估方式
評鑑系統的設定	由員工參與，與管理者及專家共同完成	只由管理者或專家單獨完成
評鑑結果的用途	兼顧行政與發展性	只能單做行政性用途
樣本的大小	4～9人	50人以上
法律問題	因有來自於多元的評估資料，兼顧公平、正確性與有效性，較無法律問題上的爭議	容易因評鑑的不公平或主管的個人偏誤而有法律上的爭議
與員工的關係	支持、鼓勵，合作關係	監督、鬥爭，易陷入監督者與被監督者對立的關係之中
受評者的感受	包括受評者的自我評鑑，接受度高，希望多瞭解，接受來自多方面的回饋。回饋參與的過程對整個系統以及其結果，產生承諾感，進一步提高對採用該評鑑之組織與工作者本身的滿足感	讓部屬覺得只是例行公事，為了行政上的調薪與升遷而做的評鑑，且易出現因對主管個人有意見而不接受評鑑的結果
使用者感受	有人分擔評鑑結果的正確性或部屬反彈的責任	有時因工作專業化，對部分部屬的工作，主管的相關知識不足，心有餘而力不足
評分者的訓練程度	要求對評分者完整的訓練	無特別要求
對使用者的幫助	可以藉回饋資料的整理，讓評分者瞭解各個不同面向評鑑結果的差異，提升評分者的評鑑能力。再評者也可以藉以瞭解自評與他評的差異，促成員工行為改變的動機	只限於行政方面的功能，例如升遷、敘薪與獎勵，無法提供員工發展上的指導

資料來源：劉岡憬（1998）。〈以360度回饋探討主管人員自他一致與領導效能關係之實證研究〉，政治大學心理研究所。

多元績效回饋制的面向，沒有一定的成規，下列摘錄與企業員工最有關係的直屬主管評估（傳統作法）、直屬部屬評估主管、同儕互評、自我評估及顧客評估方法加以闡述。

一、直屬主管評估

傳統上，直屬主管必須負責部屬的績效，而且主管較能真實、客觀、公平地觀察與評估部屬的績效。主管評估部屬主要觀點是，主管要負起員工獎懲、訓練、激勵和紀律的作業，以維持部門內有效的管理。它適合觀察受評者被交辦工作的執行情形，以及其對於公司以及部門目標的達成狀況。

由於個人的偏見、個人之間的衝突和友情關係，將可能損害評價的結果的客觀公正性，為了克服這一缺陷，許多實行直接上司評價的企業，多要求直接上司的上司檢查和補充評價者的考核結果，這樣對保證評價結果的準確性有很大作用。

二、直屬部屬評估主管

直屬部屬評估上司，在於幫助主管改善本身及幫助組織評估主管人員的管理領導能力，有助於主管人員的個人發展，因為部屬是最直接瞭解主管的實際工作情況、信息交流能力、領導風格、平息個人矛盾的能力和計畫、組織能力。在克萊斯勒汽車公司（Chrysler，2014年1月合稱「飛雅特克萊斯勒汽車公司」），管理人員的工作績效是由其下屬匿名來評估，評估的內容，包括工作團隊的組織、溝通、產品質量、領導風格、計畫和員工的發展情形，被評價的上司在彙總這些匿名的報告以後，再與部屬來討論如何進行改進。因而直屬部屬評估主管，其理論上的基礎有：

1.部屬評估主管，會協助主管本身的成長，幫助主管更瞭解自己，使

　　主管能努力來改善與部屬間的人際關係與領導技巧，建立更和諧的
組織文化。

2.部屬評估主管，會使得工作場所溝通更能民主化，且主管對部屬的
需求也會更加敏感，進而促使主管改善協調與計畫的進度。

3.部屬評估主管，適合觀察主管的授權程度、溝通技巧、領導風格及
規劃組織能力。

至於部屬評估主管也有下列的一些限制面要注意：

1.部屬評估主管，僅能從兩者間的互動來取得，這通常會集中在與主
管的人際面，無法評估主管所表現的組織績效面。

2.為使部屬心情愉快，主管所做的決定必須會取悅員工，而使主管做
決策時較會優柔寡斷，瞻前顧後，無法提出最佳方案。

3.部屬對主管的評估會破壞主管所授與的職場法定權威，從而降低組
織的績效。

　　一般而言，實施部屬評核主管，以不具名方式評量，才能獲得正確
客觀的資訊。

三、同儕互評

　　美國雀巢公司的寵物食品工廠，員工的績效評價完全由同儕評量來
決定，該公司使用工作團隊方式已經有三十多年的歷史，所有的晉升和薪
酬都是由工作團隊來決定。

　　同儕間的評估是根據員工平日相處，因相互間瞭解工作狀況而互
評。當評估是從數名同事處取得的資訊時，這些評估結果的信度與效度都
非常高。

　　1984年學者偉克斯利（K. N. Wexley）與克里姆斯基（R. Klimoski）
的一項研究報告指出，同儕評價可能是對員工業績的最精確的評價，同時

同儕評價對於員工發展計畫的制訂非常適合，但對人力資源管理的決策似乎不適合。

由於同儕互評適合觀察受評者是否在工作中與同事合作無間，因此同儕互評的前提有：

1.在部屬中要有高度的人際信任。

2.在組織中是推行沒有同事競爭的報償制度。

3.同事間有機會觀察其他同事的作業情況。

一般來說，有專業或技術的員工，以同儕評估的正確性很高，同儕評估會促進同事間的互動和協調。

四、自我評估

要使績效考核制度更具合理性、接受性，並且減少部屬對績效考核不平、不滿的方法，就是採用自我評估法（Self-appraisal），一則基於員工是最瞭解自身工作情形的人；一則也是給員工一個在自己績效評估過程中表達意見的機會。

自我評估，顧名思義，員工為自己的行為（成績、能力、態度等）自我評量，然後主管再據此評定。自我評量的項目有目標達成率、專業知識程度、專業知識的進修、行銷技巧等。

一般而言，對自己給分是比較寬鬆，會高於直屬主管或同事的評價，但其優點是員工比主管或同事更能區別本身的優、劣點，較不會產生月暈效應。自我評估的方式似乎較適合用於員工發展方面，而不適用於人事決策。

五、顧客評估

由顧客來觀察員工績效行為的概況，可觀察受評者無法從公司內部

評核者得到的不同訊息。客戶評價目的與組織的目標可能不完全一致,但客戶評價結果也有助於員工的晉升、獎金發放、工作輪調和培訓等人事決策提供有用的依據。顧客評估的重點有:

(一)貢獻評估

透過顧客評估可改進未來行為。貢獻評估必須集中在被評估者對公司的貢獻,也是員工目標和責任的衡量。

(二)個人發展評估

旨在改進未來的績效作業,並透過自我學習和成長的輔導或諮商(李長貴,1997:256)。

要設計一套能提升服務品質的員工獎勵制度,需具備以下的條件及步驟:

1.瞭解顧客真正的需求。

2.在所有的服務項目中,針對顧客認為重要的項目設定標準。

3.在有標準可為依據的狀況下,實施員工績效考核。

4.根據考核的結果,設計一套即時回饋的獎勵制度(**表6-4**)。

例如雷尼克公司(Renex Corp.)是一家從事電腦周邊設備的製造商,該公司請每位顧客對為他服務過的業務代表評分,然後將分數平均作為發放每一季獎金的依據,最高可達薪資的25%,使得該公司業務代表的薪資平均比同業高出10%左右(劉厚鈺譯,1990)。

實施多元績效回饋制對象不同,則評核的觀察層面亦有不同。針對主管,適合作為觀察授權程度、溝通技巧、領導風格與規劃能力;針對員工,可以觀察在工作中與同事的合作狀況,最適合評量有專業與技術的員工,能夠促進彼此間的協調與互動;針對客戶與供應商所提出的評核,則可以獲得由組織無法獲得的資訊,以供組織未來改善(彭懷真,2012:165-166)。

表6-4　客戶評價表

| 姓名：　　　　　　　　　　　　　　　日期：　年　月　日（上、下午）
地址：　　　　　　　　　　　　　　　電話： |

你的事業成功和滿意對我們非常重要，為了確保安裝和服務質量，我們非常感謝你填寫這張評價表，並將它寄回我們的商店。下列每一個陳述是用來描述合格安裝的事項，你填寫這張表格可以得到我們免費清潔兩個房間地毯的服務，該項服務在本次安裝一年之內有效。

如果安裝工人符合陳述，請你選「是」；如果安裝工人不符合陳述，請選「否」。

1. □是 □否　安裝者有與顧客商量接縫的位置，並將它們安排在最理想的位置。

2. □是 □否　所有的接縫都安排在行走少的地方，而不是門廳裡。

3. □是 □否　看不見接縫。

4. □是 □否　接縫很牢固。

5. □是 □否　安裝時沒有損壞物品。

6. □是 □否　安裝者將地毯拉得足夠緊，沒有出現褶皺和波紋。

7. □是 □否　安裝者將地毯的邊緣剪修得與牆壁很整齊、貼切。

8. □是 □否　安裝者清理了整個區域，沒有留下碎片。

9. □是 □否　安裝者與顧客一起檢查並確保顧客滿意。

其他評論（如果需要請用本表的背面填寫）

※分數（是＝3分；否＝0分）

資料來源：Randall S. Schuler & Vandra L. Huber, *Personal and Human Resourse Management*, West,1993. p.295；張一弛編著（1999），《人力資源管理教程》，北京大學出版社，頁194。

第三節　多元績效回饋制的流程

　　多元績效回饋制是能夠運用在多種目的的工具，不過要根據重點所在的位置，去變更其展開的方式與運用。

一、多元績效回饋制的主要步驟

　　多元績效回饋制的流程會影響評量結果的成敗，其主要九個步驟為：(1)界定目標（Define Objective）；(2)發展職能標準及主要行為（Develop Competency and Dimensions）；(3)根據職能標準發展問卷（Develop Questionnaire）；(4)選定被評估人及評估人（Select Targets and Raters）；(5)宣導與教育（Communication and Training）；(6)測試（Pilot Test）；(7)執行評量（Conduct Evaluation）；(8)計分及報告發展（Score and Create Report）；(9)提供回饋並發展行動計畫（Provide Feedback and Develop Action Plan）。茲說明如下（梁金桂，〈如何做好360度評量回饋〉講義）：

(一)界定目標

　　每個評量首先要先知道評量的目的為何？例如是為了瞭解整個公司訓練體系發展需求，還是中高階主管的領導力表現等。因不同的目的，設計不同的問卷，所評量的內容及對象才會不一樣。

(二)發展職能標準及主要行為

　　根據評量的目的來決定出評量的職能標準及主要行為為何，假若評量的目的是為了瞭解領導人員的訓練需求，就必須先訂定出公司要求一位優秀的領導人所必須具備的職能為何？有可能是分析能力、溝通、發展部屬才能，或是個人影響力、創新。每家公司所要求的領導能力不同，因此

此一步驟是根據公司個別狀況量身定做。確定職能後,再根據每項職能訂出主要行為,例如就分析能力此項職能來說,其主要行為可能是能辨識事件的因果關係、蒐集不同的資料來解決問題,歸納不同的資料做出邏輯的結論等。

(三)根據職能標準發展問卷

問卷的題目可從職能的主要行為來挑選,由於其正是公司期望被評估者所應展現的行為,用此作為評量的標準深具意義。題目的多寡則需考量職能的數目及回答問卷所需的時間,如果需評量10個職能,每個職能用4個題目來決定,問卷的題目就有40題回答,這樣一份問卷的時間可能需要二十分鐘,而有些評估人可能必須回答許多份問卷,如此一來所需花費的時間就很可觀。

(四)選定被評估人及評估人

選擇評估人的考量是必須與被評估人有充分的互動,有機會觀察其行為。有些公司是由主管來決定評估者,有些公司則是由被評估人挑選,然後由主管同意。

(五)宣導與教育

宣導與教育是整個流程的核心步驟,溝通及教育深深影響評分的心態及正確性。溝通的主要原則是必須清楚告知評量的目的,及對公司及個人的利益,讓參與者知道此一新的評量法對他們的好處是什麼,再則是讓其瞭解運作的細節及作答的標準,讓他們對評量的公平、公正、保密深具信心。

(六)測試

測試的重點在防範問題是否語意不清,問題中所描述的行為是否無

法觀察等。根據測試人員的反應來做最後調整。

(七)執行評量

問卷的形式有很多種，例如紙張問卷、網路直接作答等方式，可考量公司的設備、預算及人力來完成。此時，必須給評估人充分的時間來完成所有的問卷，並將問卷傳送及回收的時間算進去。

(八)計分及報告發展

問卷都回收後，即可進行資料輸入及分析，此時的保密性非常重要。

(九)提供回饋並發展行動計畫

回饋重點是要讓什麼人知道評量的結果，與當事人討論結果時如何處理其情緒，如何達成共識，擬定行動計畫等，這些都需要經過專門訓練，如果最後這個環節沒有處理好，將會「功虧一簣」。

二、多元績效回饋制的盲點

根據美國威斯康辛大學管理學教授大衛‧安東尼奧尼（David Antonioni）對多元績效回饋制的報告中，指出下列的幾項忠告（David Antonioni著，1997：19-20）：

1. 評估者希望他們的意見只是用來作為被評估者改進的回應，而不是希望用來決定被評估者加薪或升遷的依據。
2. 被評估者認為，用講評式的評估，比記分式（以10分為滿分，5分為中點）或分等式（極優、優、中、劣、極劣）更為有用。
3. 經理人希望評估者具名，但評估者希望不具名。
4. 如評估者要具名，下級對上級的評估則常發生故意給高分的事。

5.在經理人收到的回應資料中，25%屬並不意外的肯定；30%屬意料
之外的肯定；20～30%屬可預見的否定；15～20%屬意料外的否定
回應。

6.19%的經理人意外發現，他們的評比比自己想像的要低。

7.只有50%的經理人將下級評估上級的結果與人分享。

8.被評估者如果對此制度不信任，和評估者的溝通一定會出現鴻溝。

9.被評估者對評估者的回應往往當耳邊風。

10.被評估者往往要自己去發掘改進之道。

11.72%的評估者認為，他們的上司不重視評估回應的結果。

12.87%的評估者認為，評估者忽略他們的努力。

 範例 6-2

英代爾（Intel）的全視角績效考核系統作法

作法	說明
匿名考核	確保員工不知道任何一位考核小組成員是如何進行考核的（但主管人員的考核除外）。
加強考核者的責任意識	主管人員必須檢查每一個考核小組成員的考核工作，讓他們明白自己運用考核尺度是否恰當，結果是否可靠，以及其他人員又是如何進行考核的。
防止舞弊行為	有些考核人員出於幫助或傷害某一位員工的私人目的，會做出不恰當的過高或過低的評價；團隊成員可能會串通起來彼此給對方做出較高的評價。主管人員就必須檢查那些明顯不恰當的評價。
採用統計程式	用加權平均或其他定量分析方法，綜合處理所有評價。
識別和量化偏見	查出與年齡、性別、民族等有關的歧視或偏愛。

資料來源：〈全視角績效考核法概述〉，中人網社區網址：http://community.
chinahrd.net/forum.php?mod=viewthread&tid=175660。

小常識

360度考核制

中美矽晶是台灣第一家自製矽晶圓廠。該公司建立的「360度考核制度」，讓每個人的績效表現除了來自主管打的考績外，還有平行同事的考核；而員工也可透過滿意度調查，表達對主管的意見，整個過程正好構成了所謂面面俱到、360度的績效評量。

這套制度不但有助於強化中美矽晶內部合作和溝通，具體成果也反應在研發突破和生產品質的提升。

資料來源：吳升皓（2008）。〈360度考核制，讓團隊合作更緊密〉。《經理人月刊》，第49期（2008/12）。

第四節　自我評估制度規劃

績效評估在實務運作上容易因主管的決策而有誤差。所以，應以員工自我評估與主管的評估兩相比較，以減低員工與主管的認知落差。

一、自我評估的程序

要使績效考核制度更具合理性、接受性，並且減少部屬對績效考核不平、不滿的方法，就是採用「自我評估法」，其作業程序如下（荻原勝著，董定遠譯，1989：40）：

1.決定公司要求的自我評估項目（職種類別）。

2.分發自我評估表給每一員工。

3.員工自行填寫自我評估表。

4.根據自我評估表舉行主管和部屬的面談。

5.決定今後開發個人能力的方向並予以實行。

二、自我評估的優缺點

員工的自我評估的真正用意，是要員工寫下自己的目標、成功的地方以及自己的發現，這個記錄並不是為了接受主管的評估或是批判所設計的表格。相反地，它的目的是協助每一位員工為自己的績效負責。每位員工可將它視為一面鏡子，這是一種跳出自我的方法，利用這個記錄，員工可以瞭解自己是如何規劃他的工作，可以衡量這些計畫的效果，以及可以對自己負責（Marcus Buckingham、Curt Coffman合著，吳四明譯，2000：312-313）。

從考核的角度上來分析，自我評估具有一些明顯的優點：

1.多元的訊息來源，可以避免單一考核方式的不足。
2.幫助主管順利推行評估諮商。
3.能增進評估者與員工之間的溝通，降低被評估者採取比較低防禦的態度。
4.能改進或提高對公司目標的承諾。
5.自我評估對員工本身的成長有很大的幫助；同時，主管也會瞭解員工訓練與管理發展的需求。
6.員工比主管或同事更能區別本身的優、缺點，較不會產生月暈效應。

雖然自我評估有以上的優點，然而，它亦存在一些重大的缺點：

1.員工對自己給分是比較寬鬆的現象。
2.與直屬主管或同事的評定有不一致的現象。

員工自我評估制度，如能把焦距擺放在鼓勵員工密切注意自己的績效及學習，把重點放在於自我發現工作上的長短處，則上述負面的顧慮就能克服一大半。

範例 6-3

員工工作表現自我考量與評估表

員工編號		姓名		評估期間	

說明：本表係員工本人與主管雙向在工作上溝通的工具，作為績效管理討論的依據

一、請說明你本期的主要職責與工作內容
 1.員工教育訓練：(1)新生訓練；(2)OJT&OFFJT；(3)協助ISO 9002認證。
 2.資料中心：(1)協助ISO 9002文件管制作業；(2)剪報；(3)報章雜誌；(4)表單；(5)工作簿
  發放管理。
 3.資產：(1)公司辦公家具之清點；(2)固定資產管理辦法；(3)各部門固定資產之清點。
 4.staff meeting會議記錄
 5.員工國外出差行政事務
 6.人員招募、面試安排、新人報到手續、員工人事檔案建檔、人事異動、績效考核、福
  利、離職資料跟催
 7.經辦團保業務事宜
 8.承辦福委會業務
 9.文書／合同、印鑑管理業務
 10.協助總經理處理一般行政事務
 11.代理總機／總務工作

二、請評估本期你所具體完成工作任務之成就（儘量以數量化來表示）（以5分為完成計算）
 1.協助完成公司ISO 9002認證：   5
  (1)教育訓練；(2)文件管制作業
 2.資產：
  (1)公司辦公傢俱清點完成   5
  (2)固定資產管理辦法   4
  (3)各部門固定資產清點   3
 3.staff meeting會議記錄   5
 4.員工國外出差行政事務   4
 5.資料中心剪報、報章雜誌、表單、工作簿清查 5
 6.人員招募、面試安排、報到、建檔、異動、考核、團保 4
 7.承辦福委會業務   4
 8.協助總經理處理一般行政事務   4

三、請具體說明你在本期的工作效率與品質
 由第一項之主要職責與工作內容及第二項所具體完成工作任務之成就可知工作效率與品質
 算良好

四、請具體說明你對自己在擔負的職責上應如何加強，以提高績效及生產力
 1.加強與各部門間之溝通協調能力
 2.加強後面第八項所列舉之專業知識能力
 3.管理電腦化、工作更簡化、具制度化及流暢性

五、請列舉你對部門／公司整體績效提升的具體建議與期望
    1.能朝向策略性人力資源管理與規劃面方向學習
    2.加強各部門之間的銜接性與溝通協調
    3.管理電腦化

六、請列舉個人在工作上的長處
    1.能簡化工作流程
    2.講求制度化
    3.重檔案管理與分類
    4.具創新思考能力
    5.重品質概念
    6.具規劃能力

七、請列舉個人在工作上仍需改進之處
    1.與各部門之溝通協調
    2.於下面第八項所列舉之專業知識能力的提升與加強
    3.管理電腦化
    4.工作更簡化、具流暢性、制度化

八、請列舉對你目前及未來工作會有助益之訓練／教育
    1.任用招募   2.勞動法規
    3.勞健保、團保與福利   4.職工福利金條例與福委會運作
    5.策略性人力資源管理與規劃   6.人力資源管理電腦化
      （人力資源管理規章制度設計）
    7.ISO 2000年版實務課程   8.獎金制度規劃與設計
    9.基礎面談技巧   10.薪資暨福利管理
    11.心理學

九、請列舉下期主要工作計畫並經主管同意確認（工作目標儘量以數量化來表示）
    1.執行招募，人事制度（面試安排、報到手續、員工人事檔案建
      檔、人事異動、績效考核、福利、團保、離職資料跟催）   20%
    2.教育訓練（新生訓練、OJT&OFFJT、協助ISO 9001認證）   15%
    3.資料中心（協助ISO 9001文件管制認證、剪報、報章雜誌、   15%
      表單、工作簿發放）
    4.固定資產循環   15%
    5.管理電腦化   10%
    6.staff meeting會議記錄   5%
    7.承辦福委會業務   5%
    8.經辦團保業務事宜   5%
    9.文書／合同、印鑑管理業務   5%
    10.主管指派之其他任務   5%

本人簽名：
※填妥本表後請交予直屬主管以便共同討論   直屬主管簽名：

資料來源：作者自行整理。

三、員工自我評估四個步驟

部屬學習與主管相處的第一步，就是學習如何管理自己。曾子說：「吾日三省吾身：為人謀而不忠乎？與朋友交而不信乎？傳不習乎？」其道理與自我評估是一脈相通的。員工要能清楚評估自己做事態度、自己的技術、自己的情緒特質，這樣才能為個人與工作上的成長設定目標。

能擁有客觀的自我瞭解，將讓員工本人接受自己所喜歡的部分，然後著手改變那些不喜歡的部分，這也讓部屬更容易在與主管績效面談當中分辨出有建設性的意見而加以採納。

(一)步驟一：瞭解自己的生活習性

1. 準時工作，有時候會提早到公司，會自己加點班，在截止期限前，準時交出報告，以及遵守自己在應徵面談時的工作承諾；自己的行為舉止，會為你的同事樹立典範。
2. 按照「企劃」來工作，而不是依「時鐘」來工作。
3. 找尋新的方式、新的方法來工作。
4. 詢問對於新技術的訓練課程。
5. 觀察同職級的同事，他們是如何改進自己的工作方式，見賢思齊。
6. 能分擔他人的工作。
7. 磨練自己的知識與經驗，以為將來的新工作預作準備。

(二)步驟二：瞭解自己的優缺點

1. 去年在工作上的主要成就是什麼？它與訂定的目標有何關聯？
2. 我對去年的表現，哪裡最不滿意？
3. 目前從事的工作，什麼是我最重要的資產？我的主管認同嗎？
4. 評估一下，若我再次爭取現在的工作，並與他人一起公開競爭的話，中選的機率有多大？

5.我最需要加強的個人發展領域有哪些？

6.我在去年學到了哪些能對我未來的工作有幫助的技術？我的主管認為呢？

7.除了我目前負責的工作外，在公司之中哪些職位是我能勝任的？我知道自己必須做到哪些才符合該職位的資格嗎？

(三)步驟三：設定目標以求改進

1.我的職業目標是什麼？

2.我的行為是否阻礙了這些目標的實現？

3.短期目標是幫助我達成長期目標的踏腳石？

(四)步驟四：監督自我進展

1.我的整體目標進行得如何？

2.我的目標是否有價值？

3.我的目標對公司來說有價值嗎？

4.哪些新目標可為我和我的公司帶來利益嗎？

四、撰寫自我評估表

評估自己在工作場所的表現，可以幫助自己瞭解自己的優點，以及需要克服的缺點，並能瞭解自己的能力，加上設立明確的目標，將協助自己專注在與主管的關係上，例如自己能帶給企業的貢獻是什麼？自己又能從工作中獲得什麼樣的經驗累積？

在自我評估表內，花點時間寫下自己在去年的成就，哪些最讓自己感到自豪？自己的成就如何讓公司獲利？盡可能將自己的結果數量化；客觀、誠實的回顧自己的優、缺點，坦白承認哪些做錯的事，以及決定你的未來方向，藉此提醒自己的主管，注意到自己可能具有的特殊成就，而

對評核的結果產生一些正面影響，同時也向自己的主管保證會如何加強能力，這對於主管與個人雙方都比較有建設性的回饋。

範例 6-4

員工自我評估作法

日本辦公室自動化（OA）製造商「松下電送株式會社」，在每年的2月份發「自我評估表」給每位職員，在表內把過去一年中擔任的主要工作，依照時間長短的順序填入，分別把各項工作照「尚有餘力」、「十分勝任」、「達成任務」、「尚須努力」、「能力不足」等五個階段，給自己評估。不只是工作，也要對自己所具備的能力（實務知識、理解力或判斷力、說服力等）、態度、意願（規律性、責任性、協調性、積極性等）作自我評估。

填妥的「自我評估表」，提交直屬主管並進行績效面談後，直屬主管就照表上所填的各項資料和平時的觀察比照，將建言、評語記註表內，經由第二人、第三人的覆核後，就送交人事部門。

資料來源：荻原勝著，董定遠譯（1989）。《新人事管理──二十一世紀的人事管理藍圖》。尖端出版，頁42。

公司推行自我評估之制度，一定要徹底執行，如果員工認真的填寫自我評量表，但主管卻毫無回應的話，員工就會開始懷疑，到底有沒有這種制度存在的必要？於是，員工就不想再那麼認真地填寫自我評量表，他心想，寫跟不寫，不都是一樣嗎？這還不要緊，更嚴重的是，可能會變成對於公司人事政策的不信任。因此，既然希望員工能真實坦白地填寫自我評量表，就應該充分利用此一表格。

 結　語

　　多元績效回饋制的成功之處，在於能夠有效地結合訓練員工生涯發展、組織變革等目標，並且能藉由成員之間共同的學習，達成組織高績效的目標。同時員工也會明瞭，他要討好的不是他的上司，而是顧客、一起工作的同事及其部屬等等。但是，多元績效回饋也像一把雙刃劍，實行成功將使組織脫胎換骨，但是如果作法不當，將跌入組織成員間不信任的惡性循環之中。因而一套完整的評估回饋系統，應該是與企業本身的策略相互的結合，而績效評估的結果亦不只是作為調薪、升遷、工作獎金等人事功能的決定，而必須真正的改變組織文化，而且以策略性的角度進行變革，才能克竟其功。

Chapter
7

平衡計分卡的應用

若您無法衡量企業經營績效，您便無法有效管理企業。

——柯普朗（Robert S. Kaplan）與諾頓（David P. Norton）

績效考核是對員工在一個既定時期內對組織的貢獻做出評價的過程，它涉及到觀察、判斷、回饋、度量、組織介入以及人們的感情因素，是一個複雜的過程，因而完全客觀和精確的績效考核幾乎是不大可能的。

如果說，職能（Competency）是為了達成組織目標所需要具備的能力，那麼，平衡計分卡（BSC）就是用來檢驗組織目標與員工職能的標準。用平衡計分卡做績效管理的好處是，以往的績效管理比較著重在一些容易衡量、短期的目標，像財務績效、生產力；但一些軟性的指標，比方說態度面、顧客滿意度等，是看不到的，平衡計分卡則能同時兼顧兩者。

 第一節　績效管理的沿革

正式的績效考核，早在十六世紀時，聖依納爵・羅耀拉（St. Ignatius de Loyola）成立了耶穌會（Society of Jesus）後不久即已發展出來。聖依納爵使用一種記錄與評核制度的組合，用以對每一位耶穌會會員（Jesuit）的活動狀況與能力提供範圍廣泛的描述。這項制度包括每一位會員的自我評價（Self-rating），由每位身為上司者對部屬的績效做報告，以及任何一位耶穌會會員直接呈送給首席神父（Father-General）的「特別報告」（當一位會員認為他獲得有關其同僚的情報，而首席神父無法經由別的方式獲得這些情報之情形下，即可提出如此的一項報告）。

一、績效考核制度的濫觴

績效考核的制度最早出現在蘇格蘭的一家棉花工廠，其主人歐文（Robert Owen）以品格記事簿（Character Book）記錄員工每日的勤務狀況，同時為警惕員工，每人發一頁品格記錄簿（Character Block），正反面有不同的顏色等級來評估員工的工作產出。

1917年由史考特（Walter Dill Scott）將績效考核的制度導入於美國陸軍。到了1919年才開始應用於民間企業，對計時性的工作，應用績效考核制度以核算工人的工資；1913年在美國公務機關開始實施，但一直到1950年代才大為盛行，被列入企業員工管理發展方案之一部分。

美國哈佛大學教授梅堯（George Elton Mayo）在1930年代發展了人際關係理論，強調員工受關懷程度會影響其工作表現；到了1950年代，最典型的績效評估方法為特質評核（Trait-based），由主管針對部屬與工作有關的工作與人格因素進行評等，目前仍有許多企業採用這個方法。

1954年出現重要事例技術法（Critical Incident Technique），該法係主管有系統地記錄部屬特定的工作行為，再根據這些資料來完成觀察行為的查核結果。

二、導入目標管理

1960年代，彼得‧杜拉克創導的目標管理（MBO）被運用在績效管理上，強調由主管與部屬根據組織設定的目標，共同商訂在特定時間內所需達成的目標。

1970年代初期，由於組織各項因素會相互影響，使得管理制度走向權變理論，亦即找出組織最適合的制度，而非最佳的管理方法，此時評鑑中心（AC）開始受到歡迎，它包括一系列被評核者與工作有關的行為向度。

績效管理
Performance Management

　　到了1970年代中葉，加註行為評等量表（BARS）的方法與工具也開始被使用，主管針對某項工作職務的部屬，將他工作項目中各種好或不好的行為予以記錄評等，作為評核員工的績效的依據。

　　1980年代，由於各種績效評核方法都有其優缺點，所以開始結合各種評估方法，將結果導向與行為導向評估法的優點加以整合，在這個時候，人力資源界已逐漸將績效評估一詞改為績效管理，這種趨勢與當時企業流行的組織扁平化、加強員工參與、充分授權等有密切不可分的關係。

　　1990年代，績效管理已逐漸被設計為改善組織績效、激勵員工的管理制度，大型企業也逐步開始實施全方位績效回饋制度。但根據英國學者Bevan與Thompson實證結果顯示，許多企業仍停留在績效評估的階段，尚未進入績效管理的境界（李誠主編，2000：107-110）。

小常識

權變理論（Contingency Theory）

　　權變理論是二十世紀六〇年代末七〇年代初在經驗主義學派基礎上進一步發展起來的管理理論。它指的是任何策略制度的擬定，在不同環境下，都應有不同的作法，亦即策略與其所處的環境必須要能配合才能產生效果，再好的策略放在不適合的環境下都無法產生績效。

資料來源：丁志達撰文。

第二節　策略地圖

　　推動策略執行的關鍵，就在於讓組織中的所有人，都能理解策略，這包括將無形資產轉化為有形成果的過程。這些過程極為重要，但也相當

難懂，有了策略地圖（Strategy Map），就可以將這困難的部分畫出來，打造同心向前的力量。

為了能將企業願景轉化為行動方案，平衡計分卡從四個構面去尋找企業的關鍵成功因素，利用各項分析工具，如競爭力診斷分析、SWOT分析法、矩陣法、方格法等作策略分析。將四個構面可運用的策略依其關聯性予以連結，形成彼此溝通、縱橫交錯的策略地圖（**圖7-1**）。

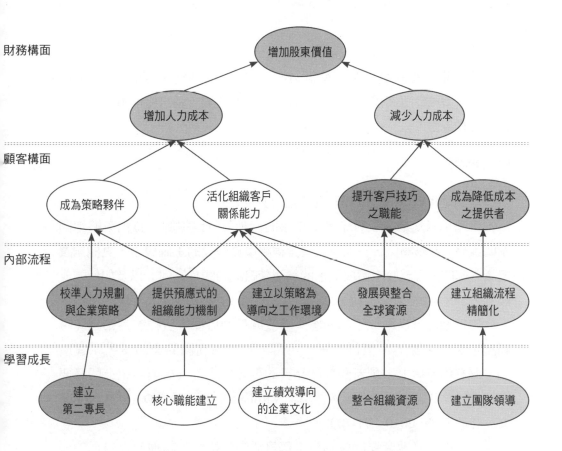

圖7-1　人力資源計分卡之策略地圖範例

資料來源：Dave Ulrich（2001）著。HR Scorecard／引自：于泳泓、陳依蘋（2004）著。《平衡計分卡完全教戰守策》。梅霖文化，頁197。

策略地圖的兩大核心

策略地圖之核心有二，其一為策略（Strategy），其二為地圖（Map）。策略為達成特定目標之行動方針規劃；地圖即是將規劃方針以圖形方式呈現。在柯普朗與諾頓合著的《策略核心組織：以平衡計分卡有效執行企業策略》一書指出，策略地圖是以「策略」和「地圖」為兩大主軸心。

(一)策略

策略是一種假設，和平衡計分卡一樣，也有財務、顧客、內部流程、學習與成長四個構面，暗示組織從現在的位置，朝目標前進的發展過程和行動規劃。

(二)地圖

地圖是將規劃方針以圖形具體化的表現方式。

策略地圖就是達成特定價值主張的行動方針路徑圖，藉由策略地圖闡明策略的邏輯關係，不但可以清楚檢視策略假設的正確與否，更能夠讓組織各部門，乃至於全體成員都能夠清楚組織的願景為何，以及如何達成願景。

策略地圖可描繪以下的內容：營收成長的目標；目標客戶市場（獲利型成長的來源）；價值主張（可帶來更多高利潤的業績量）；在產品、服務與流程上，創新和卓越品質的重要功能；人員與系統上的必要投資（以達到成長目標並延續佳績）（Robert S. Kaplan、David P. Norton 文，許瑞宋譯，2010：71-72）。

成功的策略地圖要能成為員工每日活動的指引，讓他們以自己的公司為榮，發自於內心的接受公司的願景，並且內化為自己的價值觀和目標。它就像天上的北極星，為組織成員指出一條明路，在組織變革的過程

中扮演著整合與聚焦的角色，促進執行團隊、事業單位、支援性功能小組、資訊技術及人力資源的全面整合。

 ## 第三節　平衡計分卡的概念

工業時代的企業競爭模式與假設，已經無法套用在資訊時代，例如：有形資產逐漸被無形資產取代；大量生產與標準化逐漸被彈性大、回應快、創新、客製化所取代；功能別專業化流程逐漸被客戶導向企業內部流程取代；穩定的技術逐漸被持續快速創新、知識經濟、資訊科技所取代；多角化與垂直整合逐漸被核心專長、策略聯盟所取代。在此情況下，企業急迫需要一套嶄新的衡量績效的方法，並進行企業改造，以免在未來的競爭潮流下，成為被淘汰的企業（**表7-1**）。

表7-1　有形資產和無形資產的比較

有形資產	無形資產
有形	無形
可準確量化	難以量化
資產負債的一部分	無法用會計學方法記錄
投資帶來確定數額的回報	基於假設評估回報
易於控制	無法購買或模仿
使用時貶值	因有意義的使用而增值
因使用方式而折舊	可以重複使用而不貶值
機械式管理	柔性化管理
透過控制產生最優效果	透過整合產生最佳效應
能夠積累和儲存	不使用時，保存期短且動態變化

資料來源：Hubert Saint-Onge, Conference Presentation, Boston, MA, October 17, 1996. Reprinted with Permission／引自：Brian E. Becker、Mark A. Huselid、Dave Ulrich合著，鄭曉明譯（2003），頁7-8。

一、傳統績效管理的盲點

傳統的績效管理，對過去數十年間，幫助了企業在管理員工上，的確得到了很多效益，因為它強調了下列四個原則（吳安妮，〈以平衡計分卡推動策略與績效管理〉）：

1. 評估什麼，就得到什麼結果。
2. 告知員工，公司重視什麼。
3. 讓員工知道公司鼓勵何種行為。
4. 不再僅強調員工做哪些事，更強調要做到何種程度。

小常識

作業基礎成本法（Activity-based Costing）

傳統會計制度，是將個別作業的成本計算後加總即為生產成本，而作業基礎成本法，則是考量到整個製程的成本，從原料、零組件、耗材、工具到生產、能源到最終產品產出、運輸到送到客戶手中，甚至到安裝、售後服務，這一系列的過程才是產品的完整成本。

作業基礎成本法的作法，將以往獨立的價值分析、製程分析、品質管理及成本分析等作業，整合成一個完整的分析。使用作業基礎成本法，乍看之下，這是會計制度與績效並無關聯，可是當作業基礎成本法運作之後，可以讓主管做決策時，以公司的運作，皆能考量到產品整體成本時，自然能顯現出經營績效，也就是說，作業基礎成本法需要全公司的共識與投入，以作業基礎成本法的數字作為績效評估的標準，讓所有人瞭解當他們的觀念、作業改變，就會替產品節省許多成本時，自然公司的績效就會提升。

資料來源：陳慶安（2000）。〈撰績效評估發展趨勢〉。《人力發展月刊》，
　　　　　第82期（2000/11）。

但是，傳統的績效管理，雖然立意甚佳，似乎仍有些盲點無法突破，例如：

1. 傳統的績效考核制度，似乎與公司的競爭優勢無關。
2. 傳統的績效考核制度，似乎無法滿足客戶需求（營收來自客戶）。
3. 傳統的績效考核制度，似乎並未鼓勵員工學習與創新。
4. 傳統的績效考核制度，似乎都重短期績效，忽略企業長期需要。
5. 傳統的績效考核，似乎只報告上期的事，無法告知經理人下期要如何改善。

二、平衡計分卡的萌芽

上世紀八〇年代起，由於很多企業認識到僅僅使用財務數字進行管理有其侷限性，故當時企業經營是將品質管理作為宣傳口號和組織原則，各企業競相追逐國家品質獎，如美國的馬爾科姆・鮑德里奇國家品質獎（Malcolm Baldrige）、日本的戴明獎（Deming Prize）、歐洲的EFOM獎，以及我國的「國家品質獎」等；同時，各國企業也紛紛仿效摩托羅拉（Motorola）、奇異（GE）公司而採取六標準差（6 Sigma）計畫。但是僅靠品質和僅靠財務指標一樣，都不能夠衡量企業的績效，一些獲得國家品質獎的公司很快地發現他們在財務上陷入了困難而思圖改進。

為了避免績效管理制度設計上的一些失誤，美國哈佛大學商學院教授羅伯・柯普朗（Robert S. Kaplan）與再生全球策略集團（Renaissance Worldwide Strategy Group）的創始人大衛・諾頓（David P. Norton）在1992年針對美國十二家公司做研究，探討組織未來的績效評估制度，發展出平衡計分卡（BSC）的概念，將衡量企業由上世紀八〇年代重視「量化」的指標，逐漸發展為重視「質化」的衡量指標，希望藉由此績效管理制度，使公司的目標、策略、績效評估結合為一體，將企業之「策略」化為具體的行動，以創造企業之競爭優勢（**表7-2**）。

表7-2 電子迴路公司的平衡計分卡

顧客觀點	
目標	指標
生存	現金流量
成功	部門的季銷售成長及營運收益
壯大	市場占有率及股東權益報酬率
財務觀點	
目標	指標
新產品	新產品銷售比例、專利產品銷售比例
快速供貨	準時送達（依照客戶的定義）
偏好的供應商	占關鍵客戶採購的比率、關鍵客戶的排名
客戶夥伴關係	合作工程數
內部業務觀點	
目標	指標
技術能力	製造技術與競爭情形的比較
優越的製造能力	週期時間、單位成本、收益
設計生產力	晶圓效率、工程效率
新產品的推出	實際推出進度與計畫的比較
創新及學習觀點	
目標	指標
技術領導地位	開發下個世代產品的時間
製造學習	達到成熟的流程時間
產品焦點	銷售達80%的產品的比例
上市時間	新產品的推出與競爭情形

資料來源：Robert S. Kaplan & David P. Norton著，高翠霜譯（2000），《績效評估——以平衡計分卡推 績效》（*Measuring Corporate Performance*）。天下文化，頁138。

　　平衡計分卡在近年來已備受各企業之推崇，它能告訴我們，一個組織的員工需要哪些知識、技術與系統（員工的學習與成長），才能創新，並建構起合適的策略能力與效率（內部流程），藉此為市場貢獻某些價值（客戶），最終產生更高的股東價值（財務）。許多組織現在使用平衡計分卡，當作結合策略與行動的管理系統，並確保組織內稀少的資源能做最有效的運用，成為績效管理的主要工具。一些企業在實施平衡計分卡

之後，因公司整體之向心力更強，且因資源的運用更集中，使公司轉虧為盈，體質更佳，更具競爭力。

範例 7-1

匯豐商業銀行（平衡計分卡）

由哈佛大學教授柯普朗（Robert Kaplan）與企管專家諾頓（David Norton）所提出的平衡計分卡，主要是透過四個構面：「財務」、「顧客」、「內部流程」、「學習與成長」，把一個複雜的策略，轉換成一個明確易懂的目標，並落實為具體的行動。匯豐銀行則把它拿來作為績效管理的重要工具。

以人資部門的顧客構面為例，「為了達成公司願景，我們對顧客應做的事」，主管跟一般員工各要做什麼事，才能達到這樣的目標？其實人資部門的顧客就是「公司內部的同仁」，因此，人資主管就要訂定各種人事制度、擔任同仁們的顧問，以及要有前瞻性的創新思考；人資部門員工要做的就是：同仁的滿意度調查及流動率。而要降低員工流動率，又會牽涉到系統與流程構面中的「追求作業卓越」。以前匯豐銀行的財務系統是在紙本上作業，每個月光是算員工的薪資就要花上半個月的時間；後來導入、建置了線上系統作業。

現在匯豐員工的請假、薪資發放都是透過這套線上系統來作業，解決了大家以往在時間上的浪費，這就是在追求作業的卓越。因為這樣做，員工才可以花時間做更重要的事。當我們追求作業卓越時，員工的流動率就會低，因為他們可以做一些更有意義的事。

但在制訂各部門的策略地圖時，首先要知道組織的策略目標是什麼？而要達到這些目標的主要驅動力又有哪些？以及如何衡量？最後還要將衡量的標準跟我們日常的工作結合在一起。如此一來，當個人目標達成，組織策略就能達成。

匯豐銀行在每年1～3月開始訂目標，這時就會訂定個人四個構面的管理績效指標（Management Performance Indicators, MPIs），然後跟主管共同同意了以後，就會開始全年的循環。

匯豐銀行的主管如果發現員工有什麼地方做得很好，就給他一部「車」（car，主管必須將對部屬的回饋寫在一張車子形狀的紙卡上）；如果要給一些改善回饋的話，就用cars〔s意指建議（suggestion）〕。比方說，有位員工在禮拜一開會時遲到了，造成所有的人等了十分鐘；或是上一次在寫報告時，本來應該什麼時候交，結果延遲了幾天才給，造成什麼樣的後果。如果是負面的話，希望主管不要光是批評，而是要給建議、提供解決方法。大家都熟悉這樣的作法之後，就會形成一種良性互動的文化。

資料來源：陶尊芷口述，張鴻採訪，〈用平衡計分卡做績效管理〉。《經理人月刊》，網址：http://www.managertoday.com.tw/?p=1105。

小常識

國家品質獎

國家品質獎為國內唯一由行政院頒發與表揚之經營品質最高尊榮獎項，表彰卓越經營管理有傑出成效的企業（組織）及個人，樹立標竿學習楷模，帶動追求卓越經營品質的風潮。

國家品質獎的評審內容，包含了領導與經營理念、策略管理、研發與創新、顧客與市場發展、人力資源與知識管理、資訊策略應用與管理、流程管理以及經營績效等八大構面，依據PDCA（Plan規劃、Do執行、Check檢討、Action改善）管理循環與關鍵績效指標（KPI），來呈現組織落實全員參與及持續改善，達成追求顧客滿意的卓越品質。

資料來源：丁志達撰文。

三、平衡計分卡構面

策略地圖扮演演繹與轉化抽象策略之功能，而平衡計分卡即是用來衡量與聚焦，亦即量化目標值（通常指KPI），並且將經營主軸聚焦到特定的企業議題上。

策略地圖即是將策略內涵實體化（具體化，由抽象到具體），而平衡計分卡更進一步將策略議題數量化（數字化，可衡量化）與聚焦化（集中在特定企業經營環節）。經過此兩段的轉化與量化，策略不僅可以看得到，更可進一步衡量其目標值為多少，而後續的企業各部門或是個人的日常執行成果好壞即是由此檢驗。

平衡計分卡包括兩部分，其一為平衡（Balanced），另一為計分卡（Scorecard）。計分卡即是某種量化指標系統與載體，用以記錄企業各類型經營績效數值，常見的計分卡就如同掛在企業牆壁上的年度目標設定值。平衡即是具平衡性的，不偏斜的。平衡財務指標與非財務指標，平衡長期與短期，平衡有形與無形，平衡策略與執行，平衡企業不同營運面向等。換言之，平衡計分卡可理解為「企業多面向量化指標系統與載體」（科技產業資訊室，〈策略地圖與平衡計分卡〉，網站http://cdnet.stpi.org.tw/techroom/analysis/pat_A077.htm）。

平衡計分卡是一種指標，強調績效的衡量與使命應該與組織的策略與使命做緊密的結合，並且提出四個不同的涵蓋構面，其內容包括：(1)財務構面（Financial Aspect）；(2)顧客構面（Customer Aspect）；(3)內部流程構面（Internal Business Process Aspect）；(4)學習與成長構面（Learning and Growth Aspect）。

(一)財務構面

從股東角度來看，我們的企業財務營運表現如何（投資者觀點：財務數字）？諸如企業增長、利潤率以及風險戰略。擬定策略地圖，通常從

提升股東價值的財務策略開始（非營利事業與政府機構，則通常先考慮顧客或利害關係人，而不是財務目標）。企業要執行財務策略，基本上有兩種方法：增加營收（建立經銷商加盟體系；加深與既有客戶的關係）及提升生產力（降低直接與間接費用；降低維持特定業務量所需的營運資金與固定成本）。

(二)顧客構面

從顧客角度來看，客戶是如何看待我們企業（顧客觀點：顧客滿意）？企業所要創造的價值和差異化的戰略。任何一家企業的經營策略，核心必然是顧客價值主張。它告訴我們產品與服務的獨特屬性、公司的客戶關係，以及企業形象。顧客價值主張闡明企業會如何運用不同於競爭對手的方法，來吸引、留住目標客戶，並加深與這些客戶的關係。此面向也稱為客戶滿意度面向，通常包含客戶家數、市場占有率、客訴量等量值（**圖7-2**）。

(三)內部流程構面

我們企業必須在哪些領域中有傑出專長（內部觀點：核心流程）？使各種業務流程滿足顧客和股東需求的優先戰略。組織一旦釐清客戶面與財務面的目標，即可決定採用哪些方法來實踐客戶價值主張，提升生產力，以達成財務目標，通常包含新產品上市時間、服務錯誤率、品質控制措施等量值。在為企業內部流程設計績效指標之前，應先分析企業的價值鏈，即從創新流程、營運流程及售後服務程序三個方面，思考如何滿足顧客的需求，建立各種可以達成此目標衡量指標。

(四)學習和成長構面

我們企業未來經營上能夠維持優勢嗎（長期觀點：成長學習與創新）？優先創造一種支援公司變化、革新和成長的氣候。任何一份策略地

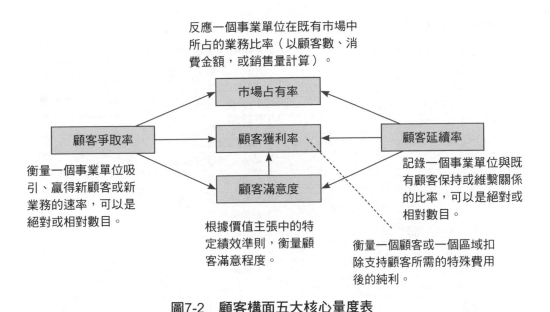

反應一個事業單位在既有市場中
所占的業務比率（以顧客數、消
費金額，或銷售量計算）。

市場占有率

顧客爭取率 　顧客獲利率 　顧客延續率

顧客滿意度

衡量一個事業單位吸
引、贏得新顧客或新
業務的速率，可以是
絕對或相對數目。

記錄一個事業單位與既
有顧客保持或維繫關係
的比率，可以是絕對或
相對數目。

根據價值主張中的特
定績效準則，衡量顧
客滿意程度。

衡量一個顧客或一個區域扣
除支持顧客所需的特殊費用
後的純利。

圖7-2　顧客構面五大核心量度表

資料來源：Kaplan, R. S., &Norton, D. P. (1996). Using the balanced scorecard as a
strategic management system, *Harvard Business Review*, pp. 75-84.／引
自：張承、莫惟編著（2011），頁10-18。

圖，根基必然是學習與成長，這個構面闡明支持組織策略所需的核心能力
和技術、科技和企業文化。釐清這些目標，企業就能調整自身的人力資源
與資訊科技，以配合本身的策略。此構面也稱為人力資源構面，通常包含
員工流動率、新員工人數、僱用資料等量值（**表7-3**）。

　　完成了學習和成長的構面後，企業就有了一份完整的策略地圖，將
這四個主要構面連結起來。各事業單位與服務單位就可以為自身的業務
制訂具體的地圖。這個過程能幫助公司偵察，並填補組織較低層級執行
的策略中的重大缺口（Robert S. Kaplan、David P. Norton文，許瑞宋譯，
2010：73-79）。

表7-3　常使用的學習和成長構面衡量指標

·參與職業或貿易社團的員工數	·內部的溝通平等
·每位員工的平均訓練投資	·員工生產力
·平均服務年資	·計分卡生產數
·員工擁有高等學歷的比例	·健康提升情形
·交叉訓練的員工數	·訓練時數
·離職率	·職能覆蓋率
·員工流動率	·個人目標達成率
·員工建議	·績效評估的及時完成
·員工滿意度	·領導發展
·分紅入股計畫	·溝通計畫
·意外損失時間	·可報告的意外數
·每位員工的附加價值	·員工擁有電腦的比例
·動機指數	·策略性資訊比例
·傑出的應徵人數	·跨功能的任務指派
·多樣率	·知識管理
·授權指數（管理者的人數）	·違反道德行為
·工作環境品質	

資料來源：Paul R. Niven（1999）著。于泳泓譯（2002）。《平衡計分卡最佳
　　　　　實務：按部就班成功導入》。商周出版／引自：陳澤義、陳啟斌
　　　　　（2006）。《企業診斷與績效評估：平衡計分卡之運用》。華泰文
　　　　　化，頁418。

小常識

平衡之觀念

平衡之觀念，即衡量基準主要是在尋求各方面之平衡：

1.企業短期目標與長期目標之平衡。

2.財務衡量與非財務衡量之平衡。

3.落後指標與領先指標之平衡。

4.結果指標與驅動指標之平衡。

5.內部績效與外部績效之平衡。

資料來源：丁志達撰文。

四、平衡計分卡的功能

　　平衡計分卡是一個由策略衍生出來的績效衡量的架構，其目標和量度亦是從組織的願景與策略，將使命及策略轉化成目標及衡量指標，並將組織組成四個不同的構面。它透過財務、顧客、企業內部流程，及學習與成長等四大構面，來檢視一個組織的績效。將這些圍繞著顧客、內部流程、學習與成長構面的驅動因素，以明確和嚴謹的手法來詮釋組織策略，並形成特定的目標和量度，讓員工瞭解怎麼做才能配合公司的使命和策略。透過連結「組織欲達到的結果」及「欲達成結果所必須做的驅策動因」，讓企業的高階主管能夠整合組織中的人力，使每位員工各司其職、各展所長，一同為達到公司長期目標而努力（吳昭德，〈平衡計分卡概論〉，網址：http://www.asia-learning.com/peter_wu/article/64063329/）。

 ## 第四節　平衡計分卡的設計

　　設計一份平衡計分卡要考慮以下的要點〔施內德曼（Arthur Schneiderman）；引自《大師輕鬆讀：無師自通MBA》，2004，頁25〕：

1.評量的事項以五到七種為限。
2.只評量能夠直接影響績效的事項。
3.清楚明確定義你的標準。
4.設定目標與里程碑的時刻表。
5.所有的評量項目都是可以執行的作業。
6.刪除任何過時不適用的標準。
7.有耐心。
8.評量的標準要能與獲利率建立實質的關係。

範例 7-2

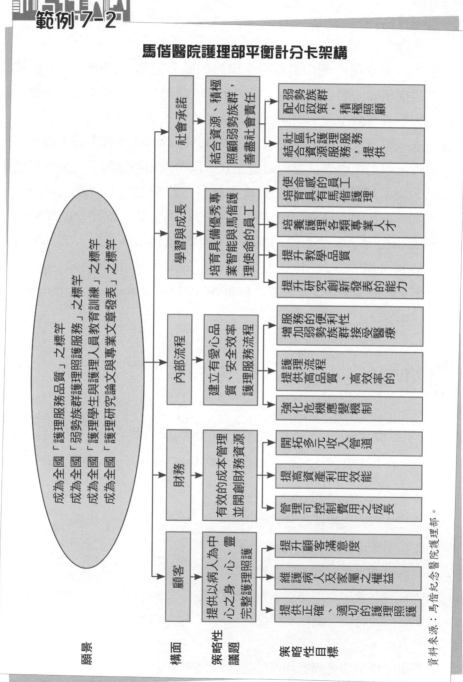

馬偕醫院護理部平衡計分卡架構

願景

成為全國「護理服務品質」之標竿
成為全國「弱勢族群護理照護服務」之標竿
成為全國「護理學生與護理人員教育訓練」之標竿
成為全國「護理研究論文與專業文章發表」之標竿

構面

顧客
財務
內部流程
學習與成長
社會承諾

策略性議題

提供以病人為中心之身、心、靈完整護理照護
有效的成本管理並開創財務資源
建立有愛心品質、安全效率護理服務流程
培育員具備優秀專業智能與能為馬偕護理理使命的員工
結合資源、積極照顧顧弱勢族群，善盡社會責任

策略性目標

提供正確、適切的護理照護
維護病人及家屬之權益
提升顧客滿意度

管理可控制費用之成長
提高資產利用效能
開拓多元收入管道

強化危機應變機制
提供護理高品質、高效率的護理服務流程
增加服務的便利性弱勢族群接受醫療

提升研究創新發表的能力
提升教學品質
培養護理各類專業人才
培育具有使命感的員工有馬偕護理

社區式資源護理服務，提供
配合政策，積極照顧弱勢族群

資料來源：馬偕紀念醫院護理部。

9.平衡計分卡只是一項工具，不是管理的萬靈丹。

10.繼續學習未來如何更有效地使用計分卡（**表7-4**）。

　　藉由平衡計分卡的設計，使管理者澄清願景與策略，溝通連結策略目標與衡量的基準，規劃與設定績效指標，並在目標展開的同時，經由績效面談、雙向溝通並調整行動方案，以及加強策略性的回饋與持續的教育訓練去達成績效發展的目標。

　　平衡計分卡結合公司策略、遠景、方向與績效評估的新管理會計技術，亦即為達成公司的願景及策略方向，須重視四方面之績效衡量因

表7-4　平衡計分卡關鍵衡量指標

構面	關鍵衡量指標項目	
財務構面	·總資產 ·總資產獲利比率 ·淨資產報酬率 ·收入／總資產 ·毛利 ·存貨週轉率 ·存貨天數 ·固定資產週轉率 ·資本報酬率 ·每人平均毛利增加率 ·淨利率（淨收入） ·營業費用與銷貨額比率 ·人事費用比率 ·研發費用比率 ·每一員工生產力 ·營業額成長率	·營收成長率 ·投資報酬率 ·每股盈餘（EPS） ·損益目標達成率 ·資產負債比 ·資本週轉率 ·長期資金占固定資產比率 ·資產投資報酬率 ·現金流量比率 ·信用評等 ·借款 ·應收帳款流動率 ·新產品的收益 ·股票報酬率 ·投資報酬率 ·紅利
顧客構面	·顧客滿意度 ·顧客忠誠度 ·市場占有率 ·市場退貨率 ·品牌認同度 ·顧客投訴率 ·退貨率	·每位顧客要求的回復時間 ·顧客的流失 ·顧客保留率 ·新顧客收入百分比 ·行銷成本占銷售額百分比 ·廣告數 ·參展的次數

（續）表7-4　平衡計分卡關鍵衡量指標

構面	關鍵衡量指標項目	
內部流程構面	・訂單處理作業 ・進出貨作業 ・揀貨作業 ・運送配送作業 ・倉儲保管作業 ・服務出錯率 ・平均當機發生頻率 ・創新流程 ・營運流程 ・售貨服務流程 ・客訴抱怨處理 ・維修費用比率 ・準時交貨	・平均前置時間 ・存貨週轉率 ・研發費用 ・專利的平均年限 ・庫存量 ・瑕疵比率 ・重作 ・廢料 ・降低空間利用率 ・停工期 ・新產品的引進 ・媒體正向報導的數量 ・職災發生率
學習和成長構面	・員工離職率 ・臨時工比率 ・員工對公司目標達成率 ・平均員工加班時數 ・員工滿意度 ・員工創新力 ・員工學習力 ・員工平均訓練成本或時間 ・員工曠職率 ・員工生產力	・危機處理能力 ・資訊系統之使用 ・電腦化程度 ・人員素質的提升 ・平均服務年資 ・意外損失時間 ・員工健康指標 ・績效評估的及時完成 ・證照比率 ・員工提案數

資料來源：丁志達（2014），〈績效管理制度設計實務〉講義，中華人事主管協會編印。

素，有助於組織從不同的角度（外部面有財務及顧客，內部面有企業內部流程及學習和成長）來思考企業整體的發展方向，使組織能於長期與短期目標間取得均衡，又可以兼顧過去結果與未來的績效平衡，其特色不是為組織過去的表現打成績，而是協助企業掌握「未來的發展空間」，讓企業能依據企業的策略與產業特性，設計出合理的績效衡量指標，使企業的策略意圖容易傳達至組織中每一個成員，取得策略目標的共識（**圖7-3**）。

高績效工作系統	人力資源系統一致性	人力資源傳導機制
1.以有效的能力模型作為基礎，進行員工僱用、開發、管理和獎勵的程度 2.透過正式的定期績效評估，定期評估員工的百分比	在研發（R&D）領域： 1.以能力模型為基礎進行選擇決策的百分比 2.精英員工的百分比 3.開發並執行適當的留人政策的程度 4.高於80%的人力資源一致性指數 在製造領域： 1.14天或低於14天的招聘週期 2.高於80%的人力資源一致性指數	1.具有必備的技術能力的員工百分比 2.高績效的研發人員流動百分比 3.製造業中開放崗位需求的百分比

影響

較短的研發和開發週期

人力資源（HR）效率

僱用成本

圖7-3　高科技研發部門的人力資源計分卡

資料來源：Brian E. Becker、Mark A. Huselid、Dave Ulrich合著，鄭曉明譯（2003），頁58。

 結　語

　　基本上，平衡計分卡所強調的精神是因為傳統的財務會計模式只能衡量過去發生的事項（落後的結果因素），但無法評估企業前瞻性的投資（領先的驅動因素），這也是一種績效評量的新觀念，此概念不但突破以往單一財務構面評量之落伍想法，更能反映企業的真正成功關鍵因素，與公司的營運策略是需要密切結合。

　　平衡計分卡是「策略管理制度」之一環，並非「績效評估制度」，不能取代組織日常使用的衡量系統；它所選擇的量度是用來指引策略方向，促使管理階層和員工專注那些導致組織競爭勝利的因素。唯有平衡計分卡從一個衡量系統變成一個管理系統時，它的真正力量才會展現。

Chapter

各職位績效衡量指標

企業經營是「乘法」，只要有一個部門是「零」，即使其他的部門再強，企業整體績效表現還是「零」。

——日本花王企業經營語錄

一套有效的管理績效制度，能夠將個人、部門與組織目標緊密結合；其考核結果亦是用人及經營決策的最有利憑證。過去探討績效多著重於財務績效，事實上，財務績效之良窳，端視整體績效而定。因此，如何設定整體績效衡量標準，是很重要的。

組織可以針對不同職級員工設定不同指標，例如業務人員，除了看他的業務成效外，還要有團隊合作、客戶對象、工作態度、服務評比等等；採訪記者則應針對不同路線設有不同的指標，另外還應包含團隊合作、獨家新聞、錯誤率及工作態度等，藉以均衡看待同仁的表現，同時讓同仁理解不是只達成一項業績就可以頂呱呱（聯工社論，2012）。

第一節　研發人員績效衡量指標

研究發展（研發）單位人員，是當今各企業體內最重要的核心人員之一，尤其是科技產業尤甚。研發人員不當的流動率，會造成產品研發時辰的延誤，也會造成無法彌補的商機損失。同時，研發產品還在試產階段時，在產品未大量生產前，每一筆研發成本的投入，都是一筆支出費用，因而對研發人員之績效考核就顯得格外重要。

一、績效衡量設計的必要性

由於研發活動的內容包括基礎研究、應用研究與技術發展三種類型。研發專業人員主要在從事追求有助於未來開發新產品或製程知識的活

範例 8-1

創造力評估法

日本花王公司的企業目標十分明確，以「技術延續企業」，也就是活用以化妝品起家所累積的高分子、油脂等相關技術開發出獨特的產品。由於從原料到成品採一貫生產方式，再配合自己銷售的產銷合一體制，使花王能完成吸收開發技術所產生的附加價值，因此，花王公司希望研發人員具備創造技術的能力，也希望業務人員擁有組織獨立銷路的能力，亦即希望所有員工都具有「創造力」。

然而，要如何評估員工的創造力呢？花王的作法非常簡單明瞭，長佐川辛郎說：「我們讓有創造力的上司去評估。因為創造力就像藝術作品一樣很難用科學方式去分析研判，但是若只交給一個人去評估，也可能會失之偏頗，所以我們是請與該員工在工作上有所密切關係的四、五位主管來進行評估。」花王過去也採用人事部製作的考績表格，請上司來評估屬下的「管理能力」、「工作態度」、「執行能力」等項目。但是「若由人事部來主導考績評估的話，很難注意到員工的創造力。人事部門還是只致力於安排各種訓練，設法提高員工的能力就好了。」因此在1970年代初期，佐川會長擔任人事經理的時候，便廢止了舊式作法，亦即人事部門不再參與員工的考績評估。

從此以後，花王陸續開發出「巧麗那」（廚房洗潔劑）、安達克（生化洗劑）等熱門商品，以銷售能力為武器，開始朝一流企業邁進。所以在成功的背後隱藏著是「以技術延續企業」的明確目標，和支持這種目標的創造性人事制度，是我們絕對不能忽略的。

資料來源：日經Business編，陳秋月譯（1991）。《創建優質企業的條件》。台灣英文雜誌社出版。

動，或將研究的結果或新知識商品化，替換成新產品、新製程，或改良現有產品或製程。

在從事這些工作及扮演這些不同的工作角色中，這些研發人員需不斷產生新構想、概念與點子，並與其他人分享，以累積知識或加速知識商品化的時間。此外，研發部門的投入要素包括人員、資訊、創意、設備和所需要的經費，研發部門可被視為一「服務部門」；大多數的工作是在回應與完成來自市場、製造、工程或其他部門的特殊需求，而其產出則可能包括專利、新產品、新流程、研發報告，或者一些新發現的事實、原理或知識。

由此可知，研發人員無論從其工作內容、工作行為、投入要素和產出結果來看，都與同一組織中其他部門的工作有所不同。因此，研發人員需要有一套符合實際研發流程需要的績效考核表件。如果研發人員與其他部門人員使用同一套績效考核工具與指標，將無法掌握研發人員不確定、創新、複雜和抽象等的工作特質（林文政，1998：7-2）。

二、績效衡量指標

研發部門的績效評估，通常以幾個變項來衡量研發部門的績效：生產力、效率、獲利力、品質、安全、成長、滿意、激勵、創新、適應力、發展等等，但這些量度的變項過於概念化，使本來就不容易評估的研發單位，不易識別其績效水準。

從定量與定性兩方面來評估而言，定量的部分，包括其成本、新專利或新產品占銷售額的百分比，在一定時間內新產品或新專案的數目、利潤、產品的市場占有率、成長率、專利數、研究報告等；而定性的部分，包括組織的名望及形象、研發成果的技術能力及聲譽，組織的內部士氣、人員的穩定性，及以技術的聲譽吸引新人的能力、維持技術能力的升級等。

範例 8-2

3M的技術稽核系統

稽核類別	稽核內容		
評估誰	一次評估一個實驗室，評估其進行中的研發方案，及該實驗室的整體體質（每一個實驗室約二至三年輪到一次稽核）。		
誰評估	由不受評估的其他實驗室的經理及資深研發人員擔任「外部稽核人」，受評實驗室的經理及資深研發人員擔任「內部稽核人」，並設有常任幕僚小組，協助稽核小組整理及分析資料。		
稽核小組所填的評分表	研發方案的技術因素	1.整體的技術強度、申請專利可能性、競爭力。 2.技術人員的數目與技藝。 3.知識競爭力與產品績效。 4.完成前尚需多少研發投資、多少時間。 5.可行性、成本與保護能力（Protect Ability）。 6.技術成功機率。	
	研發方案的商業因素	1.計畫的財務貢獻。 2.公司的市場與產品價值。 3.行銷成功機率。	
	實驗室的整體性體質	1.組織規劃能力。 2.幕僚人員的數目與技藝。 3.各類研發方案之間的平衡。 4.與行銷、製造、其他實驗室的協調與互動。	
評估步驟	1.排定稽核日期、選擇適當同僚擔任稽核小組成員。 2.六至八週前，由召集人與受評實驗室經理人選擇作為評估對象的計畫（包括新技術計畫、製程或節省成本計畫、產品維修計畫等）。 3.稽核日當天，計畫成員先簡報計畫的狀況、接受稽核小組成員面談訪問，並補足必要書面資料。 4.各稽核同僚對各計畫填寫評分表，包括量化的分數、文字評述、改善建議等。 5.稽核日一至二天後，舉行早餐會報，稽核小組成員與受評實驗室經理人非正式、開誠布公的交換意見。 6.常任稽核小組做後續性的綜合分析評估。		

資料來源：葉忠編著（2012）。《科技與創新管理》。雙葉書廊出版，頁
329-330。

　　從以上所提的研發部門的績效指標，可細分為策略性指標、技術性指標、管理性指標、商品化指標及經濟性指標等五種（李長貴，1997：244-246）（**表8-1**）。

三、技術與創造能力之衡量

　　要衡量研發部門的技術能力、創造能力等未來有實質貢獻的能力，其所測量的內容包括技術績效、市場績效及整體績效等三個構面，其操作性的定義與指標如下（林素瑜，1999）：

表8-1　研發人員績效衡量指標

績效指標	內容
策略性指標	1.該部門與公司經營理念的適合度。 2.該部門與公司研發政策的配合度。 3.該部門與公司策略目標的共存度。
技術性指標	1.該部門在某一時間中所獲得的專利件數。 2.該部門在某一時間中所發表的有價值論文。 3.該部門在某一時間中研究成果的報告件數。 4.該部門在技術方面的開發成功率。
管理性指標	1.縮短研發所需工時。 2.節省試作及實驗費用。 3.減少調整及檢查費用。 4.研究發展貢獻率＝研究成果貢獻額÷研發人事費用。
商品化指標	1.開發投資效率＝產品開發獲利額÷研發專案投資額。 2.暢銷商品比率＝暢銷商品種類÷所有開發產品種類。 3.商品市場占有率＝公司商品÷全市場（區域）商品。 4.權利金效率＝權利金收入額÷研發開發費。 5.客訴損失率＝客訴損失金額÷銷售額。
經濟性指標	1.回收指標＝〔（售價－單位成本）×年生產額×銷售年數〕÷（研發開發費＋市場開發費＋設備費＋營運費）。 2.研究報償指標＝五年間該商品化產品之累積稅前淨利÷五年間累積研發開發費用支出。

資料來源：李長貴（1997）。《績效管理與績效評估》。華泰文化，頁244-246。

(一)技術績效

技術績效主要是在衡量新產品計畫於技術目標上的達成率與成功率，歸屬此類的指標包括：

1.新產品研究發展計畫超前的程度。
2.新產品研究發展計畫達成目標的程度。
3.新產品研究發展計畫相對於主要競爭者的成功程度。

(二)市場績效

市場績效主要是在衡量新產品在市場上的銷售情況與消費者的接受程度，歸屬此類的指標包括：

1.新產品營業額占全公司營業額的比率。
2.新產品上市的成功比率。
3.新產品所獲得的利潤對公司貢獻的比率。
4.新產品投資報酬率的程度。

(三)整體績效

整體績效主要在主觀衡量新產品整體計畫成功的程度，歸屬此類的指標包括：

1.新產品研究發展計畫整體成功的程度。
2.公司對新產品研究發展計畫整體績效的滿意程度。
3.高階主管主觀滿意的程度（**表8-2**）。

四、績效考核制度

無論企業對研發人員用何種績效的效標（特質效標、行為效標、結果效標）作為衡量的基礎，都要考慮到與企業追求的目標相結合。例如衡

表8-2　研發人員考核衡量項目

> 1.新產品準時上市的程度。
> 2.新產品預算控制（成本控制）的程度。
> 3.利潤目標達成的程度。
> 4.新產品的品質水準。
> 5.顧客端對新產品整體的滿意程度。
> 6.新產品開發週期。
> 7.達到預定之市場占有率。
> 8.達到預定之利潤目標。
> 9.專案的整體績效。
> 10.產品銷售目標達成情形。
> 11.產品達成策略性目標的情形（如市場占有率、競爭優勢……）。
> 12.一年新產品業績占整體營業額比例。
> 13.比較預期的時程、預算、目標與實際成果的狀況。
> 14.衡量研發部門的技術能力、創造力等未來有實質貢獻的能力。
> 15.技術報告發表數。
>
> 利用以上的衡量指標，可以明確衡量研發的績效及效率，以便未來時參考及改善
> 的方針。

資料來源：葉忠編著（2012）。《科技與創新管理》。雙葉書廊出版，頁141。

量研發工程師的績效，不論從行為面（參加團體討論、多方嘗試解決問題的方法等）或結果面（研發新產品的進度、獲得專利數等）衡量，這些效標都應與組織的創新策略（最近三年研發產品占總銷售額的百分比）緊密結合。因此，在設計研發人員之績效考核制度時，必須針對下列幾點加以重視：

1.績效考核制度需針對專業加以設計。
2.績效考核應採用目標管理的方法。
3.管理者需與部屬定義相關工作與目標。
4.管理者需與部屬定義主要績效的屬性。
5.管理者需與部屬溝通和建立目標與任務的優先順序。
6.管理者需考慮員工的基本需求、職涯規劃及發展需求。

範例 8-3

研究發展委員會組織規程

第一條　台灣肥料股份有限公司（以下簡稱本公司）為配合業務發展需要，推動研究工作，特設研究發展委員會（以下簡稱本會）。

第二條　本會任務如下：
一、研究發展政策方向之擬定。
二、研究發展計畫之評審。
三、新技術引進計畫之評審。
四、新產品開發計畫之評審。
五、研究發展成果報告之評審。
六、研究發展智慧財產權之保護。
七、其他相關研究發展管理事宜。

第三條　本會置主任委員暨副主任委員各一人，主任委員由總經理兼任，副主任委員由主管研究發展業務副總經理兼任，另置委員若干人，由主任委員遴聘公司內部業務主管人員及外界學者專家擔任，任期兩年，期滿得續聘。

第四條　本會置執行秘書一人，秘書一人，均由總經理就本公司職員中指派兼任。

第五條　本會全體委員會議每三個月召集一次，由主任委員召集之，必要時得另召開臨時會議，開會時得邀請公司內外有關人員列席。

第六條　本公司各項重要研究計畫均應提由本會審查通過方可進行，執行中之研究計畫每三個月應提出進度報告，研究計畫結束並應提出總結報告，由本會評估績效。

第七條　本會按公司研究發展政策方向之不同領域類型，下設研究諮議小組，分別諮議各類領域之研究發展工作。其主要任務如下：
一、年度研究發展計畫之審議。
二、年度研究發展成果之檢討。
三、研究發展成果之落實。
四、新技術、新產品開發計畫之審議。
五、研究發展之專業諮詢。

第八條　研究諮議小組依業務需要不定期召開諮議會議，由副主任委員召集之，以利研究發展計畫之推動執行及成果之落實。

第九條　研究諮議小組置諮議委員若干名，任期一年，得由本會委員兼任或公司專業領域人員兼任或另聘外界學者專家擔任，除參加諮議會議外，並隨時接受公司相關業務之諮詢，期滿得續聘。

第十條　上述外界學者專家之遴聘，依「台灣肥料股份有限公司顧問人員遴聘要點」辦理。

第十一條　本會所需費用由研究發展預算支應，行政工作由研究發展組負責。

第十二條　本規程提報本公司董事會議通過後實施，修訂時亦同。

資料來源：《台肥月刊》，2001年，3月。

7.每位員工有一份完整的績效考核文件。

研發人員負責的每項專案所需時間不同，較短的專案約需一季左右，較長者則可能超過半年或以上，由於結案時程的不固定，因此固定式的績效考核，如季考核、半年度考核或年度考核，可能都不恰當，因為考核期間，可能正好在某個專案進行當中，所以考核時間應採彈性方式，大致與專案時程一致，而不採定時考核方式（特別是研發成果考核的部分）較佳。

範例 8-4

中鋼研發人員績效評估

中國鋼鐵公司（中鋼）研究發展人員的績效評估，一向是管理部門頭痛的事。由於研究發展工作屬於創新性，用腦力的工作，再加上風險程度頗高，很難比照一般計量化的評估方式。很多的學者提出不同的方法，諸如成本法、現金流量方式、產出標準等，但事實上亦遭遇甚多的困擾。企業可視內、外的作業環境，訂出一套比較可行性，且為研究發展人員認同的制度即可。

以中鋼研究發展處為例，研究發展人員必須填寫「時間分配表」，將從事各項研究計畫，各階段的實際耗費時間，定時記錄，同時對其研究過程所發生的費用也予以分類，逐月記錄，再將時間、費用的紀錄以電腦處理後之數據，送主管及有關人員參考。經由此程序，將績效評估與資源控制相互為用，各研究人員得以瞭解其工作過程之運用效率，最後在年度績效評估時，由主管與研發人員進行面對面的考評，由於雙方已有客觀的評估記錄，考評時發生糾紛的現象便大為降低。

資料來源：陳樹勛（1988）。《企業管理方法論》。中華企業管理發展中心，頁301。

第二節　管理人員績效衡量指標

擔任一位管理者面臨的最大問題，是如何領導部屬完成既定的工作目標。「管理」一詞的定義，簡單講就是如何用別人的手去完成「目標」所需的一系列活動，它包括計畫、組織、用人、指導以及控制等五個管理機能。但是在這五個機能當中，我們不難發覺每一個機能都需要「人」去推動。因此，我們可以說「人」是管理的核心，而「人」往往又是最難圓滿解決的問題，管理者只要能超越這層障礙，則領導部屬共同向工作目標邁進的道路將更加平坦（Fread E. Fiedler著，馮斯明譯，1985：3）（**表8-3**）。

一、績效考核的向度

一般而言，管理人員績效考核的向度，包含做決策、專業知識的理

表8-3　管理者的職責

1.敏銳解讀環境在經營、部門及職場的環境變化。
2.為使經營目標、方針、戰略正確而蒐集並提供各項資訊。
3.針對經營目標、各部門目標、方針及策略釐定，積極提供建言。
4.積極努力，使經營方針及目標反應於本身的管理活動上。
5.積極主動的要求幕僚部門的建言與協助。
6.根據組織的實況與實際績效，進行工作上的改進與改革。
7.經常與其他部門或管理者，保持溝通、調整與協調。
8.報告工作的進展情況，使上司能正確掌握狀況。
9.培育能力不足的部屬（管理者亦需致力於自我啟發）。
10.建立使部屬能自我提升，並對工作覺得有意義的職場環境。
11.建立使部屬能具有工作意願的人性化環境。
12.提升職場整體的綜合能力，加以結構化並使之落實。
13.管理者本身負責事項的決策，並指揮其執行。

資料來源：野邊二郎（1997）。《Management Training Program（MTP）講義集》。中國生產力中心，頁1-2-1。

解、影響他人、資訊搜尋與給予、關係建立、自我管理等六項。茲分述如下（鄭瀛川、王榮春、曾河嶸，1997：38-44）：

(一)做決策

◆計畫能力

針對工作目標做有系統的行動計畫，使工作按部就班順利完成。表現在時間規劃（工作優先順序、進度、方法的安排）；工作重點的把握；對情況及變化預先的掌握；與其他工作相關聯的瞭解等方面。

◆組織能力

有效地將任務加以整合，並將各種可運用的資源（人員、技術水準、材料、設備、費用、時間等）做最有效的分配，以期在損失、混亂、錯誤不發生的情況下，以最短的時間獲致最大的成果。例如根據既定目標，規劃各種資源運用的能力，適時達成目標。

◆獨立判斷能力

利用經驗、知識、智力，針對事實或意見加以掌握、分析、推論及區別，並依此選擇適當的行動。

◆問題解決能力

主動發掘問題、分析癥結所在，並找出適當方法來妥善解決或處理。例如預測問題的能力、適時發現問題的能力、妥善處理問題的能力。

◆創意與求新

思索、創造、評量新方法或新觀念的能力，不囿於經驗、習慣，以及主、客觀環境因素，能對特定狀況尋求更獨特，以及更有效的方案之能力。例如對職責內或職責外的問題持有獨持的看法、能找出更好的工作方法、開發設計新的產品、完成可行的具體方案，以促成公司科技的領先或組織的成長。

(二)專業知識的理解

具備工作上所需瞭解或知道的資訊與知識，以及工作上所需具備的技能與技巧，在執行工作時所表現出的各方面與工作有關的能力。例如專業知識、和工作相關的公司政策（規定）、工作流程、工作方法、系統、設備、電腦運用、運用財務（計量）資料等。

(三)影響他人

運用情緒引導或價值的激發等影響他人的技巧，讓部屬對工作更熱誠，達成預定的目標；能運用財務和非財務獎勵、讚賞的技巧來激勵員工。

(四)資訊搜尋與給予

蒐集有關工作進度方案、成敗原因、個體的貢獻程度等相關訊息，並且彙整使用者的相關需求，檢視外在市場的威脅與機會，做適當的整理與分析；明確的指派部屬的工作，提供如何完成工作的正確訊息，以溝通的方式讓部屬清楚地知悉自己在工作中應該扮演的角色、工作的目標、期限以及對績效表現的期待。

(五)關係建立

支持團隊工作或團隊合作，建立單位或組織成員的認同感；傾聽部屬的問題或抱怨，能提供建設性的意見，並以具體之作法，協助部屬創造職涯高峰。

(六)自我管理

展現領導者的應有原則是要謹守商業道德，以身作則，表裡合一，謹守承諾；能主動掌握著任何自我學習與成長的契機，接受挑戰性的新任

Performance Management

務指派（**表**8-4）。

二、領導的特質與資質

　　管理工作的核心是指揮，若要有效地指揮，管理人員也要具備領導統御的能力，在一份「受景仰的領導人特質調查報告」中，列舉了二十項

表8-4　高階經理人之績效衡量表

類別		衡量指標
客觀績效評估	財務績效	營業收入
		每股盈餘（獲淨利）
		現金流量
		新產品／新市場之營收、獲利率
	非財務指標	市場占有率
		風險
		客戶滿意度
		新申請之專利權
主觀績效評估	領導力	如何激勵員工、活化企業？
	策略	擬訂適當公司策略
		公司運作是否與策略緊密連結？
		策略是否澈底執行？
	人資管理	菁英人才的培育與發展
		優質團隊的培育
	風險管理	完整法律遵循機制
		內部控制與稽核制度制訂與落實
		考量整體或產業之系統性風險
	對外關係	與客戶之關係是否良好？
		與供應商之關係是否良好？
		與利害關係人之關係是否良好？
	公司專屬議題	透過關懷弱勢團體以履行企業社會責任
		減緩氣候暖化問題

資料來源：李伶珠（2011），頁122。

受景仰的領導人特質，其中「誠實」、「有遠見」、「會鼓勵他人」、「有能力勝任」被認同性最高，值得參考；另外，根據日本經營教育學會的一份「各階層管理人員必備的重要資質」中，對初級管理人員、中級管理人員及高級管理人員三個層級，各提出十項各管理階級要具備的資質，其中「統御力」、「談判力」、「企劃力」、「創造力」、「判斷力」是管理階層共通的資質，因此，在設計管理人員的績效考核表時，是可以加以涵蓋在共同的考核項目之中，只是在個別評估時，對各階層的要求實踐程度要有所區別（**表8-5**）。

美國國際電話電報公司（International Telephone and Telegraph Corporation, ITT）在其總裁哈洛‧傑寧（Harold Geneen）退休時，當時該公司已成為世界上數一數二的大企業。但是在他退休後兩年內，ITT的業績大跌，許多觀察家認為ITT過去的成功，大多歸功於傑寧個人的領導。一家企業如未能適當的安排領導者的繼任人選，就可能遭遇到與ITT類似的命運。從這個實例可凸顯出，企業對管理人員考核及栽培人才之重要性與關聯性（英國雅特楊資深管理顧問師群，1989：159）（**表8-6**）。

表8-5　各階層管理人員必備的重要資質

順位	初級管理人員必備能力	中級管理人員必備能力	高級管理人員必備能力
1	業務知識、技能	領導統御力	領導統御力
2	統御力	企劃力	先見性
3	積極性（行動力）	業務知識、技能	談判力
4	談判力	談判力	領導魅力
5	企劃力	先見性	企劃力
6	部屬之指導培養能力	判斷力	決斷力
7	創造力	創造力	創造力
8	理解、判斷力	積極性	管理知識、能力
9	管理實踐能力	對外、調整力	組織革新力
10	發掘、解決問題能力	領導魅力	判斷力

資料來源：江幡良平著，陳郁然（1993）譯。《推動企業的人脈》。台灣英文雜誌社，頁76。

表8-6　管理人員績效的衡量

人員分類	態度構面	知識構面	技能構面	績效構面
行政管理人員	1.群體觀念 2.紀律性 3.熱情積極 4.服務滿意	5.工作經驗 6.現代科學知識 7.部門專業知識 8.法律規範	9.處事圓融能力 10.溝通協調能力 11.表達能力 12.決策能力 13.資源管理能力 14.組織規劃能力 15.綜合分析能力 16.解決問題能力	17.工作效能 18.目標管理 19.培育部屬
經營管理人員	1.法制觀念 2.事業心 3.市場和客戶滿意 4.誠信責任心 5.抗壓性	6.產業生產技術知識 7.綜合分析能力 8.知識創新 9.組織變革	10.人際關係能力 11.控制能力 12.解決問題能力 13.靈活性 14.溝通協調能力 15.決策能力 16.談判能力 17.資源整合能力 18.創新能力 19.領導力	20.社會經濟效益 21.組織效能 22.願景發展 23.財務成果
技術管理人員	1.熱情學習 2.技術和成本觀念 3.責任性	4.專業知識 5.新技術與產品的敏感性 6.思考力 7.創新管理	8.科學技術鑑別力 9.靈活性 10.資訊溝通能力 11.理解能力 12.創新能力 13.解決問題能力 14.品質管理能力	15.科學技術研發成果 16.社會經濟效益 17.產品競爭力 18.專案管理
生產管理人員	1.紀律性 2.原則性 3.責任性 4.客服滿意	5.管理科學知識 6.專業技術知識 7.新技術學習	8.組織協調能力 9.工作經驗 10.表達能力 11.身心適應能力 12.獨立工作能力 13.解決問題能力 14.品質管理能力	15.工作難易度 16.工作數量 17.工作質量 18.目標管理 19.流程管理

資料來源：卓正欽、葛建培（2013）。《績效管理：理論與實務》。雙葉書廊出版，頁212。

小常識

基本管理功能

規劃：知己知彼、百戰百勝。

組織：團隊合作、大家一條心。

用人：知人善任、適才適所。

領導：建立共識、培養使命感。

控制：追蹤考核、獎懲分明。

資料來源：丁志達撰文。

第三節　業務人員績效衡量指標

　　培養一位優秀的業務人員，不僅要給予完整的培訓、正確的輔導和適當的激勵，而且要根據他的銷售成果，改進他的作業缺失，讓他能夠不斷的提升和突破。因此，績效考核是業務管理非常重要的一環。

一、績效衡量的指標

　　大體而言，評估業務人員項目的基礎可分為人格特質、行為特質及結果導向。在設計績效考核評估方法時，端視企業的不同目的而決定是否採取上述三種綜合性判斷。如果評估之設定，若是以行為方面為基礎，便不免流於評估者的主觀印象，因此在評估時，要特別注意避免偏頗；如果只重數字成果，不重行為，業務人員會很短視；而只重視行為，不重視數字，業務人員會光說不練，沒有成果，因此偏頗哪一方都不好。

　　一般而言，人格特質部分，在求職者應徵面談時，就要慎重的觀察考核，它不容易在錄取後，透過「訓練」、「整容」可改變他的獨特

「個性」，但行為與業績成果的達成是可加以「調教」，而成為企業的「棟樑」，例如有的業務人員工作很勤奮，但業績卻不高，係推銷技巧需加強；有的業績不錯，但業績達成率不高，可能劃分的市場作業容易，但個人努力仍不夠；有的業績佳，但客戶關係欠佳，只注重眼前的成果，不重視長期關係的培養。由此可見，不同的評估方法，提供不同的角度考核。同時，評估項目和標準也會引導業務人員工作方向的作用，值得在設計業務人員之考核表時加以注意（**表8-7**）。

二、行為特質與成果導向實務面

業務人員的行為特質與成果導向考核實務面，茲列舉如下來加以說明。

(一)行為特質面

在業務人員的行為特質方面，一般企業常用的評比項目有：工作態度、推銷技巧、商品知識、市場掌握、溝通技巧、客戶關係、協調合

表8-7　業務人員績效衡量的指標

衡量指標	內容
人格特質	1.個人形象：儀表、談吐、應對、交際。 2.個性方面：主動、積極、熱忱、耐性、穩定、獨立、彈性。
行為特質	1.工作態度：責任感、學習心、目標設定、時間管理、進度控制、協調合作的情形。 2.業務能力：推銷、談判、開發、締約能力。 3.業務知識：商品、市場、顧客、競爭者的瞭解。 4.顧客關係：和顧客的交情、替顧客解決問題的能力、每日拜訪客戶的次數、實際工作的天數、推銷時間的比例、銷售費用的比率、從事開發、促銷、會議、服務的活動比重、顧客抱怨的處理等。
成果導向	銷售額、銷售量、業務達成率、市場占有率、毛利率、利潤貢獻度、訂單數量、成交比率、顧客增加率、顧客流失率等。

資料來源：陳偉航（2000）。《NO.1業務主管備忘錄》。美商麥格羅‧希爾國際出版。

作、計畫能力、時間管理、書面報告、儀表談吐、創意能力、判斷能力、應變能力。

(二)成果導向面

業務人員的成果導向方面，一般企業對業務人員常用的評比項目與公式運用有：

年度業績＝工作天數×（總訪客次數÷工作天數）×（總成交筆數÷總訪客次數）×（總業績÷總成交筆數）

平均每天訪客次數＝總訪客次數÷工作天數

成交率＝總成交筆數÷總訪客次數

平均每筆成交金額＝總業績÷總成交筆數

平均每次訪客費用＝總銷售費用÷總訪客次數

平均每筆費用＝總銷售費用÷總成交筆數

 ## 第四節　行政人員績效衡量指標

考核要項之設定是要具有彈性的，主要是以公司之目標為準繩，加上企業經營者所欲塑造企業內部員工之特殊人格特質與企業文化的相互搭配，在選擇績效考核要項之時，需由經營者與高階主管來共同設定。

一、共同的績效衡量項目

由於每個工作的職責不同，例如在組織分工下，有研究發展、業務行銷、生產製造、財務會計等職務，因此在績效評核項目也就要有所區隔，譬如業務人員可以用營業額、收款為考核的參考依據；企管人員則

可參考未來工作方針及通路規劃；財務人員則參考每月結帳速度、精確度、管理性報表準時的提供及外界財經資訊彙總；生產線直接人員的績效則採用量化的指標；研發間接人員則應從過程與結果並重、技術標準與同步工程來建立標準。

　　績效考核內容為求全公司被考核員工在同一標準條件下公平的接受考評，考核項目內容要明確，使主管可循此一定義來考評部屬，例如自主性、工作態度、團隊精神、對公司的忠誠度、對工作的忠誠度、向心力、自動自發能力、專業知識、品德表現等，不論何種職位，可能均會採用的「共同考核項目」有自主性、工作態度、團隊精神、對工作的忠誠度、對公司向心力、工作的效率、自動自發能力和品德操守八項（**表8-8**）。

二、秘書人員績效考核項目與指標

　　一般企業界對秘書人員所需要的條件會因產業特質、公司組織文化、管理階層生態、從業人員及主管特質而有所不同的需求。在考核秘書人員時要注意下列幾項重點（科學園區專業秘書學會，2000：42-43）：

1.傾聽與表達溝通能力：是否瞭解主管需求並能做良好回應。
2.觀察能力：是否瞭解管理階層特質、組織文化、對人保持興趣、樂於助人、建立圓融和諧的人際關係。
3.守密：是否言所該言，懂得說話的分寸。
4.信賴：是否被主管信賴，能否讓主管放心交辦事務。
5.專業知識：是否瞭解自己公司產業環境、策略、經營理念、企業文化、價值觀、產品、客戶作業流程等工作領域所應具備知識。
6.外語的能力：是否具備對國外主要客戶往來之語言溝通與書寫能力程度。
7.工具使用：對檔案管理、文書作業技巧、商用軟體（Microsoft

表8-8 員工共同的績效衡量項目

共同項目	定義／例子
自主性	在不需監督與支持的情況之下，能自我驅策，獨立面對目標自行開展來完成任務、主動改善工作方法／習慣、積極尋求更多的挑戰及責任。例如可獨立工作、願意自我充實或接受訓練、主動簡化工作的流程、承擔範圍以外的責任、訂定更高的目標並將之達成。
工作態度	對工作有使命感，對同事、上司的尊重。例如對工作的熱誠與奉獻、對建設性意見的接納、對同事尊重、遵守管理階層所訂的政策、接受主管工作指導的態度良好、是否能虛心接受善意批評、竭誠輔佐上司。
團隊精神	與他人的合作、配合度以及對團體的認同程度。例如願與他人合作完成工作、與他人相處和諧、以團隊的目標而非以個人的目標為先、尊重團隊的決定、對團隊有正面影響、配合組織人力的有效運用及積極參與、對建設性意見的接納，建立關係融洽之工作團隊，主動合作，不因個人而影響到整體運作。
對工作的忠誠度	工作的熱衷與全力投入。例如保持勤勉、敬業的精神，良好的出勤狀況、維持工作的規律性、具責任感、致力於提高工作水準。
對公司的向心力	從公司經營角度著眼，將公司的經營目標當作自己的事業來經營；保持積極敬業的精神，具責任感，致力於提高工作水準；接受公司的經營目標、政策、規定，並適時提出建設性的意見；慎用公司資源（設備、工具、物料、時間、經費等）；對工作的忠誠度，謹守言行一致，誠實不阿；保持勤勉、良好的出勤狀況。
工作的效率	針對所完成的工作質與量加以考評。掌握時間及進度，使工作按部就班順利完成；在過程中並能維持一定的產出效率，達到要求的品質標準，呈現穩定的高產能；能否如期並精確完成所交待之任務；能否在職責內規劃工作重點、制定進度、檢討工作並加以改善；能否承受工作的負荷所帶來的壓力。
自動自發的能力	落實5S（整理、整頓、清潔、清掃、紀律）於工作中；瞭解公司各項制度規章並願意遵守；在不需要監督與支援的情況下，能自我驅策，獨力面對目標，自行開展來完成任務，主動改善工作方法或習慣，積極尋求更多的挑戰及責任，瞭解工作及公司規章並貫徹執行。
專業知識	具備工作上所需瞭解或知道的資訊與知識，以及工作上所需具備的技能、技術與技巧，以期任務可以有效地完成。例如專業知識、和工作相關的公司政策／規定、工作流程、工作方法、系統、設備、電腦技能、打字、檔案管理、機器操作；對於工作上所需專業知識及業務的全盤瞭解；能否承受工作的艱難及緊迫所帶來的壓力。
品德操守	包括服務、負責、操守、忠貞等綜合表現；處理工作時，在素質上應達到何種要求。

資料來源：丁志達（2014）。〈高績效目標管理與績效考核技巧〉講義。中國生產力中心編印。

Word、Excel、PowerPoint）的運用熟練度等，提供迅速、敏捷的服務。

三、行政人員的績效考核項目與指標

行政人員之考核表設計，因職種的不同，會有一些特殊性的考核項目，例如醫院之個案管理師，此職位係接受過個案管理訓練的人員，負責與醫師、醫療小組及病人協調、溝通，訂出某種特定疾病之治療計畫與目標，並確保病人在住院期間內達成期望的目標。因此，個案管理師的考核項目，可能就要包括「工作範圍」、「醫療同仁」、「臨床資源」、「每日工作」、「每日病患數」、「護理過程」、「溝通技巧」、「教育」、「研究」等特質的檢核項目，才能真正達到考核的目標（**表8-9**）。

企業常見的一般行政人員考核項目有：計畫與組織能力、獨立判斷與問題解決能力、創新與求新、工作相關的專業知識與技術、溝通協調能力、工作的產能等（**表8-10**）。

四、生產人員的績效考核項目與指標

生產人員的考核表設計，應以簡單、明瞭且在日常工作中可加以察覺的「工作品質」、「工作數量」、「團隊合作」、「出勤狀況」、「獎懲記錄」為設計重點，其績效評核內容與一般員工有所不同（**表8-11**）。

古人說：「工欲善其事，必先利其器」，生產線的從業人員與基層的一般行政人員是企業日常運作的主體，如何使這些為數不少的工作人員，每日工作有幹勁、每天工作有產出、每人知道工作的方向，唯有靠明確的績效考核項目來引導，以竟其功。

表8-9　個案管理師績效考核檢核表

特質	項目	表現差	表現稍差	表現尚可	表現佳	表現極佳
工作範圍	1.是否獲得正確的資訊，完成臨床路徑					
	2.明瞭個案管理師的角色扮演					
	3.接受個案管理師的工作目標並付諸行動					
	4.病患的照護進度是依據臨床路徑的藍圖					
醫療同仁	1.協助其他的個案管理師					
	2.提供需要的照護技術性教導					
	3.單位同仁對其接受之程度					
	4.維護病患的照護品質					
臨床資源	1.護理人員主動提供相關資訊					
	2.醫師主動提供相關資訊					
每日工作	工作項目均是屬於職務相關的					
每日病患數	每日服務的病人數在量與質方面					
護理過程	1.依據個案管理步驟執行業務（評估、目標制定、擬定行動之計畫、評值其有效性）					
	2.照護的計畫依據臨床路徑藍圖之標準					
	3.照護的計畫對病患的合適性					
溝通技巧	1.給予全責護士及其他的醫療工作人員，清楚、詳細的介紹「病患的照護計畫」					
	2.提供病患照護計畫執行之品質監測結果					
	3.運用非正式的溝通管道解決問題					
	4.獲得病患及家屬與照護計畫有關的資訊					
	5.運用溝通管道解決病患及家屬提出的問題（疾病或財務等）					
教育	提供護理人員在職教育的品質方面					
	1.課程內容的品質					
	2.時間安排的品質					
	3.符合需要性的品質					
	4.是否有效評值的品質					
研究	參與研究計畫的進行、收集資料等					

資料來源：李麗傳（1999）。〈個案管理師角色與功能〉。《護理雜誌》，1999年10月，第46卷，第5期，頁55-60。

績效管理
Performance Management

表8-10　行政人員考核項目與指標

考核項目	指標
計畫與組織能力	1.具有安排程序及規劃工作的能力。 2.對於物料及設備能有效使用。 3.針對工作目標做有系統的行動計畫，使工作按部就班順利完成。
獨立判斷與問題解決能力	1.根據經驗、專業性，能對事實或意見加以掌握、分析，主動發掘問題、分析癥結所在，並找出適當方法及時妥善解決問題的能力。 2.是否能衡量事情輕重緩急，對進行之工作依緩急安排優先順序，有條理的加以整理。
創新與求新	具有創造或發展新觀念及主動推展新工作的能力。
工作相關的專業知識與技術	1.具備工作上所需瞭解廣面的知識與資訊，以及技術與技巧，以期任務可以有效地完成。 2.對於工作上所需專業知識及業務的全盤瞭解。
溝通協調能力	是否具有親和力，能否獲得同事的支持與信任，並能與各階層人士和睦相處，相互支援配合。
工作的產能	1.針對所完成的工作質與量加以考評。掌握時間及進度，按部就班順利完成。在過程中並能維持一定的產出效率，達到要求的品質標準，呈現穩定的高產能。 2.能否如期並精確完成所交待之任務。 3.能否在職責內計畫工作重點、制定進度、檢討工作並加以改善。

資料來源：丁志達（2014）。〈高績效目標管理與績效考核技巧〉講義。中國生產力中心編印。

 第五節　績效考核的角色分工

　　員工績效考核要成功的達到考核的目的，它牽涉到人力資源單位人員對績效制度的整體、完善的規劃、協調與執行，管理人員能體認績效考核是協助各主管達成經營目標的工具，而員工本人則必須經常接受主管正式與非正式的指導，才能在工作上「百尺竿頭，再進一步」。所謂「萬事起頭難」，人力資源部門是績效考核方針的「領航者」，在角色的扮演上就顯得格外重要（**表8-12**）。

212

表8-11　生產人員的考核項目與指標

項目	指標
工作品質	1.嚴格遵守工作規則，確保工作品質。 2.確保生產的進行，達到要求的產出。 3.對工具、儀器及材料能細心使用，維護並妥善保管。 4.對於主管交待的各項任務能如期的完成。 5.對環境，新製程或管理方式的適應力。 6.能提出改善品質或產量之建議。 7.能主動協助主管處理生產線上的問題。 8.正確、完整、有效率完成分內工作。 9.在某一時間內應完成無瑕疵的產量。 10.對於所指派工作均能按照作業標準正確的做到。
工作數量	1.在某一時段應完成的工作數量。 2.確實的工作數量是多少？ 3.達成規定工作職務、責任與目標的勤勉程度。
團隊合作	1.願意協助他人完成工作。 2.能夠以正面積極的態度與他人交往，完成工作。 3.願意接受同事的建議，作為改進自我的依據。 4.能夠在本分內的工作外，學習其他新的技能或知識。
出勤狀況	1.依實際出勤狀況考核。 2.請假紀錄如何。
獎懲記錄	考核該員工在當年度內受到獎勵、處罰的情形。

資料來源：丁志達（2014）。〈高績效目標管理與績效考核技巧〉講義。中國生產力中心編印。

一、人資人員的職責

人資人員必須對人類行為和激勵理論有充分的瞭解，何事能激勵員工獲得更好的績效，使員工樂意接受新角色和責任？何事能刺激員工獲得新技術和能力，使員工能支援組織達成目標？

有效率的人資人員會考量所有的激勵因素、創新制度、政策，以支持公司未來的成長。這些新制度、新政策能讓員工接納組織的態度、信仰和價值觀，然後產生公司所需的行為與能力，同時經過人事管理的協

績效管理
Performance Management

表8-12　績效評估與回饋相關的角色與責任

主管	人力資源部門	員工
1.與人力資源部門和員工發展有效的績效衡量指標。 2.避免績效評估錯誤。 3.落實並正確記錄績效結果。 4.給予員工建設性的回饋。 5.使用績效資訊決策。 6.診斷個人和團隊績效不佳的原因。 7.與員工合作發展績效改進策略。 8.提供改進所需的資源或移除障礙。	1.與直線主管合作提供工作分析資料，以發展有效的績效衡量指標。 2.訓練負責評估績效的人員，以避免評估錯誤。 3.協調績效評估與回饋的行政層面。 4.監控管理決策以確保績效導向。 5.確保經理人和員工知道所有改善績效不佳的方法。 6.提供主管與員工所需協助。	1.與直線主管和人力資源部門合作發展績效衡量指標。 2.參與自我評估。 3.尋求和接受建設性的回饋。 4.正確瞭解績效期望和標準。 5.學習診斷自我與團隊績效不佳的原因。 6.與經理人合作發展績效改進策略。 7.發展目標設定和自我管理技能。

資料來源：R. S. Schuler、S. E. Jackson著，王喻平、趙必孝譯（2007）。《人力資源管理》。滄海書局／引自：林燦螢、鄭瀛川、金傳蓬（2013）。《人力資源管理：理論與實務》。雙葉書廊，頁213。

助，可以將這些特質深植於組織意識內，再反應於個人的工作表現上。因此，人資人員在績效管理的工作領域上之職責有：

1. 人資人員必須創造一些制度，容許員工討論自己的角色，也能讓他們提供建議，改善自己的績效。

2. 人資人員必須瞭解企業文化，知道什麼樣的行為會得到同事的讚賞。如何讓員工有歸屬感，以身為團隊一員為榮？怎麼樣才能獲得員工的忠誠？

3. 人資人員之任務是在影響員工行為和提升組織的競爭優勢，為績效考核制定政策與提供諮詢。

4. 擬妥各項詳細表單和程序（設計正式的績效評估制度並選用合適的評估方法），好讓各主管做成最後的評估決策，並堅持所有的部門均應統一使用。

5.負責訓練督導人員，以提高他們的評估能力。

6.負責監督評估制度之運作，特別是確保評估用的表格和評估準則不會過時。

7.在正式評估時，人資人員的主要責任在於幫助主管有效執行評估工作，它包括：

(1)設計及維持績效評估制度：人資人員負責整個組織評估系統之設計與維持，包括決定評估的方法與時間，並從實際執行評估的部門主管，針對制度缺失所提出之改進建議來修正此制度。

(2)建立正式報告的系統：正式評估制度應規定評估結果的回饋對象。一般而言，評估結果同時報告給直屬上司與部門主管，以作為該員工的發展、升遷與調薪之依據；但也應回饋給員工本人，使其有機會針對被評估而不滿意的部分做說明，並作為改進之依據。

(3)確定評估與結果報告的及時性：維持報告制度，以確保能及時完成評估。評估的結果應及時回饋給員工，一般法則為不能超

範例 8-5

IBM塑造高績效文化的作法

作法	說明
傳播媒介	人資人員時時對員工宣傳高績效文化的好處，並說明公司為什麼要採取這樣的政策與塑造這樣的文化？
訓練	人資人員提供各式各樣的訓練，幫助員工更瞭解公司的改變，只怕員工不來學，不怕沒有東西可學。
管制	當宣導與訓練都無法讓員工改變認同公司的文化，當所有可能性都試過後，員工仍不願意融入新文化、新制度，此時，人資人員就必須扮演執法的角色。

資料來源：王碧霞（1999）。〈IBM創造高績效文化的考績制度〉。《能力雜誌》，總號第519期（1999年5月號），頁43。

　　　　過一個月，否則就失去評估的功能。

　(4)訓練評估人員：負責評估的人員視所用的評估方法之不同而不同，一般皆以部門的直屬上司做評估，偶爾也由同儕做評估。不論誰執行此工作，大都不是專業的評估人員。因此人資人員應負責訓練評估人員，包括評估目的的解說、評估工具的使用與回饋面談的練習等。

二、主管人員的職責

　　評估員工的績效是主管的一項重要職責，有責任依據實情完成評估員工的績效文件，並要熟悉採用的評估術，也要瞭解會導致評估制度失敗的問題，以達到在績效考核過程中的公平、客觀的地步，並且與員工審查面談後，將考核資料送回人資部門。

　　身為一位管理者，是有責任去幫助部屬瞭解並改正部屬在工作場合所遭遇的任何問題。因此，管理者在辦理績效考核之先，應對部屬的工作性質與工作能力，需有充分的瞭解，才不致失去績效考核的方向，如對部屬的工作沒有適當的配置（適才適所），而僅在考核工作上挑剔部屬的毛病，這是不負責任的作法。

(一)瞭解部屬的工作性質

　　主管要瞭解部屬的工作性質，要從下列的方向著手：

　1.工作知識水準：技術、知識等。

　2.工作所需的經驗：技術、感覺度、要領等。

　3.完成工作所需的體力：性別、年齡、體質分析等。

(二)瞭解部屬的工作能力

　　主管要瞭解部屬的工作能力，應從下列方向著手：

1.工作所需的知識水準：技術、知識深度與幅度等。

2.工作所需的技術：技術、經驗是否高超等。

3.工作所需的體力水準：從本質、年齡及經歷等加以觀察。

4.工作應付的能力：判斷力、計畫、準確性、速度等。

5.與上級主管及同事間的相處能力：人格、性格特質等。

6.工作熱忱度：工作意願、積極性等。

透過績效評估管理，管理者能進一步瞭解部屬，包括部屬的認知、意願、希望與擔憂的事項，增加彼此的互動，並得以全面地衡量部屬的績效表現，以作為考核的依據。此外，由於公司目標、主管期望與員工本身自我認知不盡相同，透過績效考核管理，更能進一步釐清目標與期望，並加強員工的動機，同時也是確認、調整與改變部屬工作的良好時機。

三、員工的角色定位

績效考核的最終對象是員工本人。一位負責任的員工，應該隨時隨地為自己工作的表現付出心力，努力以赴。但是在工作時，有些外在環境因素的改變，員工並不會馬上得知，此時需要主管給予指導，才能掌握正確的工作方向，如期達成目標。

就員工而言，績效評估管理的效益，可以更瞭解企業對員工的期望與認知之間的差距，同時更是員工向上作全面溝通的良好機會。雖然溝通是單一項目的，但員工卻可藉此對組織有全面、通盤的瞭解，更深入企業文化，並從主管處獲得更有建設性的回饋，更是員工獲悉自身優、缺點的機會，得以獲得一套更具體的自我發展計畫，或就自我規劃做進一步修正，契合企業未來發展目標。

綜合所述，為使績效評估有效發揮功能，人資人員、主管及員工三方面對績效評估各有其重要的角色與責任。

結　語

　　就組織而言，績效評估管理最重要的是可以有效改進組織的整體績效，促進公司內部的溝通（員工對員工、員工對主管、主管對主管），藉此破解組織內部長期隱藏的弊病，有效增進組織目標的一致性，使員工與公司的目標一致，減少偏差，更能夠加強員工的工作動機。因不管是傳統或新興企業，各部門職位的績效管理都圍繞著「公司目標」為何？如何訂定「績效標準」？如何推行「績效考核制度」？由誰去「考核與評鑑」？如何「改善績效」？等問題。所以一個好的績效考核制度，如何使上述問題得到答案，其就可稱得上是好的「績效管理」了（葉忠編著，2012：331）。

Chapter

9

績效考核制度設計

判斷樹的好壞，看果子不看葉子。

——諺語

　　企業管理顧問與作家肯‧布蘭佳在他的專欄裡，曾經出現過這一段話：「我經常在演講時，藉機問我的聽眾，他們對年終考核的想法，然後多半的反應只是一陣苦笑，絕少給予正面的評價，反倒覺得績效評估不過是公司內部的政治遊戲，唯一會對該制度感到興奮認同的，大概只剩下公司裡設計考核的那些人了，絕大多數的員工不是感到痛恨，就是根本漠不關心。」基本上，布蘭佳認為，好的績效管理制度應包括三個階段（布蘭佳專欄，1994：160）：

1.績效規劃：這部分包括設定績效的方法與目標。
2.日常訓練與指導：就是如何幫助屬下達成目標。
3.績效評估：依達成目標的程度加以考核績效。

第一節　績效考核設計的特性

　　不管是營利性或非營利性的企業組織，都會面臨一個共同的問題，就是如何有效率地評估、運用及發展員工的工作能力與技巧，以達成組織目標。除此之外，還需考量員工對組織貢獻的同時，如何從工作上獲得內在與外在最大的滿足（李誠主編，2000：107）。

一、績效考核制度的5W1H原則

　　企業在設計績效考核制度之前，可用英文的5W1H開頭的字來導入績效考核制度的作法：

1.Why？為什麼要進行績效評核？（目的）

2.What？在績效評核中我們應該評核什麼？（考核項目、評估分類、評估要素）

3.How？我們應該怎麼實施績效評核？（作業流程、評估階段、評估方法）

4.Who？應該由誰來評估員工的工作績效？（考核層級、考核者、被考核者）

5.When？應該在什麼時候或間隔多長時間進行績效評核？（時效性、對象期間）

6.Where？在什麼場所、時間點進行考核？（行為場所）（**表9-1**）

表9-1　人事考核制度的5W1H原則

評估項目		評估內容
Why	目的	加薪、獎勵、晉級、升職、人事安排、人事調動、能力開發、培養、適合性的掌握
Who	考核者 被考核者	• 第一次考核者、第二次考核者等評估階段分類 • 新進員工、骨幹員工等階層分類 • 營業、技能、事務等職業種類分類、職務分類及職能資格等級分類（地區分類）等
When	對象期間	六個月、一年等
What	評估分類 評估要素	• 能力、業績、熱情、態度考核等考核項目 • 銷售額、利潤等具體成果、目標的完成情況、知識、技能、企劃能力、判斷能力、紀律性、協調性等考核要素
How	評估階段 評估方法	• 七階段、六階段、五階段、四階段、三階段等 • 絕對評估、相對評估、自我評估等
Where	行為場所	只限於完成職務的工作崗位

資料來源：松田憲二著，蘇德華、張貴芳譯（2000）。《發現好員工：正確評估員工績效》。漢湘文化事業公司。

二、績效考核制度設計之特性

設計績效考核制度，必須注意其相關性（Relevance）、敏感性（Sensitivity）、可靠性（Reliability）、可接受性（Acceptability）、實踐性（Practicality）、客觀性（Objectivity）、公正性（Fairness）、透明性（Transparency）和具附加原則性（Additive Principle）的特性，才不會偏之一隅。

1. 相關性：係指某一特定工作的績效標準與組織目標有明確的關聯，經由工作分析即可瞭解其間的明確關聯。
2. 敏感性：係指績效考核制度能夠考核出受評者之工作效率。
3. 可靠性：係指判斷與評核的一致性。制度執行與落實方面的必要條件。
4. 可接受性：係指人力資源管理制度必須深獲員工的支持。
5. 實踐性：係指該評核工具對於主管和員工都是容易瞭解與容易使用的。
6. 客觀性：係指公平的評核必須具有客觀性，且為員工所瞭解與認同。
7. 公正性：係指評核的結果不因人而異，不會產生偏誤。
8. 透明性：係指評核之規則、標準以及結果必須對受評者公開，俾利其瞭解制度的內容。
9. 具附加原則性：係指鼓勵員工勇於創新，且無懼於失敗（**表9-2**）。

表9-2 績效管理體系設計的考量面向

關鍵面向	構成要素		說明
目標與方法	績效管理目的	• 管理與改善 • 責任與控制 • 節省經費	• 績效結果是用來不斷改善績效？ • 結果是外部運用取向，向部長或民眾負責任？ • 結果主要是直接撙節預算支出？
	進行方法	• 全面性 • 立法 • 臨時性 • 由上而下 • 由下而上	• 制度涵蓋不同方法和活動？ • 有特別法令為推動依據？ • 績效管理作法主要是臨時性的？ • 管理新作法由上層交下層辦理？ • 機關自行提出作法？中央管理機關支援？
目標與方法	體制性設計	• 財務單位 • 其他中央幕僚 • 特別單位	• 財務部門參與績效管理之推動？ • 中央幕僚主管部門參與績效管理之推動？ • 另行設立專責單位推動績效管理？
績效衡量	績效衡量	• 衡量指標 • 衡量制度 • 品質性指標 • 過程 • 效率（產出） • 效能（結果）	• 簡潔與易懂？ • 另訂有專門的績效衡量制度？ • 衡量服務的質化面？ • 重視衡量過程或活動？ • 重視衡量產出？ • 重視衡量效能？
	財務管理	• 服務傳送品質 • 財務績效（經濟性） • 權責會計制度成本配置 • 管理制度之整合	• 重視衡量服務傳輸品質？ • 重視衡量成本等財務面？ • 是否運用權責會計制度以改善成本資訊？ • 如何以制度化方法視產出而配置經費？
	績效資訊之表達	• 民眾接觸性 • 年度報告 • 預算報告	• 向民眾公開嗎？ • 績效資訊以年度報告方式出版？ • 預算案內系統性地呈現相關績效資訊？
服務品質	績效管理目的	• 績效契約書 • 地方政府績效 • 服務標準 • 服務宣言 • 顧客調查 • 品質管理制度	• 績效契約書向民眾公開？ • 蒐集與公布地方政府的績效指標？ • 運用服務標準確立服務對象可使用之服務水準？ • 服務標準和水準會向民眾宣告？ • 使用顧客調查以衡量品質感受？ • 廣泛使用品管制度改善服務品質？

（續）表9-2　績效管理體系設計的考量面向

關鍵面向	構成要素		說明
績效檢討	進行方法	• 內部評估	• 有特別方法對績效做內部評估？
		• 績效審計	• 有獨立機構審核績效、績效資訊的正確性和相關性？
		• 品質監管單位	• 運用品管單位監督和評估特定服務的服務品質和績效？
		• 計畫評估	• 有系統地評估政府各項計畫？定期評估或臨時性評估？
績效資訊的運用	績效預算制度	• 預算決定根據績效	• 積極大量運用績效資訊以改善預算過程的決定品質？
		• 經費配置根據績效	• 資源配置與工作績效有直接結合？
	績效薪俸制度	• 個人同意書	• 個人約契訂定同意使用績效薪俸嗎？
		• 個人績效薪俸	• 個人績效評估對其薪俸有影響？
		• 團體生產力薪俸	• 組織或團體的績效用以發放獎金？
成果導向的管理	授權與自主	• 投入控制之鬆綁	• 經費如何運用，科目限制之放寬？
		• 減少過程式控制	• 運作與服務相關法令之簡化？
		• 自主性機關	• 成立自主或半自主性機構？機關是否更有自主權限？
	管理改革	• 風險管理標竿（過程、成果）	• 管理者獲得信任可靠風險？
		• 策略規劃	• 運用標竿管理以比較和改善績效？
		• 績效契約	• 績效管理包括策略規劃？
			• 運用契約精神設定績效水準，而換取更自主的管理權？
		• 市場競爭機制	• 績效管理和民營化或內部競爭等市場機制相互結合？

資料來源：經濟合作與發展組織（OECD），〈追求成果：績效管理作法〉（In Search of Results: Performance Management Practices, Paris: OECD, 1997, pp.117-119.）／施能傑（2001）。〈建構行政生產力衡量方式之芻議〉《中國行政》，第69期，頁15-46。

小常識

設計績效考核必備條件

1. 清楚地與公司策略連接，並能整合相關制度（如公司營運週期、績效管理、調薪等）。
2. 高階主管之參與及充分支持。
3. 績效考核與方針管理或目標管理要一致。
4. 主管與部屬要事先訂定的工作規劃，並在事中、事後能加以檢討。
5. 有多方面的績效評估構面。
6. 與獎勵、懲罰密切接合。
7. 澈底的溝通與訓練。

資料來源：丁志達撰文。

第二節　績效考核設計的步驟

　　績效考核制度要落實在日常的工作行為上，在設計績效考核制度時，其步驟有：(1)分析公司組織；(2)建立績效考核之工作要領；(3)績效考核辦法規劃要項；(4)制定績效考核制度等四項制度。

一、分析公司組織

　　在分析公司組織方面，必須注意的事項有：

1. 公司在產業別的定位。
2. 公司組織功能（製造、銷售、研發、行政、財務）型態。
3. 組織成員（博士、碩士、大專、高職）分布比率。

4.職位類別（高階主管、中階主管、專業人員、技術人員、作業人員）。

5.瞭解組織核心職位所需具備的職能。

二、建立績效考核之工作要領

在建立績效考核之工作要領時必須注意：

1.與高階主管溝通觀念。

2.訓練中階、基層主管如何去執行。

3.在新生訓練時，讓新進員工瞭解此制度的運作。

三、績效考核辦法規劃要項

績效考核之實施有賴於完善之績效考核辦法之訂定，其規劃要項包含有：

1.宗旨。

2.目的。

3.適用範圍。

4.評估類別與時段。

5.評估表格與考核項目。

6.考核的標準。

7.評估者審核層次規定。

8.績效考核流程作業。

9.考核等第分類。

10.考核等第人數分配。

11.考核評等的規範（異常管理）。

12.獎懲、考勤加扣分計算標準。

13.緩辦績效考核員工之類別。

14.調薪限制。

15.未達績效標準員工之處理。

16.申訴管道。

17.考核資料保存。

18.實施日期。

四、制定績效考核制度

　　為促使績效考核制度能落實在日常的工作行為上，績效考核制度之制定，成了相當重要的一環。茲列舉其作業流程的相關要項以供參考。

　　1.確定績效考核使用的目的：

　　　(1)人事決策：績效調薪、升遷、懲罰等。

　　　(2)員工輔導：職涯規劃、訓練、工作改善等。

　　　(3)混和式的目的：人事決策與員工輔導。

　　2.工作（職務）說明書的撰寫等。

　　3.調查各相關同業績效考核項目。

　　4.確定績效考核方法採用的類別：

　　　(1)評定量表法。

　　　(2)員工比較法。

　　　(3)目標管理法。

　　　(4)多元績效回饋法。

　　　(5)自我評量法。

　　　(6)小組評論法。

　　　(7)混合式法：以個人特質、工作行為、工作成果三個構面來衡量。

　　5.決定混合式績效考核標準構面總分之分配比率：

(1)個人特質占總分之百分比率。

(2)工作行為占總分之百分比率。

(3)工作成果占總分之百分比率。

6.確定各職別考核項目：

(1)推選各職位主管代表（每類職位約七至九位），徵詢每位代表圈選8～10項考核項目與給分標準（每類職位至少提供12～15項可供選擇的項目）。

(2)承辦單位分析調查樣本中各類職位考核績效項目後，篩選7～10項作為指標。

(3)擬定採用各考核工作項目的定義。

(4)徵詢各代表之意見並修正。

(5)完成考核工作項目定義與給分標準並簽准定案。

7.確定考核等級之分類（三等級至七等級）。

8.確定各考核等級之明確定義。

9.確定考勤、獎懲加扣分的規則。

10.確定績效考核週期，是採取一年一次、一年兩次，或以專案方式辦理。

11.確定評核者之審核層級及其申訴管道：

(1)成立考核評審委員會：考核評審委員會成員視企業規模而定，委員人數以五至十三人為宜，其任務有：

‧選定考核項目及其配分。

‧各單位員工考核之覆核。

‧考績申訴案件之受理。

‧改進考核辦法之建議。

(2)填寫考核表：每一受考評人均應有一張考核表，先自我評量後再送給直屬主管評等（分）及加註評語。

(3)逐級考核：基層主管最瞭解部屬之工作情形，第一層級的考核

應由直屬主管擔當，再由第二層級主管覆核。

(4)考核委員會之評審：最佳與最差員工之考核資料應提報考核委員會討論，使各單位間之評核基準有其一致性。

(5)首長之核定：首長之核定，如無特殊情形自應尊重考核委員會之決定，如有異議時，可交還考核委員會覆議，以昭慎重。

(6)考績結果轉知：考核結果核定後即為定案，由直屬主管擇定日期約談員工，舉行績效考核面談。

(7)考核之申訴：員工對績效考核之結果，如認為有欠公允而有異議時，可以書面陳述事實與檢附資料，適時向考核委員會申訴裁奪。

(8)考核結果之執行：員工之考核結果核定後，應依考核之目的作為人事決策或員工職涯發展之用。

12.決定績效考核表設計架構：

(1)登記員工的個人資料（如員工代號、姓名、部門、職稱）、考核期間、到職日期及擔任現職的期間。

(2)考核員工工作計畫的要項、詳細說明及其重要性。

(3)員工考核的結果（評分與等第）。

(4)員工的優點（潛力評估）、缺點（供作改善），以及員工諮詢、發展計畫。

(5)訓練職涯發展計畫。

(6)績效面談記錄欄。

(7)員工與其主管的簽名處（表示雙方對考核結果已經面談過）與備註欄。

13.確定全公司績效考核作業的起迄時間，以控制時效。

範例 9-1

（公司銜）從業人員績效考核要點

第1條　○○股份有限公司（以下簡稱本公司）為有效考核員工績效，創造員工、客戶及股東、公司共贏之企業文化，依據本公司從業人員管理規則第○條規定訂定本要點。

第2條　本要點適用於本公司現職從業人員。

第3條　從業人員考核之目的在評量個人目標達成之績效表現及職場行為，其結果作為升遷、晉（降）薪、獎懲、培育、工作調整及核發獎金、紅利之依據。

第4條　考核分為下列二種：

　　　　一、平時考核：對從業人員平時工作能力及績效予以記錄、考評，作為年終考核之依據。但遇有足資鼓勵之事蹟或懲戒之行為時，得隨時予以獎懲。

　　　　二、年終考核：從業人員任職至年終滿1年者辦理年終考核。

第5條　辦理考核時各考核主管應依據受考人之考核項目覈實考評，並應與受考人進行績效目標設定及績效考核面談，同時作成記錄，以期考核結果客觀確實。績效面談機制另訂之。

　　　　各級主管辦理屬員考核，考核結果為乙、丙等有待加強輔導者，考核主管應知會受考人，給予改進之機會。

第6條　從業人員之獎懲，依照本公司從業人員獎懲標準表辦理。

第7條　從業人員之年終考核向度分為「行為面」占10～30%及「績效面」占90～70%，並需考量員工請假及平時考核獎懲紀錄。

　　　　從業人員之年終考核結果分為特優、優、甲、乙、丙五等第，其中評列特優及丙等者，並需開列具體優劣事實。

　　　　各等第之比例分別為特優5%、優20～25%、甲70～65%、乙及丙5%。兩年連續列丙等者，終止勞動契約。

年終考核結果顯著超過所要求程度，且對部門具重大貢獻者，評列「特優」等；超過預期要求程度者，評列「優」等；達到所要求以上程度者，評列「甲」等；符合工作基本要求者，評列「乙」等；明顯無法達到所要求程度者，評列「丙」等。

從業人員於考核年度內受記一大功以上獎勵者，年終考核不得列甲等以下；記一大過者，不得列乙等以上。

年終考核結果，由辦理考核之事業單位通知受考人，並自次年1月起執行。

為因應實際需要，考核結果各等第之比例若有需修正時，得另簽請總經理核准後辦理。

第8條　年終考核結果除降薪之實施日期，於人力資源處陳報總經理核准後辦理外。其餘自次年1月起按下列規定辦理：

一、考列特優者調薪2～5%。

二、考列優者調薪1～2.5%。

三、考列甲者調薪0.5～1.5%。

四、考列乙者調薪0～0.5%。

五、考列丙者不調薪。

調薪結果，若已逾各該職階最高待遇者，除支給最高待遇外，另發給調薪後之金額與該職階最高待遇差距乘以12個月之一次獎金。

第一項調薪之比率及實施日期，由人力資源處參酌公司經營績效、盈餘、員工生產力、貢獻度及人事成本後提出建議案，陳報總經理核准後辦理。

第9條　從業人員之考核及獎懲由權責單位核定。

本公司應組織考核委員會，對於考核案件，認為有疑義時，

得調閱有關考核紀錄及案卷,並得向有關人員查詢,受詢人員不得拒絕。

第10條　考核委員會置委員5人至9人,除人事主管為當然委員外,其餘委員由總經理遴選之。

考核委員之任期為1年,自當年7月1日至次年6月30日止。

第11條　考核委員會會議應有全體委員三分之二以上出席,出席委員過半數之同意,始得決議。

前項決議,得以無記名投票方式行之。

第12條　考核委員及辦理考核人員對考核過程應嚴守秘密,並不得洩漏,違反者,按情節輕重,予以懲處。對涉及本身及二等親親屬之考核事項應行迴避。

第13條　本公司從業人員對於考核結果認為不當,致影響其權益者,得於收受通知書之次日起30日內,向考核委員會提出申訴,逾此期限者,不予受理。

第14條　申訴應以書面為之,載明下列事項:

一、申訴人之姓名、員工代號、服務單位、職層、職稱等。

二、請求事項。

三、事實及理由。

四、考核結果通知書送達之年月日。

五、提起之年月日。

六、申訴人簽名或蓋章。

第16條　本要點經董事會通過後實施,修正時亦同。

資料來源:國內某大電信公司。

範例 9-2

年度績效評估表

評估期間	01-01至12-31
評估目的	年度績效評估

行為評估項目

評等說明：A：幾乎在任何時間都有此表現（Almost）。
　　　　　　B：經常有此表現（Often）。
　　　　　　C：有時有此表現，偶爾有偏差（Sometimes）。
　　　　　　D：行為偏差（Deviation Behavior）。

一、團隊合作	評等	
	員工	主管
是否具備合宜及合作的態度，有效地與夥伴們共事。能與他人共事、協助他人及承擔團隊工作責任的意願。 • 展現友善、圓融的態度，尊重他人，有禮貌 • 提供最大的合作熱忱並承擔完全的工作責任 • 願意積極分享知識和經驗，並協助他人完成工作任務		
說明：（請陳述表現優異及需要改進之處）		

二、以客為尊	評等	
	員工	主管
是否具備滿足外部客戶應有的態度。 • 意識客戶的需求並主動回應 • 預測客戶的需求並能滿足客戶不同的需求 • 維持良好的互動與友善的關係，並獲得客戶的讚賞		
說明：（請陳述表現優異及需要改進之處）		

三、品質	評等	
	員工	主管
是否具備工作品質的敏感度及自我要求。 • 第一次就將事情做對 • 對工作的品質有堅持，不需修正或監督 • 積極採取任何提升品質的行動 • 實事求是		
說明：（請陳述表現優異及需要改進之處）		

四、徹底執行	評等	
	員工	主管
是否能貫徹以下執行準則。 • 主動取得完成任務時間 • 指定時間內完成任務 • 預先報告不能如期完成原因，並重新訂定新的時程 • 一定守時 • 所有的電話要在一個工作天內回覆，所有的e-mail要在兩個 　工作天內回覆		
說明：（請陳述表現優異及需要改進之處）		

五、溝通協調	評等	
	員工	主管
是否具備合宜的溝通協調技巧及態度，完成工作的要求。		
• 在說及寫的溝通上能清楚精確地表達完整的意思或想法，進 　而與他人建立並維護良好的內部及外部的人際關係 • 能用心、耐心傾聽他人意見，並運用傾聽技巧，進而充分瞭 　解他人的訊息 • 能整理不同人之意見表達共識		
說明：（請陳述表現優異及需要改進之處）		

行為態度評估總分（請評定總分數）：（主管填寫） 評等／分數：D=0、C=1, 2, 3、B=4, 5, 6、A=7,8 （行為態度評估項目最高分為40分）	

加分項目		

一、社會責任	評等	
	員工	主管

個人對社會服務所貢獻的時間及努力，以完成社會責任的實踐。 • 展現自願參與社會工作的熱情和努力 • 實踐個人對志工工作的承諾 • 促進並影響他人參與社區工作，並善盡良好公民的社會責任		
A	• 採取行動完成更多的社會工作（執行超出一天的公益假） • 促進並鼓舞其他人參與社區活動	
B	• 採取行動完成基本的社會責任（有執行一天的公益假） • 對於分擔社會責任表現認同的態度	
C	認同社會責任的態度，並試著採取行動以盡社會責任（未執行或未完成一天的公益假）	

說明：（請陳述表現優異及需要改進之處）	

社會責任 評等／分數：C=1、B=3、A=5（主管填寫）	

績效達成評估				

員工填寫 （請在以下欄位列出2014年PDP目標）	主管填寫			
目標（共70%）比重欄位的總數為7	達成率	比重 （a）	評等／ 評分 （b）	加權分 數（c = a×b）
		績效總分		

A：目標達成率超出110%（評分11-12）
B：目標達成率100%（評分8）；目標達成率101～110%（評分9-10）
C：目標達成率80%（評分5）；目標達成率81～99%（評分6-7）
D：目標達成率低於80%（評分0）

年度績效評估（主管填寫）（績效達成評估＋行為態度評估＋社會責任）最高總分為129分：	

上述評估項目，評估主管之意見：

上述評估項目，員工之意見：

年度績效評估總評分：（主管填寫）
□A5：優　□A4：好　□A3：符合標準　□A2：需再加強以符合標準
□A1：不合格

資料來源：國內某大積體電路製造公司。

小常識

評估者注意事項

1.績效評估是員工在特定一段期間工作表現的評估。

2.您的評估必須根據該員工的工作任務及其績效表現，並對照其他負責類似職務員工之工作表現。

3.在評估前，請詳閱各個行為態度評估項目之說明，並仔細思考員工在各個項目的表現，再給予最能代表您意見的評等及評等的說明。

4.一次考慮一個項目，切勿讓某一個評估項目影響其他的項目。

5.請思考員工在各個項目的整體表現，切勿基於單一事件而決定評估

結果。然而，若該單一事件具有顯著性，請將您的意見註明於空白處。

6.您也需將所評估的結果充分與員工溝通。

7.評估時，您也需與員工討論下一評估期間可能的新目標和期望。同時，請確認員工未來的訓練及發展課程，以增進員工的效率和效能及可能的發展規劃。

9.基本上，行為表現占30％，工作績效表現占70％。

資料來源：國內某大半導體製造公司。

 ## 第三節　績效考核等第的設計

　　美國英代爾公司的員工績效考核體系，採用排列法，評價週期是一年。員工的評價記錄載入檔案。對員工排序的方式，是主管人員在一起開會，對承擔相同工作的員工，根據他們對部門或組織的貢獻大小進行排序。英代爾的經驗是在一個考核單位中，包括的員工人數最好在十人到三十人。

　　在過去，英代爾係將員工區分為常見的A、B、C、D、E五個等級，結果被評價為「C」的員工人數最多，但是他們並不被視為做有成就貢獻的員工，這嚴重影響了員工的心理。現在英代爾已將評價結果的五等級簡化為「傑出」、「成功」和「有待改進」三個層次，有效地克服了這一問題。

　　在英代爾，員工評價工作由一位「排序經理」（Ranking Manager）負責組織與實施，直到最後產生一份員工名次的「龍虎榜」（張一弛編著，1999：207）。

一、考核等第定義參考用語

判別能力，指的是績效評估指標必須能夠有效的區分績效表現良好以及績效表現不佳的員工。績效考核等第的級數，因企業對其績效考核項目的設計、員工人數多寡，行業別、產品別等考慮，而有不同的等第區分，一般以七等第至三等第最為常見（**表9-3**）。

表9-3　強迫排名　輔助績效評比

強迫排名的爭論，始於奇異公司2000年股東年報。當時的執行長威爾許解釋並讚揚這套該公司行之有年的制度。他在報告中寫道：「我們將公司員工分成三類，前20%、中間70%的高績效表現員工，以及最末端的10%。」他接著說明公司必須從心靈與薪資兩大層面，留住並培訓前20%的員工，同時解僱最後10%的員工，才能建立真正的菁英團隊。

這個流程的評量方式，是比較員工之間的績效，而非員工對於預定標準與目標的達成度。威爾許的公開背書與讚揚引發了全國性的爭論，大家都在問，這個方法對績效管理有何好處。對於強迫排名的反應幾乎是一面倒地看壞，批評者說每年找出並解僱組織內殿後的10%員工，不僅不切實際，而且不甚道德，因為這群人一直被告知自己的表現還可以接受。

因此，我希望透過本書讓讀者知道，強迫排名也能成為企業人才管理方法中重要的一環。幾乎每個組織都有績效評估制度，強迫排名只是輔助要件，而不是替代工具。這是相當嚴謹的流程，能區別出組織內的才能高低，並解決評等誇張不實或不一致等經常引起抱怨的問題。強迫排名能作為傳統績效評量結果的查核與平衡機制。

當然，要求經理人點出團隊裡特定比例的員工是「廢人」或「不適任」，他們一定會抗拒。其實，公司是要求他們在達成基本的績效滿意度與接受度的員工中，找出表現最佳與最差的人，而不是要求他們挑出表現低於標準的人，畢竟在所有接受評量的員工中，可能找不到任何一個人表現是完全滿意的。

一般認為排名掛車尾的員工一定表現不良，但事實並非如此。他們或許是廢人，但也可能是夢幻明星團隊裡的績優隊員。

老實說，我不認為強迫排名是萬靈丹，是每家公司都應採用的制度。絕對不是。我會解釋強迫排名適用於哪些狀況，並清楚說明在哪些情況下，採用其他人才管理方法是比較好的選擇。

資料來源：Dick Grot著，曾沁音譯（2006）。《強迫排名》。臉譜出版／生活大師專欄，《經濟日報》（2007/01/02），B4版。

(一)七等第的用語

1. 表現傑出：表現出極少人有的優異績效。任務與責任的完成幾乎可說是盡善盡美，無可挑剔。

2. 表現超出標準：不論就工作的量與質來講，表現一向都超過標準。任務與責任均極有效的完成。

3. 表現經常超出標準：績效向來皆達工作要求，表現經常超出標準。任務與責任均能在大方向的指引下，有效的完成。

4. 表現在平均標準：表現出一般有經驗員工的工作績效。能執行工作說明書上所載的各項工作並達工作要求。任務與責任在些許的監督與指示之下，有效的完成。產量都能符合一般的工作標準。

5. 表現未全達標準：大致達到工作要求，但有時候不及。任務與責任都能完成，但有時成效不足。比一般員工需要更多的監督與指示。工作量通常可符合工作標準，但偶爾不及。

6. 表現未達標準：符合工作最低標準，但比期望的差。任務與責任雖然達到或超過了最基本的績效標準，但僅算是差強人意。需要極嚴密的監督與經常的指示。雖有產出，但仍需要大幅改善。

7. 表現不及格：無法達成工作要求。績效在標準以下，不及格。需要極嚴密的監督與指示。工作量不足，且極需改進。

(二)六等第的用語

1. 傑出：績效成果明顯且持續的超越預定的目標及工作計畫。能展現具體的工作成果，並以個人在工作崗位上的卓著成就，提升組織對公司整體的貢獻。

2. 經常超出標準：預定的目標及工作計畫，不論在質與量上都能以優異的績效來達成，並在個人崗位上某些重要的工作領域，持續的超越預期的貢獻。

3. 偶爾超出標準：預定的目標及工作計畫絕大部分都能圓滿達成，且

在某些工作領域表現超越預期的績效成果。

4.符合標準：績效成果一直都能維持在該職務必須達成的標準。預定的目標及工作計畫通常都能圓滿達成。個人在工作崗位上的具體表現符合該職務的要求標準。

5.未達標準：預定的目標及工作計畫大多未能圓滿完成。在某些重要工作領域的績效表現低於預期。然而該員工應該有能力將績效提升至令人滿意的程度，主管也將針對其現況訂定下一期的改善目標。

6.不及格：預定的目標及工作計畫一直未能達成。在正式考核之前，已和該員工就其缺乏改善的意願與能力之事實加以溝通。績效成果不合格。

(三)五等第的用語

1.卓越（績效遠超過預期）：績效遠超過預期，達到最高標準。此項評等屬於全公司績效最優異者。

2.超越標準（績效超過預期）：績效持續超過預期。表現出明顯超出預期的貢獻。

3.達到標準（績效達到預期）：績效持續達到預期。工作表現令人滿意，在某些目標上有時超出預期。

4.部分達到標準（績效達到部分預期）：績效達到部分預期。未充分達到標準，仍有待努力。

5.未達標準（績效未達預期且不能被接受）：績效持續未達預期並無法被接受。被評定此項者，係指該員工必須在限期內改進（**表9-4**）。

(四)四等第的用語

1.表現優異：表現一直超出預期水準。

2.表現良好：表現偶爾超出預期水準。

表9-4　考績五等第評定

等第	說明	實務面
一等第（10%）	工作表現傑出，超過職責要求	執行＋應變＋預期狀況的因應＋協助主管影響同事提升績效
二等第（25%）	工作表現優秀，經常超過預期的工作標準	執行＋應變＋預期狀況的因應
三等第（35%）	工作表現良好，經常達到並有時超過預期的工作標準	執行＝標準
四等第（22%）	工作表現合乎職位基本要求	執行＜標準
五等第（8%）	工作表現低於預期的工作標準	執行不力

資料來源：作者自行整理。

　　3.及格：表現達到預期水準。

　　4.不及格：表現低於預期水準。

(五)三等第的用語

　　1.超過標準：工作績效超過標準量。

　　2.達成標準：工作績效達到標準量或偶爾超過標準量。

　　3.未達成標準：工作績效一項或數項未達規定標準量。

　　不管企業使用何種評分等級，有關績效各等第的定義解釋一定要清楚、明確，以使主管和部屬都有一定的標準依據來評量工作表現，才不致造成全公司各部門主管與被考核者不同認定的績效結果與解讀。

二、等第評比之盲點

　　績效考核等第評比之區分，始終是企業運作過程中容易產生矛盾的一個層次。員工擔心評比成績不佳，必須捲鋪蓋走人；許多主管則不太願意因為必須拿某些員工開刀而得罪對方。然而不容否認的，許多企業已經

範例 9-3

福特汽車之績效管理法律問題

福特汽車公司（Ford Motor Company）是一家生產汽車的跨國企業，二十世紀初，由亨利‧福特（Henry Ford）所創立。

福特曾經把中層管理人員按績效考核結果劃分為A、B、C三個等級。在一個年份內被評為C級的管理人員將不能獲得任何獎金；如果一位中層管理人員連續兩年被評為C級，那麼這就意味著此人很可能被降級或解僱。公司每年都會把10%的中層管理人員評為C等，也因此福特汽車的這種績效評價方法使它成為幾次法律訴訟的被告。

後來，福特汽車不得不改變其原有的績效管理過程中的一些主要內容，其中包括每年必須固定比率的管理人員被劃為C級，而被劃為C級的管理人員不僅得不到任何獎金和績效加薪，而且還可能失去工作。現在，調整為每年必須列入C級的管理人員下降到了5%，原來的A、B、C三級也被換成了「高績效者」、「績效達標者」以及「績效有待改進者」的作法，並且那些被評為「績效有待改進者」的員工還可以得到以幫助他們改善績效為目的的相關指導和諮詢。

資料來源：洪贊凱、王智弘編著（2012）。《人力資源管理》。新頁圖書出版。

開始利用強迫分配評核辦法判定員工工作表現的優劣，以達到持續提升員工素質及工作效率的長遠目標。雖然分級評比嚴苛武斷，然而並未阻止福特汽車、奇異等許多知名企業採用分級評等。

據估計，目前美國已有約五分之一企業採納此制度；另外，在經濟繁榮時期，尚有許多企業則經常祭出評比並淘汰不適任員工的手段，因為如此一來，員工就會特別賣力工作。在經濟成長趨緩的時候，這套制度

對資方特別有用，它可以在企業為了降低成本，以迎合華爾街的非常時期，有效降低員工跳槽的機率及企業內耗的成本。

　　不管企業使用何種評分等第，它必須有清楚的定義，以使主管和員工都有標準依據來評價工作表現。在績效考核偏誤缺失上，有所謂「過寬」或「過嚴」謬誤，例如有些主管比其他主管還嚴格（或標準較鬆）：「我從來不給『優異』的評價，沒有人會有這樣等級的表現。」；或有些主管比其他主管標準還寬鬆：「我會把每個人都評為『良好』，因為我不想讓任何人感到挫折。」這兩種方式都是不客觀的，員工期望的是對他們工作表現的評價與回饋（John Payne、Shirley Payne合著，莫菲譯，1997：276-277）。

範例 9-4

強迫分配評核辦法

宗旨：強迫分配是預先設定各績效層次（Levels）的配額，將所有的員工強迫分配到配額的範圍等第內。

依據：1.將員工的表現做明確的區分，協助主管在評核時，依常態分布的原則，納入

　　　　10%：40%：40%：10%的四層配額，或

　　　　15%：20%：30%：20%：15%的五層配額。

　　　2.強迫分配是「相對績效」的比較，此種方式能鼓勵員工有良性的競爭，如何超越他人。

　　　3.強迫分配能協助主管在評核時，將員工納入較高、較集中、較低的三種等級。因主管對績效等級的認知不同，或本位主義，會造成部門間的考核及獎金不公平的結果。

作法：1.各單位使用共同評核表時，主管評核項目，可求其簡單的評

核變項：如工作品質、工作數量、工作效率、協調合作、創新能力等，將員工的分數按高低納入上述四層配額或五層配額。

2.各單位使用不同的評核表時，因其評量結果，有的單位偏高，有的集中、有的偏低。因各部門都有配額，主管可將其分數依高低納入四層配額或五層配額。

3.各主管在使用任何評核表時，必須先與員工溝通將要評核的每一項內容，使員工先瞭解主管是根據什麼，來評核員工，這對員工在工作時的重點有所幫助。

4.直線主管必須接受人力資源部門的訓練，如何與員工溝通績效評核的內容與重點、目標與程序，並且直線主管要具備面談技巧及根據評核結果，來發展員工的能力。

5.在同一評核表中可加一欄「員工自我評核」。員工自我評核雖不列為考績的依據，但有教育員工提升工作品質的目的。假如公司在推動同事的評核，其效果也很不錯。若推行部下評核主管時，其目的在於協助主管能改善其管理能力。

6.在作評核時，要注意評核的陷阱：

(1)主觀效果：傾向高估自己喜歡的員工。

(2)近期效果：近期的特殊表現而忽略對整年的評估。

(3)盲點效果：主管自己的缺點或無知，而忽視其評估重點。

(4)友朋效果：主管與較親密關係的人，給予較高評分。

7.績效評核的原則：相同的職級應有相同的貢獻度。當評核時不可再考量教育背景，也不可以輪流的方式，或將考績透露給其他的人，要瞭解績效評核是一種保健因素（Hygiene Factors），而非激勵因素（Motivating Factors）。

資料來源：李長貴（2000）。《人力資源管理：組織的生產力與競爭力》。華泰文化事業出版，頁334。

第四節　績效考核表設計的注意事項

　　績效考核表的設計，亦是績效考核制度的難題之一。從統計學角度來看，考核表必須合乎信度和效度的原則，以確保評核結果的準確性。信度高的評核表，就是員工在不同時間下被審核所得的結果都應是相同的。效度高的評核表，就是所量度的項目與評核所希望得到的資料相符（何永福、楊國安，1993：117）。

　　企業設計績效考核表時，必須注意的重點有（羅業勤，1992：10-21）：

1.簡單、清晰及明確，易於瞭解及執行，不需耗時太長。

2.直接與所評估工作之職責相關聯，同時反應評估人的需要。

3.具有讓不同部門主管運作的彈性，依各種不同作業功能建立考核項目，以配合各種不同形式的需求彈性，可以給予各部門在考核項目上做選擇。

4.表格能夠讓評估人有足夠使用空間，得以充分評述被評核人在所有評估期間的表現。表格勿太籠統，以免造成評估人只評估被評核人近期工作表現的結果。

5.考核表的設計需避免用一些說明方式或「不恰當」語言：

　(1)不要給太多主觀意見的空間，例如全部採取開放式的敘說法以做評估，而不補充特定的事實與佐證。

　(2)不可採取太違反人情的籠統批判字眼，例如「劣」、「孤僻」、「不合群」、「懶散」，而必須代之以特定事實。

　(3)不可採取用缺點、短處等負面提示，而必須帶以「限制」、「需改進」、「需加強」等較中性與正面性語言。

一、建立績效考核制度可能遭遇之問題

　　一些企業在建立績效考核制度時，所遭遇到的問題，約有下列幾個

範例 9-5

修正考績準則解僱員工　安泰銀敗訴

　　安泰銀行修正考績準則,把連續兩年考績丙等解僱的規定修正為一年,並在同年度依修正準則開除林〇勇等員工。林〇勇等七人提起訴訟,最高法院判決七名員工可回公司上班,安泰銀行敗訴確定。

　　這七名員工都是安泰銀行金融消費商品的行銷專員,因為未達公司訂的業績標準被開除。法院判決認為七人業績不良,並非不能另行訓練;此外,企業的支援教導也很重要,銀行僅以考績標準做出最嚴重的解僱處分,實非可取。

　　法官認為安泰的解僱違法。安泰突然改變既定的考績準則有違公平誠信原則,七名被解僱員工所受的不利程度過於嚴重,解僱應不生其效力。

資料來源:〈修正考績準則解僱員工　安泰銀敗訴〉。《聯合報》
　　　　　(2005/08/05)。

原因:

　　1.公司及管理階層不認同績效管理制度。

　　2.缺少職位(職務)說明書。

　　3.缺乏客觀的評估標準。

　　4..績效管理技巧訓練不足。

　　5.組織內部溝通不良。

　　6.獎勵不足,無法反應績效。

　　7.制定績效考核作業流程及設計表格不切合實際狀況(**表9-5**)。

表9-5 部門評比及員工分級百分比對照表

員工績效等級	部門員工分級百分比分布				
	部門考績評比				
	優越	好	合標準	待改進	不合格
特甲（不得高於%）	8%	6%	5%	2%	1%
甲（不得高於%）	20%	17%	15%	12%	10%
特乙、乙上、乙（不得低於%）	71%	75%	75%	78%	79%
丙（不得低於%）	1%	2%	5%	8%	10%
丁	按實際觀察結果評估，不受百分比限制				
不適用考績	新進員工				
說明：若某部門的考績為「好」，則該部門經理對員工的評估等級特甲不得高於6%；甲不得高於17%；乙等總和則不得低於75%，至於如何分布於「特乙」、「乙上」及「乙」中，則由部門經理裁量；丙級則不得低於2%。					

資料來源：李建華、方文寶編著（1996）。《企業績效評估理論與實務》。超越企管顧問公司，頁109。

小常識

績效評核失敗的原因

1.管理者缺乏員工實際績效的資料。

2.評核員工的績效標準不清楚。

3.管理者對評核工作不認真執行。

4.管理者不準備或不推行評核檢討。

5.管理者不認真或未能誠懇地做評核工作。

6.管理者欠缺評核的技巧。

7.員工沒有接受績效評核的回饋。

8.對績效報酬的發給，沒有足夠的資料佐證。

9.沒有一套員工發展的討論或諮商作法。

10.經理人使用含糊不清的評估回饋的語言。

資料來源：李長貴（2000）。《人力資源管理：組織的生產力與競爭力》。華泰文化事業出版，頁334。

績效管理
Performance Management

二、完善績效考核制度的建議

　　企業設計績效管理制度時，需妥善應用不同型態的績效衡量指標，不能有所偏頗。下列是對企業在設計績效考核制度的建議：

1. 能有效的配合策略，將組織目標轉化為行動，促使員工行為集中於正確的策略焦點之上。
2. 應能協助企業設定組織及個人成長的方向。
3. 必須有效整合企業不同層面的行動方案，例如組織變革、業務流程再造、全面品質管理、顧客滿意度提升等專案。
4. 追蹤關鍵績效指標（KPI），於設計績效管理工具時，讓關鍵績效看得見，最好是一眼就能看穿問題所在。
5. 各級主管充分支持與配合。
6. 來自工作分析評估制度的內容。
7. 強調工作行為而不強調個人特性。
8. 確保評估結果，並對員工進行溝通。
9. 確保員工評核期間，被允許可做回饋。
10. 訓練管理者如何適當地評估。
11. 確保評估是書面的，由文件顯示且需加以保存的。
12. 確保人力資源管理決策與績效評估一致。
13. 利用績效面談，將績效表現回饋給部屬。
14. 績效評估制度要與員工的生涯發展制度相結合。

　　「徒法不足於自行」，一套完整的績效考核制度，除了做好績效評估之外，更需要善用績效評估的結果，一則讓公司瞭解人力資源的素質，二則亦讓員工知道什麼地方的表現應該繼續維持，什麼地方的表現需要改進；同時，在推動新的績效管理制度，更要有鍥而不捨的決心，它絕非一蹴可幾，要能下定決心，一次做不好，多做兩、三次，不能因為員工

不習慣，就心存作罷，不能因為員工遇到挫折，就心存懷疑，畢竟員工抗拒乃推動組織變革的必經之路（廖志德，1999：33）。

範例 9-6

績效主義毀滅新力公司

日本知名廠商新力（SONY）公司前任常務董事天外伺朗，2007年在日本《文藝春秋》月刊中發表了一篇〈績效主義毀滅新力公司〉，痛心的指出，過去堪稱是資訊、家電產業龍頭的新力，近年來從筆記型電腦鋰電池著火，世界上使用新力產鋰電池的約960萬台筆記本電腦被召回，更換電池的費用高達510億日元。PS3遊戲機曾被視為新力的「救星」，在上市當天就銷售一空，但因為關鍵部件批量生產的速度跟不上，生產成本也很高，造成嚴重虧損，經營績效一路的下滑，一切都要歸咎於近年來新力所奉行的「績效主義」。

一、績效主義vs.激情集團

天外伺朗在新力服務近四十年，他將新力過去的成就應歸功於企業文化，他以「激情集團」來形容新力的企業文化，所謂「激情集團」指的是企業中那些不知疲倦、全身心力投入開發的團隊成員。

新力創辦人井深大以其領導風格，點燃技術開發人員心中之火，使得他們無怨無悔地為技術獻身，接連不斷地開發出具有獨創性的產品。井深大常掛在嘴邊的一句口頭禪：「工作的報酬就是工作」，意思是說，如果你現在做了一件工作而受到好評，那麼下一次你就有權選擇更好、更有挑戰以及更有趣的工作來做，這也是工作的初衷及意義所在。在這樣的氛圍下，新力的每一位員工均有強大的「內部動機」，這種動機來自於本身對工作的熱情、投入、執著及義無反顧；而與之相反則是升官、發財、加薪等來自於世俗回報的「外部動機」，他認為這也是扼殺員工對工作原始的激情與創意的關鍵，也是

這幾年新力走下坡的主因。

二、績效指標掛帥的迷思

　　自1995年開始，新力開始實行績效主義，制定詳細的評價標準，根據每個人的評價制定報酬。以各種關鍵績效指標（KPI）詳細制定了各項評核標準，更成立了專責部門對個人進行績效考核，以確定各部門、個人在公司中的價值。為了準確衡量工作績效，開始耗費大量的時間與精力在將工作項目量化、數字化，使得簡單的工作變得複雜。

　　同時，在結果導向的評核制度下，為了美化績效評估的結果，員工不再挑戰高難度的目標，一些細緻及紮實的工作開始被有意無意地忽略，而短期內無法展現績效的工作變得沒人想做。每個人都盡可能地提出容易實現的工作目標，「因實行績效主義，使得追求眼前利益的風氣在公司蔓延開來。」天外伺朗如此寫道。

三、消失的「挑戰精神」

　　另一方面，因為要應付業績考核，大家都不想要訂出高遠的目標，而是提出容易實現的低目標，使得新力精神的核心——「挑戰精神」因而消失。而績效考核不僅對個人進行考核，同時也對每個業務部門進行考核，由此決定整個業務部門的報酬。於是部門與部門之間也為了績效相互鉤心鬥角，以設法從公司的整體利益中為自己的部門多撈取更多的利益。

　　天外伺朗認為，績效主義讓業務成果和金錢報酬直接掛鉤，員工為了得到更多報酬而努力工作。但外在的動機增強，相對減弱了內在自發性的動機，使得以工作為樂趣這種內在的意識受到抑制。由於績效主義的實施，讓員工逐漸失去對工作發自內心的熱情。而更大的弊病是破壞了公司的氣氛與員工內部團結，讓「激情集團」消失成為歷史，隨之而來的是一連串重大的失誤及鉅額賠償事件。

資料來源：張嘉耀（2008）。〈績效主義殺了激情集團　績效管理的兩面刃〉。《能力雜誌》，第625期（2008年3月號）。

結　語

　　企業在建立績效管理制度時，可能面對很多不同的選擇，哪一種是最適合的量度或評核方法，是一項重要課題。據研究顯示，沒有一個方法或選擇是最好的，因為每個方法都各有優缺點，企業要視其文化和策略而定，其最基本的考慮有四方面：(1)績效考核制度的用途；(2)經濟的考量；(3)誤差的考慮；(4)人際面的考慮（何永福、楊國安，1993：107）。

Chapter

10

績效考核行政作業

頭上的雙耳、一張嘴是為了多聽少說。

——古希臘哲學家芝諾（埃利亞德）（Zenon Eleates）

心理學上的歸因理論（Causal Attribution Theory）有賴於下列假設：人們因為想要瞭解行為，所以指派其原因。人們通常將原因歸於性格特質或情境因素。

性格特質，包括個人或團體特質，例如動機水準、心情與先天能力；情境因素，包括個人無法控制的力量，像是環境條件或運氣不佳。人們在評估自己行為時，傾向於偏好情境因素，相反地，人們在評估他人行為時，傾向於偏向性格特質。

歸因於性格特質而非情境特徵的著名例子出現在英國人類學家滕布爾（Colin Turnbull）的著作森林人《*The Forest People*》乙書中，滕布爾描述一位歐洲農場主人，如何對待沒有穿襯衫但是打領帶的非洲農場工人：「我實際上有一個打領帶的農場……但是這個愚蠢的混蛋不知道打領帶時也要穿襯衫。」主人將此行為歸於性格因素……這位農場工人就是很愚蠢。如果農場主人以情境因素來解釋此行為，他可能會發現：「農場工人之所以打領帶，是因為它有鮮明的顏色，可以用來綑綁東西。他之所以拒絕穿襯衫，是因為它會堆積灰塵和汗水，讓歐洲人聞起來覺得很臭。」無論對錯，人們的歸因都會塑造社會互動的內容，換言之，人們建構現實的方式，會影響他們如何對待和處理不同的個人和團體。因此，心理學家海德（F. Heider）認為，人們傾向於將原因歸於個人特質而忽略了情境的因素（Joan Ferrante著，李茂興、徐偉傑譯，1998）。

第一節　有效的溝通技巧

溝通（Communication）起源於拉丁文Communis，意即「分享」或「建立共同的看法」，是一種雙向交流、互動的過程。在企業內，溝通的

基本目的，是主管提供部屬個人工作所需的資訊，同時針對部屬個別的工作表現來做回饋。一旦達成這些基本的要求後，部屬就可以瞭解其工作單位的目標和成果、在單位內所扮演的功能性角色和對組織整體的影響，以及找出對企業產生貢獻的有效方法（**表10-1**）。

　　人類社會是由「溝通」所形成，且溝通的方式絕大部分是靠「說」和「聽」兩者所形成。雖然溝通的方式還有使用眼睛「看」的方式，利用皮膚「接觸」的方式，以及「嗅」的方式，但是仍然以「說」與「聽」為主軸（**表10-2**）。

一、溝通的方式

　　績效考核要做到公平、公正才行，所以主管一定要對部屬很瞭解，除了平時的觀察、留意、記錄之外，還需要採取有效溝通的評估方法。

　　1.單向式的績效評估過程：一般公司做績效考核時，大多採用單向式的績效評估過程，這種作法無法讓部屬提出說明或解釋，比較容易產生評估的偏差（**圖10-1**）。

表10-1　有效溝通十誡

1.溝通前應先將概念澄清。 2.檢討溝通之真正目的。 3.考慮溝通時之一切環境情況，包括實質之環境及人性之環境。 4.計畫溝通內容應盡可能取得他人之意見。 5.溝通時要注意內容，同時也應注意語氣。 6.盡可能傳送有效之資訊。 7.要具備必要之追蹤，獲取有用之回饋。 8.溝通時不僅應著眼於現在，也應著眼於未來。 9.應言行一致。 10.成為一位好聽眾。

資料來源：美國管理協會（American Management Association, AMA）。

表10-2　說話的藝術

批評性	描述性
該死！你下次再也不能幹這種蠢事了！	不合格的廢品仍然太多，我們必須設法解決這個問題。
你真是笨手笨腳，不懂人情世故。	有些同事誤認你的坦率、正直為敵對的，不友善的行為。
你真是好鬥分子，天天好勇鬥狠，不知合作。	有許多人認為你的態度太強硬了一點。
這件意外完全是你的責任，你疏忽了安全規則。	這件意外的發生，可能是因為我們對安全規則的看法有點出入。
威脅性	問題取向
我的意思已經很明白了，為什麼你還不回去工作？	這些意見都值得考慮。回去後，你好好想一想，下星期我們再討論。
我已經決定這麼做，以提高績效。	你有沒有想過，我們該怎麼做才能提高績效。
冷淡型	關懷型
我真不知該怎麼辦？	對於此事我也無計可施，但我知道該向誰求助。
此事我一無所悉。	我沒有注意這件事。讓我好好想想，看看有沒有辦法可以解決。
好吧！你就試試這個方法。	我覺得你好像對我們的計畫沒什麼信心。
優越感	平等式
算了吧，老王！這種事我已經幹了十幾年，難道還要你多說。	這個辦法以前用過，而且頗為有效，你要不要試試看。
聽好！決策是我的權力，還輪不到你來過問這件事。	雖然最後的決定操之在我，但你仍然可以提出意見。
僵硬型	彈性型
這個問題我已經有相當的瞭解，所以不需要其他的意見。	關於這個問題，我已經有了腹案，不過我仍然很想知道你的看法。
這些建議我都仔細考慮過了，不必多費唇舌再爭辯了。	我仔細研究了這些建議，儘量設想它們的優點，你能不能指出我疏忽了哪些地方？

資料來源：劉宏基譯（1987）。〈考核不是批評〉。《現代管理月刊》，1997年
　　　　　9月號，頁28-31。

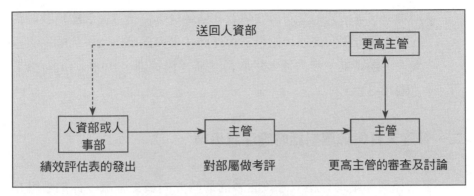

圖10-1　單向式的績效評估過程

資料來源：楊錦洲（1995）。《管理人才不是天生的》。哈佛企管顧問公司，頁
148。

2.員工與主管進行雙向溝通式的績效評估過程：有一些企業在辦理績
　效考核時，採取主管對部屬進行績效評估時，與部屬雙向溝通，告
　訴部屬這一段期間的表現如何、優點為何、缺點應如何改進等等
　（圖10-2）。

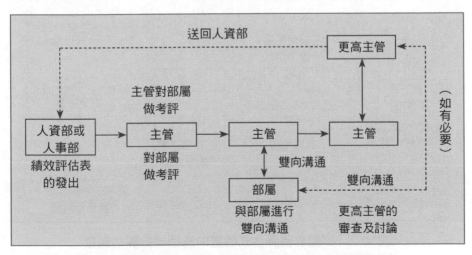

圖10-2　員工與主管進行雙向溝通式的績效評估過程

資料來源：楊錦洲（1995）。《管理人才不是天生的》。哈佛企管顧問公司，頁
151。

3.部屬自我評估式的雙向溝通績效評估過程：它是透過部屬自我評估
的方式進行雙向溝通。如果主管評估結果與部屬自我評估的結果差
異大，則需進一步溝通，以取得共識（楊錦洲，1995：142-151）
（圖10-3）。

二、管理人員與部屬對話時應注意事項

主管在與部屬進行績效考核面談溝通時先向員工強調，你的重點是
「績效」，而不是他「個人」。例如：「上個月，你的店面盤點表有七次
沒有交」，這種說法具體又直接，而且聚焦在「績效」，而不是「人」身
上，比較能真正獲得你要的結果。下列是管理人員與部屬對話溝通時應該
留意的事項：

1.溝通光有技巧是無法達成的。為了使溝通能夠成功，主管必須具有

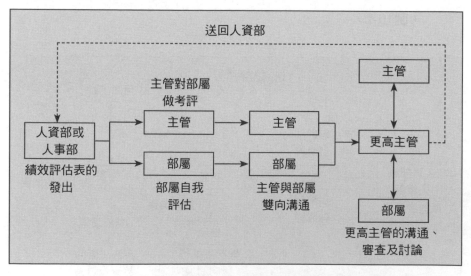

圖10-3　部屬自我評估式的雙向溝通績效評估過程

資料來源：楊錦洲（1995）。《管理人才不是天生的》。哈佛企管顧問公司，頁
151。

誠懇的態度。

2.在溝通之前，應事先對溝通的方式和內容加以檢討，並把重點儘量集中在工作的目標與部屬自我啟發的目標上。

3.在溝通時，必須指導部屬自己設定工作與自我啟發的目標，並努力提高部屬的幹勁。

4.儘量讓部屬自由地說出其意見，並對部屬說明公司以及自己對他本人所期待的事項，以努力達到共同的結論。

5.在部屬所提出的事項中，如果在實行上有困難，應該實際加以說明，以免部屬抱著希望。

6.管理人員本身應該抱著坦率的態度，不要讓對方有拘束的感覺，努力塑造一個平等地位的對話氣氛。

7.意見有分歧的時候，也絕不爭論，必須以冷靜的立場，聽聽對方的意見，彼此協力引導出一個適當的結論。

8.在對話結束之後，應該把討論的重點整理出來，並互相確認。

9.在進行溝通時，盡可能選一處比較安靜、不會受到干擾的地方。

小常識

周哈里窗（Johari Window）

　　這個理論是美國社會心理學家魯夫特（Joseph Luft）與英格漢（Harry Ingham）在1955年所提出，由兩人名字的前兩個字母命名。周哈里窗展示了關於自我認知、行為舉止和他人對自己的認知之間在有意識或無意識的前提下形成的差異，由此分割為四個範疇：

1.開放自我（Public Self）：在「我」這個人的所有資訊中，自己知道、別人也知道的部分。例如：名字、興趣等。

2.盲目自我（Blind Self）：指別人知道，但自己不知道的部分。例如：別人可能已注意到我們某些行為模式或說話習慣，但我

們自己卻不知道。因此，透過他人的意見回饋，我們才能更加
瞭解自己。

3.隱藏自我（Hidden Self）：此表示自己知道，但別人卻不知道
的部分。唯有主動向他人自我揭露（Self-disclosure），才能讓
別人更認識、瞭解我們自己。

4.未知自我（Unknown Self）：指的是包括我們自己和別人，大
家全都不知道的部分，這也許是我們未被發掘的潛能等。

隨著自我人際關係的進展，「開放自我」的區域會愈來愈擴大，
「盲目自我」與「隱藏自我」的部分會愈來愈小。

資料來源：丁志達撰文。

 ## 第二節　傾聽藝術

在人際關係中，「懂得聽」與「會聽」是一門學問。最會讓對方
說出心裡話的人，就是最會傾聽的人；最會傾聽的人，就是最會問話的
人，而問話並非質問、挑戰對方，是關心的問話，引導對方願意自我坦
白。當對方說出來時，最重要的是傾聽，並讓他有安全感。傾聽是聽出他
的困難和問題點，並不是要羞辱他，而是以同理心去關心他，協助他，讓
對方從對話中找到答案，對話是建立在彼此信任的基礎上，願意深度彼此
互相成全。

一、傾聽的重點

直銷企業玫琳凱公司創辦人玫琳凱・艾施（Mary Kay Ash）說：「優
秀的領導者必須是很好的聽眾。上天賜給我們兩隻耳朵、一張嘴，就是要

傾聽的重要性

美國有一位汽車銷售大王，在他的銷售生涯中總共賣出一萬多輛汽車。雖然他銷售成績十分亮眼，卻是曾經經過多少次的失敗才得到的成績。有次，一位客戶介紹他的朋友來買車，銷售大王非常認真用心的介紹，客戶也表示滿意，可是到最後客戶突然不買了。銷售大王經過一整天的反覆思考，終究是不明白問題出在哪裡？終於忍不住打電話去詢問客戶，到底為什麼原因不買他的車？當客戶聽到銷售大王電話的來意，猶豫一會，終於開口說：「你對汽車的解說我很滿意，可是我不欣賞你下午的態度。我本來想買，但最後在談到我兒子的事情時，你表現出一副蠻不在乎的態度，而且你一邊和我談話，又一邊聽別桌銷售員在講笑話，這讓我覺得很不受尊重，我就是因為你的態度才決定不買了。」

資料來源：溫玲玉（2010）。《商業溝通：專業與效率的表達》。前程文化事業，頁157。

我們多聽少說。傾聽有雙重的好處，不但能得到有用的消息，還使別人感覺自己的重要。」

傾聽不只是閉嘴聆聽而已，同時還要讓部屬知道你在聽他說話，這代表了你對他的接納、尊重與關懷。所以，在傾聽部屬說話時，還應加上微笑、點頭，以眼睛關懷的看著他等等之「行為語言」，讓對方知道主管瞭解他說話的內容。

「聽」這個字，就是由耳朵、眼睛、心和腦組成。做一位傾聽者，應把握下列幾項要點，它將會對面談過程中獲到一些幫助：

1.主談者訪談的時間不能少於總談話時間的10%，也不能多於25%。

2.坐姿要端正，眼神要直視被訪談者，以表示對這件事的興趣及注意力。

3.表情要自然，不能因為對方錯誤的陳述而有不悅的表情。

4.注意對方非語言的姿勢或肢體動作所表達出的訊息，例如對方坐的姿勢（放鬆或僵硬）、眼神的接觸、手的放置、臉部的表情、腳是否抖動、音調的變化、觸及敏感話題的反應等。

5.是否能適應幽默的語氣？

6.必須瞭解對方的立場，聆聽對方的發言，用不著拘泥於言詞的細微之處，最重要的是掌握對方想要訴說的內容。

7.同意對方的主張之後，再說出自己的意見，務必尊重對方的意見。這樣，對方也能尊重自己的意見。

8.不可打斷對方的話頭，應該把對方的話聽完之後，再陳述自己的意見。

9.對方說話到一半時，不可憑主觀遽下判斷，應該靜待對方將話說完，才客觀地加以判斷。

10.自己的思考必須配合對方說話的速度，要是對方說話的速度非常快，自己的腦筋也要動得快才行。

11.對方說話的內容，如果有不瞭解的地方，應該詢問對方，弄清楚話中涵義。要是有不瞭解的地方，卻不加以深究的話，以後對方的意見有誤，就不能不表示贊同了。

12.不只是耳朵聆聽，眼睛也要注視對方。在聆聽對方說話時，必須認真地注視著對方的表情。在聆聽別人說話的技巧當中，注視著對方的表情，算是重點之一，卻莫忘記。

13.如果能正確地掌握對方心中的想法，我們說話時就可以抓到重點，這比自己亂猜一通，更能提高人際溝通的效率。

　　主管改善傾聽技巧，最重要的一步是在不斷的溝通過程中調整自己的基本態度，如果每個人的傾聽層次都能往上提升，績效面談時，主管的「畏戰」、「懼戰」心理就能迎刃而解。

小常識

傾聽十誡

　　賴諾曼（H. Norman Wright）在《老公老婆來說地》（*More Communication Keys for Your Marriage*）書上提到「傾聽十誡」為：

1. 不可審判論斷：除非你全盤瞭解，否則就不該隨意批評或論斷。

2. 不可穿鑿附會：不在對方的話語上任意作邏輯推演，或附加自己的主觀意見。

3. 不可自以為是：不以自己選擇性的聽，當作對方的原意。

4. 不可心猿意馬：不讓注意力或思想到處亂跑。

5. 不可故步自封：不封閉心靈拒絕不喜歡的觀點、對立的意見或不同角度的看法。

6. 不可過度期盼：不容許情緒控制理性，或理性控制心靈。

7. 不可胡亂猜測：除非發言者自己解釋，傾聽者不可替人註解。

8. 不可預做定論：不在傾聽中途，預先立下自己的定論。

9. 不可畏懼挑戰：不害怕他人的指正，也不該懼怕改變或改進。

10. 不要求或逃避：不過度要求別人給你說話的時間，或過度被動不開口說話。

資料來源：江林月嬌，〈成功的傾聽者〉，愛網網址：http://julia4christ.org/Faith/JFlistener.htm

績效管理
Performance Management

 第三節　影響績效考核偏差的因素

每家企業要做好績效考核，除了事前設計準備動作之外，在進行評估時的過程更是重要，因此，必須避免一般在評估時所發生常見的錯誤。

一、績效考核謬誤的類型

績效考核謬誤的類型可分為六大類型：基礎理論因素型、功能性因素型、考核者因素型、受考者因素型、第三者因素型及考核運作因素型，而其中考核者因素是考核謬誤的重心，牽動了受考者因素與第三者因素，連帶影響而產生考核運作的偏差。因此，縱然績效評核制度之設計已力求完善，但徒法不足以自行，往往因評核者的執行能力不足而產生各種不同的偏誤缺失。在實際運作上，如果謬誤發生而不及時修正，除了獎懲不公外，也會破壞績效管理的可信度（**表10-3**）。

二、績效考核的盲點

由於沒有一種績效評估方法是完美的，不同的主管對考核的認定標準也有差異性的。因此，下列提到的幾項因素，只要管理者稍微疏忽，就會導致績效評估產生偏差，造成評估結果欠缺客觀與公平。

一般而言，評核者績效面談時易犯的缺失有下列幾項：

(一)月暈效應

月暈效應（Hallo Effect）又稱暈輪效應，係指上司在評核員工時，只根據某些工作表現（好的或壞的）來類推，作為全面評核的依據，正如古諺說：「恨和尚連袈裟也恨」，使部分的印象影響到全體。

264

表10-3　考核謬誤的類型

考核謬誤的類型	考核謬誤的項目	例示
基礎理論因素	1.假設的操控性 2.理性的有限性 3.正義的假象性	
功能性因素	1.獎勵性的扭曲 2.汰劣性的爭議 3.回饋性的缺失	
考核者因素	1.好同惡異 2.好強、嫉才性 3.認知差異	・近因誤差 ・類己謬誤 ・考核者具有競爭好強特性 ・偏見誤差 ・內隱人格 ・投射作用 ・歸因作用 ・接近效果
受考者因素	1.年資因素 2.年齡因素 3.性別因素 4.職務因素	・年資與職位取向 ・單一評估原則 ・迫使資訊符合非績效性準則 ・年齡誤差
第三者因素	1.外力干預 2.派系傾軋 3.考績委員會因素	・社會原則
考核運作因素	1.程序性的誤差 2.比較差異 3.分數侷限	・寬大或嚴苛的謬誤 ・趨中謬誤 ・比較謬誤 ・主管間的謬誤 ・輪流主義 ・邏輯謬誤

資料來源：Joan Ferrante著，李茂興、徐偉傑譯（1998）。《社會學：全球性的觀點》。弘智文化事業出版。

　　在這種月暈效應下，主管常會陷入對自己寵愛的部屬給予較高的績效評鑑（或工作表現評價），對不喜歡的部屬則給予較差的績效等第，特別是在團隊裡，職位較低者的考核結果，常常被打折扣，職位較高者的績

效成績，又常有被高估的現象。

學者庫柏（Terry L. Cooper）認為，月暈效應是績效評核中最嚴重的評定誤差，克服這種偏誤最主要的方法，是要消除主管的偏見。因此，必須設定各種不同的著眼點，對績效的各個向度分別進行評估，這對消除此種誤差會有一定作用。此外，選擇與工作績效相關的評核因素以及全期觀察、記錄、衡量、比較及判斷員工績效來克服，而不是只注意其中的一、兩項是否做得好。

(二)趨中傾向

趨中傾向（Central Tendency），係指有些主管可能不願得罪人，也有可能由於管理的部屬太多，對部屬的工作表現好與壞不是很清楚，因而給予部屬的評核分數可能都集中在某一固定的範圍內變動（平均值）。比較常見的是大多數的考評分數都集中在中間等級（平均值），而沒有顯著的表現好壞之別。

在理論上又稱趨中傾向的謬誤為「分數侷限」，這種將大部分員工的考績分數侷限在某一特定（通常其間的差距幅度過小）的作法，可能的原因或許是為了免於鼓勵員工有比較的心態。例如評等尺度為1～5等級，很多主管會避免評分給太好的等級（1～2等）或太差的等級（4～5等），而大多會勾選到中庸的3等級。

這種趨中傾向，一般認為是評核者對於評定人的工作缺乏信心所引起，例如未深入瞭解部屬的工作；平常未能蒐集在評定時所需要的情報；不關心對部屬的指導，或在指導的能力上沒有自信等。

要瞭解主管對員工的考核評核是否過於集中在某一範圍內，可以從某一考評者對其所有員工在同一年度內所給予的考核分數之標準差（Standard Deviation）之大小得知。

克服這類偏誤的對策，除了採取強迫分配法外，主管應於平日就要確切地與部屬接觸；要澈底與評價基礎做對比；要認真地執行對部屬的指

導、培育的工作。如果能配合加註行為評等量表，每一個分數旁邊加一些敘述，可減低錯誤的發生；或用排序法來避免這個問題，因為每個人都排成序列，也就沒有所謂的「平手」。

(三)過寬或過嚴傾向

過寬（Leniency），係指有些主管為了免於衝突，傾向給予大多數員工高估的考績等第（正向偏誤），即使員工的實際績效並不足以合理化給予該項偏高的等第（分數）；過嚴（Strictness）則指有些主管可能因為不瞭解外在環境對員工績效表現的限制或自卑感作祟，或由於自己被評估的結果偏低等原因，因而傾向給員工偏低的考績分數（負向偏誤），縱使員工的實際工作績效並不應該有此偏低的分數。

從管理角度來看，過寬或過嚴傾向，都難於產生激勵效果。要瞭解主管對其所有員工是否有過寬或過嚴的傾向，可以採用在同一年度裡所給予的考績分數之平均值（Mean），若該平均值遠落在右邊的區塊內（高於中位數），則有「過寬」的問題；反之，若其平均值遠落於在左邊的反應區塊內（低於中位數），則有「過嚴」的問題（**圖10-4**）。

為避免上述的偏見，最好的方法是主管在手邊準備一本記事簿，隨手把部屬的表現記錄下來，因為考核如果被部屬認為不公平，往往會造成工作懈怠、情緒低落、引起抱怨、爭執等負面的影響。

出現「過寬」或「過嚴」偏誤的原因，主要是由於評定者根據自己的經驗和能力，採取主觀的標準評估。克服這類績效評核誤差的辦法，除了對評估者建立其自信心或給予角色對換的培訓，以激勵他們進行正確評定外，還可以採用強迫分配法，即按照常態分配的比例來進行評估。

(四)年資或職位傾向

年資或職位傾向，係指有些主管傾向給予服務年資較久或是擔任之職務較高者的高評分（評等）。換言之，即對於與上司合作時間較長的員

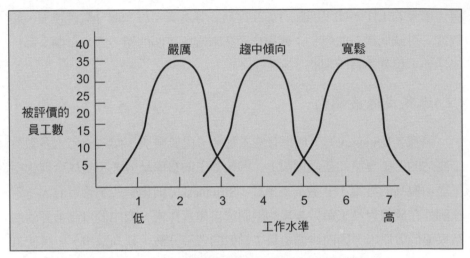

圖10-4 過寬或過嚴偏誤及趨中傾向的例子

資料來源：Richard M. Steers著，韓經綸譯（1994）。《組織行為學導論》。五南
圖書。

工予以較高的評價；反之，對於新進人員則評價較低，甚至於對於自己所
訓練的員工評分較高，而對於未經考核人訓練的員工評分較低。

　　出現這類年資或職位偏誤的現象，主要係主管主觀意識太強。克服
之方法是訓練主管澈底揚棄對人不對事的錯誤觀念。

(五)評估者偏差

　　個人偏差現象就如同大專學生在選課時，會向前期學長請教某一科
目的教授給分的寬嚴程度，來決定是否要選修這位教授的課。主管對個性
溫和的人，給的考核標準較嚴苛，因為他們是一群溫順的綿羊，考核結果
好壞不會跟主管爭論。對資深的部屬，為敬老尊賢，往往在無意中影響到
考核的效能；對同校、同系的學長（弟）、學姐（妹）之部屬，也往往會
落入照顧他們的陷阱。

(六)刻板印象

刻板印象（Stereotypes），係指個人對他人的看法，往往受到他人所屬社會團體的影響。這些特性包括：性別、種族、地位、身分、宗教團體、肢體障礙等等。一般人的刻板印象認為，身分高的人較文質彬彬，身分低的人較粗野；參加某宗教團體的員工是善良的、是勤奮的；男性的工作能力較女性的工作易受到肯定，這都是刻板印象。

管理者以刻板印象而對眾多員工做績效考核，難免會產生不正確的現象。因此，考核者在反應個人偏好時，必須小心謹慎，而且應避免讓自己的偏好影響到對部屬的績效評等結果。

(七)近因效應

近因效應，係指有些員工習慣在年度結束前的兩個月如同脫胎換骨般的埋頭苦幹，好趕上年度的績效考評，如果這時的主管「不英明」、「不留意」而被目前這種「偽裝」的積極工作的假象所矇蔽的話，就會產生不公平的評價結果，而有些主管會錯誤地獎勵這種臨時抱佛腳的行為。

根據資料顯示，最近三星期以內的工作表現，主管的印象最深刻。大部分的管理者不大會記得三個月或半年前表現好的事情，但是對部屬做錯的事，大部分主管都會記得。因此，聰明的部屬知道在考核辦理的前幾週都避免犯錯。

考核是要將整個考核期間的績效加以評定，要觀察是考核期間的全部表現。如果某位員工在第四季終於成功完成一件銷售案，主管在表示讚許前，不妨先問他前九個月都做些什麼？相反地，如果某人在前九個月都表現得非常傑出，千萬不要因為在第四季業績跌入谷底而處罰他。蒐集資料要精確，特殊優良或缺點都要隨手記錄，每項考評因素要分開評定，不要混著談，這些都是避免近因效應發作的良方。

為提升主管在績效管理上的能力，組織需要提供主管績效評估與溝

通的相關訓練，學習用聆聽、互信、鼓勵並給予員工尊重的方式，達成績效面談中有效的溝通，方能進一步改善和提升員工績效（**圖**10-5）。

 ## 第四節　績效考核誤差解決對策

績效考核與面談是企業經營過程中的必要之流程。根據上述各類考核謬誤現象，績效考核誤差解決對策有：

一、將考核性與發展性的功能分開實施

在績效管理上，考核應該同時兼具過去導向的考核性功能，以及重視未來潛能開發的發展性功能，在兩個時間不同時段進行，使用不同的量表，以及獲得個別的考核功能。透過有效的回饋與教導，促使員工能有更多一層的績效表現。

二、將考核標準與用途分開處理

考核標準是落實企業文化的一種工具，員工事先瞭解考核標準，才有工作目標追求的鵠的。在績效面談溝通時，雙方都能明確的抓住重點，避免「雞同鴨講」，致產生績效面談後的工作低潮與憤憤不平的情形。

三、進行持續性且常態的觀察

為確保考核者對受考核者的工作表現的公平、公正的評核，考核者必須進行持續性且常態的觀察，而不是在正式規定的考核期間進行考核，例如半年或一年才進行觀察一次。

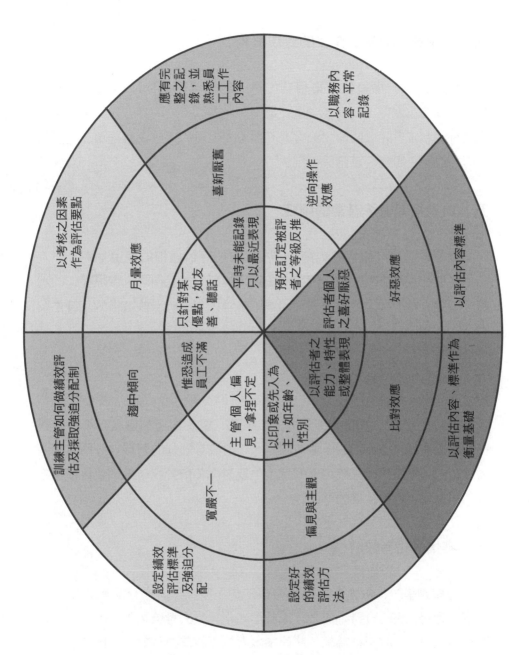

圖10-5　績效評估之偏誤與對策

資料來源：常昭鳴編著（2010）。《PMR企業人力再造實戰兵法》。臉譜出版，頁419。

271

四、儘量蒐集相關工作上的表現資料

考核評分前應儘量蒐集相關工作上的表現資料，以作為評比的參考，要有多少佐證，就寫多少事，這是避免考核不公的良方。除了直屬上司之外，員工自評，同僚、顧客或其他單位上司的考核資料蒐集，也可以使考核結果更周延、正確與公平。

五、對考核者施予適當的訓練

對考核者施以適當的訓練，讓主管瞭解評估過程的理論基礎，並且知道各種衡量錯誤的來源。例如考核技術運用的概念指導，實際操作的訓練，或是介紹不當的考績方式與因應策略等，有助於考核結果的正確性及考績的回饋。

六、慎選適當的考核表

考核的向度，類似工作分析，如果某一重要項目被遺漏，將會影響在該方面有好表現員工的士氣。同時，一份設計周延的考核表，應具備適當的效度（指能測出正確可靠的程度）及信度（指考核結果一致性或穩定性），以確保考核結果的準確性。

七、審慎評估考核時機

考核頻率的次數太多，將使考核工作不勝其煩；考核次數太少，又不容易獲得完整的資料，使考核流於形式化，失去考核意義。因此，以定期考核為主，平時考核為輔，將使績效考核更能掌握時效，發揮功能。

八、適時地給予員工應有的回饋

　　回饋係指將訊息送回給員工，以謀求未來有更佳的表現的程序。研究資料顯示，回饋可以減少角色的曖昧，並增加工作滿意度，還可以明確引導部屬的行為。績效考核結果和員工薪資或獎金不掛鉤，將會使績效考核的功能失效，流於形式。考核的結果宜通知員工本人，考核者應與員工溝通，共同面對問題，解決問題，對於不服考核結果者，應給予申訴機會，消除員工不滿的情緒發生。

九、定期檢討考核制度之適用度

　　定期檢討整個績效制度的有效性與準確性，診斷考核流程的缺失與限制，將結果回饋至整個績效評估系統，透過不斷修正、改進，發展出一套適當的績效考核制度（**表10-4**）。

 結　語

　　績效考核制度要能發揮綜覈名實、信賞必罰及獎優汰劣之功能，除了從制度面、執行面尋求改進外，亦需就各種影響考核的因素，如考核者、受考核者及考核層面之間的互動所衍生之種種績效考核謬誤情形，澈底謀求解決之道，方能使考核發揮其應有的功能，提振員工之士氣。在辦理員工考核時，各考核者應以事實為評估之依據，力求公平、客觀與明確，尤應避免考核標準不明確；偏見，只見優點（缺點）不見缺點（優點）；僅以最近發生之事實評估，未能宏觀審視全期之績效；評語含混，未能充分與明確顯示被考核者之績效。因而，績效考核宜有多人評分，然後再加以核算，始能成為一個綜合分數，且評估項目的比重也必須予以特別重視，才能求得公平的評估結果。

表10-4 績效評估執行的要項

1. 以總結評論的型態做成績效評估,定期實施,以求簡要而持續地兼顧員工常態的表現。
2. 對實施績效評估成效卓著的主管加以獎賞,並鼓勵資深主管示範評估方式,藉以推動組織風氣。
3. 多運用明確特定的實例。評估等級只屬抽象字眼,列舉實例卻能有效地解釋評估結果如何達成,又兼具啟發作用,使員工知所仿效或警惕。
4. 建立雙向的對話,在評估過程中讓員工本身積極參與,必能減少其辯護藉口,增進對主管的信任,又兼具下情得以上達的功效。在如此雙向溝通管道中,主管的角色與其說是裁判,不如說是教練來的更貼切。
5. 評估內容只涉及工作本身,應明確評定工作施行的進度,避免關於個人特性的含糊影射。
6. 依據原訂工作計畫的目標作為績效評估的標準,隨時讓員工知曉其工作是否偏離目標,使其不斷自我修正。
7. 績效評估過程和結果應記錄成文件,在員工本身參與的評估中,正式的文件成為雙方協議的紀錄,可資日後參考和追蹤改進。
8. 評量各主管實施績效評估工作的狀況。如此各主管得以明白責任所在,以身作則。
9. 開授訓練課程,指導績效評估的項目和技巧,以增進主管進行績效的能力和信心,並推展成一股風氣。
10. 應分別制訂主管和員工個別的獨特工作目標。

資料來源:*Personnel Journal*(1990/02),白麗華譯。〈績效評估十要訣——要怎麼激勵,先那麼評〉。《現代管理雜誌》(1990年5月號),頁100-101。

Chapter

11

績效面談技巧

打考績不應像打啞謎；績效面談是幫助部屬變好一點，不是感覺好一點。

——英代爾（Intel）創辦人安德魯・葛洛夫

在二次大戰以後，人際關係的重要性逐漸被重視，而人際關係的運用技術之一，也就是「面談」。所謂「面談」，是從「面對面」這句話來的，亦即主管和員工，或是有關人員和從業人員，直接面對面談話，在一定的工作目標上彼此交換情報、意見及感情上的交流，或是互相磋商以解決問題。

在組織行為學的角度來看，目標管理的成敗，取決於三個「如果」。首先，如果員工不清楚自己的能耐與長短處，或對自己的能力提升沒有相當的期待，目標管理會失敗；其次，如果員工不瞭解組織的需求是什麼，對主管賦予個人的任務目標不清楚，對於部門或團隊夥伴沒有同生共死的認知，目標管理會失敗；第三，如果個人目標與組織目標無法配合，目標管理也會失敗。要使這「三個如果」不發生，主管要確實做好績效面談，除了傾聽員工的心聲，更重要的是能夠協助他們瞭解自己的長處與盲點（邱皓政，2011：47）。

第一節　主管！你是有實力的教練

大多數的主管都不喜歡為員工打考績，因為他們認為考評的過程就像一場面對面的對質。英代爾總裁安德魯・葛洛夫曾對一組管理人員，要求他們設想自己是給部屬做績效考核的主管，然後說出他們內心的感受。這個敏感的問題，得到的答案有：驕傲、生氣、焦慮、內心不安、有罪惡感、同情／關切、尷尬、沮喪（Andrew S. Grove著，巫宗融譯，1997）。

從上述的「真心告白」實例中，可以明顯的看出處理績效考核，對主管而言，是一件既困難又複雜的事，但績效考核又是主管對部屬所提供的「與職務有關的回饋」當中最重要的一項管理工具，這種正面的和負面的考核，對部屬的工作績效評價有長期影響，它牽涉到升遷、獎金、加薪、認股，以及部屬的職涯發展等項，也難怪員工對它看法如此的分歧，產生的感受又如此的強烈，實在也不足為奇了。

成功的績效評核，來自於完善的管理制度，而非主管一時的好惡判斷，而良好的績效管理制度，必須建立於工作說明書、設定目標、平時的紀錄、評估方法的瞭解與雙向溝通。績效考核評核的過程應是一整年度，是周而復始的，主管在績效考核過程之中，要不斷追蹤、記錄、溝通、協調，隨時與員工針對經營環境上的變化做適度的工作上調整，而非僅靠在「考季」來臨前的一個月內，憑主觀印象打「分數」。如果考績的宣布一年才一次，等於是把溪水蓄積了一年，然後一股腦兒宣洩出來，難免使員工無法接受事實，甚至怨恨上司偏心。這樣的問題，若能在平時就定期公布績效成績，使溪水不至於囤積而可解決掉大半。做主管能「悟出」上述的績效考核的技巧，考核部屬的心理壓力或許會減少些負擔。

一、有效的績效考核特質

許多部屬在工作上遭遇挫折或失敗，探討其主要原因，大部分的部屬大多不清楚到底主管希望他們怎麼做？他們花費很多的心力去做他們以為「該做」而主管卻認為「不是真正該做的事」。因此，做主管有責任告訴部屬他對工作上的期許在哪裡？例如使員工瞭解其在公司中的地位和角色；協助員工釐清工作內容、工作要求與工作期望，使員工產生正確認識，而能將工作處理得更好，使潛力發揮出來；為員工規劃未來發展和成長的機會，使員工瞭解個人生涯發展的計畫；在面談過程中達成彼此對工作期望的共識，以強化主管與部屬的工作關係；讓員工表達其對績效問題

的意見（蔡淑美，1988）。

下列是主管在面談部屬，檢討年度績效時，要清楚所扮演的角色應有的正確思維：

1.績效評估的項目要與工作說明書相連線。

2.清楚的告訴部屬在工作上預期達到的目標。

3.績效考核僅根據工作的績效進行考核，不應扯進到其他與工作無關的因素。

4.使用的評量表應與工作本身有關，且能客觀地顯示績效與目標的達成度。

5.考核程序的標準化儘量的客觀，不要因人而異。

6.考核者要接受績效考核訓練的課程，以瞭解評估項目的內容及其評估的責任，取得大家的共識。

7.與部屬平日要密切的溝通，尤其對個性較內向的部屬。台諺：「悶悶吃三碗公」（不吭聲的人），這種人通常說離職就離職，會讓主管措手不及無從挽留。

8.讓部屬評估自己的考核結果，聆聽部屬的意見，因為水能載舟，亦能覆舟。

9.針對考核期間來評估部屬的工作表現。

10.要做客觀、公正的評估，不要把許多的評核項目用綜合性的看法來觀察，一定要將各項評估因素單獨分開評核，就每一項事實行動做客觀的判斷。

二、主管準備考核資料的參考項目

主管指導部屬的過程，通常表現在三個層次上：(1)對於目前績效的回應；(2)為了改善績效的回應；(3)加強職場生涯的指導。下列這些步驟，有助於主管在達成上述三層次上，在準備考核作業時的參考：

1. 檢討部屬的工作說明書，看看是否有必要和部屬討論而修改部分的工作內容。
2. 列出對部屬考核的所有客觀性資料，例如報告、產品、檔案、客戶的滿意度、客戶的抱怨、工作目標達成與否等。
3. 列出對部屬考評的所有主觀性資料，例如個人之意見或感受等。
4. 寫出對這套考核系統的感受如何？
5. 寫出對方（部屬）可能的情緒反應。
6. 寫出希望在績效面談上要克服的各項困難問題。
7. 寫出預期這次的評估作業有什麼結果。
8. 列出這位部屬的長處。
9. 列出這位部屬的弱點，例如工作上需要改善之處。
10. 列出認為指導部屬工作改進所需要的步驟。
11. 列出認為部屬工作標準何在？特別是針對數量及品質方面。
12. 為了要提升部屬的表現，自認應該扮演什麼樣的角色？

三、主管打考績原則

主管在為部屬打考績時，應隨時隨地注意下列幾項原則：

1. 保密原則：員工之間不應該知道彼此的考績結果。
2. 公開原則：建立考評要點基準，並公開明確宣達。
3. 誠信原則：依考核要點做評量。
4. 全程考量：以整個考評時間（例如一整年）來考量。
5. 適時溝通：讓員工表達其對績效問題的意見。
6. 協助與支援：指引沒有經驗或者對執行該工作缺乏適切能力的員工，告訴員工該做什麼，如何做？何時與在何地做？然後密切監督其表現。
7. 建設性的建議：保持客觀，根據事實來表示意見，而非依據不能證

明的推論或判斷，同時需能舉例證實。

8.保持平衡：通常即使是好的表現，仍有改善的空間在；而整體性差的表現，也有一些值得讚美的地方。

9.著重行為而非性格：通常建議一個人該做什麼事，要比把他歸類為何種人要容易得多。

四、績效面談話題

《華爾街日報》（*The Wall Street Journal*）曾針對美國各大企業經理人做過一次調查，請受訪者列出他們在工作中最不喜歡的項目，結果「績效評估」位居第二名（排名第一的是「開除員工」）。探究其因，應是主管畏懼面對吃力不討好的「績效面談」，怕與部屬面談時產生的「情境衝突」。

以下是針對員工個人發展潛能所設計出的績效面談話題，提供主管參考使用（John H. Zenger著，張美智譯，1999）。

1.讚美員工的特殊表現。

2.由部屬自己來評估個人的績效。

3.管理者回應、回答部屬的自我評估。

4.建議一些作法，幫助部屬改善自己的績效。

5.部屬對管理者的評估。

6.建議一些作法，有助於管理者改善自己的績效。

7.瞭解部屬的職業企圖心。

8.建議一些作法，幫助部屬達成自己預期的發展目標。

9.對所有的建議作法（行動方針）做一次摘要。

年度考核絕不像外表看起來那麼簡單容易，主管考評對象應該是績效，而不是部屬的加班單，除非部屬是生產線上第一線趕貨的作業人員。在通往公平計分與誠實考核的作業上，處處布滿了地雷與陷阱，主管為避

範例 11-1

主管！你是教練，指導的是員工

　　有位工程師加入一家新公司，在工作小組會議中，他不發一語，但是稍後卻走進經理的辦公室陳述他不同意會中達成的決議。

　　這種情形發生過三次之後，經理決定對這位新進工程師的「行為」加以疏導。他邀請工程師外出午餐，並且描述他所看到的情況，這位工程師欣然同意他的看法，並且解釋在他以前的公司，公開的反對是會受到懲罰的，因此員工總是私下與老闆會晤來遊說自己的想法。經理說明我們這一家公司的文化正好相反，在這裡的每一個人都期望別人能夠直言不諱，並且在會議中說出自己的想法，而不是稍後在走廊上耳語，當其他同事知道他有意見卻沒有明講時，反而會憎惡這種沉默的態度。最後，經理注意到工程師在會議中的「行為」有了大幅度的改變，儘管這花了兩個月的時間才讓他的態度有了重大轉變，改變卻迅速產生了效果。

　　這個範例值得給主管參考運用，主管！你是教練，指導的是員工工作產生的「行為」，這種「行為」不符合「體制」時，就要儘早發現，儘早解決。

資料來源：Peter Stemp著，朱真譯（1999）。《管理無暇米》。經典傳訊文化
　　　　　出版。

免踏上績效考核的地雷與陷阱，就應該對績效考核觀念有正確的認知：

1.績效考核的方法要採用雙向式考核，非正式與正式考核交互運用。

2.對部屬從事績效考核，係依據部屬的能力、工作成果、知識、技能與工作行為等項討論，才不致失之一隅。

3.對部屬進行績效考核，最有用的參考資料是工作說明書與工作紀錄

績效管理
Performance Management

簿。

4. 做績效考核時，要避免月暈效應、寬大趨勢、趨中傾向、最近行為偏誤及個人偏見等。

5. 激勵部屬的工作熱忱，有效地提高員工的工作能力與工作品質。

6. 增進部屬的工作技能，指出部屬需要接受何種訓練、發展計畫。

7. 生產力直接涉及公司資源的節省，增強競爭的能力，因此提高部屬的生產力，以激發未來一段時間內的個別工作目標達成（**表11-1**）。

表11-1　考核者會問到的問題類型

類型	問題
親和型問題	• 目前你的工作進展怎麼樣了？ • 你現在的某項工作做到哪一步了？ • 最近你在做什麼？ • 你的某某項工作進展得如何？
導向型問題	• 今年工作中你最大的收獲是什麼？ • 你認為你的工作中最有意義的是哪個部分？ • 你認為你的工作的主要目標是什麼？ • 你的工作和整個團隊（部門、組織）的總體目標結合得怎麼樣？ • 你認為評判你工作成功的具體標準是什麼？ • 在組織中，你的工作是怎麼影響這些標準的？ • 你是如何定義你的顧客群的？ • 你是如何確保工作達到質量標準的？ • 為了在工作中卓有成效，你認為必須要做好什麼？ • 對於同一個工作，和其他人比較，你的工作方式是什麼？ • 你覺得在部門／團隊中，你的聲譽（風評）如何？
績效型問題	• 你覺得自己今年工作中的績效怎麼樣？ • 今年你覺得在工作上出現了哪些困難？ • 今年哪些工作方式讓你得到發展？ • 今年你是怎麼做得比以前出色的？ • 如果今年的工作中有失敗之處的話，你覺得是怎麼導致的？ • 今年你做得最突出的是什麼？ • 你今年取得了哪些成就？有利的因素是什麼？不利的因素是什麼？ • 你今年哪些預定目標沒有達到？為什麼你會這麼認為？

282

（續）表11-1　考核者會問到的問題類型

類型	問題
發展型問題	• 你認為哪些培訓有助於你績效的提高？ • 明年你的工作目標是什麼？ • 你是怎麼提供工作效率的？ • 為了共同把工作做好，我可以提供你哪些幫助和支持？ • 如果有的話，你覺得還需要哪些個人技能可以把工作做得更好？ • 你還想發展哪些技能？ • 你打算以什麼方式來為工作、部門、組織作更多的貢獻？ • 工作中，你最滿意的是什麼？最不滿意的是什麼？為什麼？ • 工作中，你能給同事哪些幫助，使他們表現得更好？ • 你自己今年想改善哪些方面？
職業型問題	• 請描述一下你的下一步工作？ • 談談你的職業期望？ • 在未來的兩年內（或未來五至十年內），你想成為什麼？ • 你認為自身的職業潛力是什麼？ • 你正在做哪些努力來發展你的職業能力？ • 為了實現你的職業目標，你希望具有哪些經驗？ • 你是否在現在的組織中看到了個人的長期發展目標？如果是，那是什麼？如果不是，那你的長期目標會在那裡出現？ • 你認為大概什麼時候你可以勝任下一份工作？或者工作調動或者晉升？ • 你預計大概什麼時候可以實現你當前的職業目標？ • 你的職業目標是什麼？ • 最能激勵你的方式是什麼？

資料來源：Max A. Eggert著，孫怡譯（2003）。《評估管理》。上海交通大學出版，頁193-203。

 第二節　績效面談的概念

　　以整個人力資源管理體系來看，績效管理與組織目標、經營策略的向上整合，與薪酬、升遷、聘僱及培訓等的人力資源活動的平行結合，以及向下整合員工的諮詢輔導與員工職涯發展，是整體解決管理方案的管理

思維。此系統性的活動，最後有賴於透過「績效面談」的雙向溝通，落實於所有員工，取得共識，以追求組織的整體發展（廖文志，2011：27）。

一、績效面談的目的

績效面談目的，除了瞭解員工在工作上的表現外，更應該去關心員工的未來職涯發展，幫助員工達成生涯規劃，以確保員工更能為公司付出貢獻。

(一)組織面

1.降低員工流動率。
2.找出員工的長處及短處。
3.提出人力規劃的參考資料。
4.改善公司內的溝通情形。

(二)管理面

1.使目前的績效有所提升，考評員工發展情形，瞭解哪位員工有晉升的潛力。
2.訂定績效考評的目標。
3.發現受評核員工的企圖心。
4.做調薪的參考資料。

(三)個人面

1.確認工作是否圓滿達成。
2.檢討工作績效。
3.討論個人工作上的缺點，並聽取主管對該缺點如何改進的意見。
4.爭取教育訓練的機會。

5.勾勒出個人與組織發展的願景。

二、績效面談的特徵

企業內的面談有「僱用面談」、「績效面談」、「獎懲面談」、「離職面談」等類別，每項面談依其不同的目的而各自有不同的面談重點。下列是績效面談的幾項特徵：

1.具體的而非原則性的需求。
2.績效考核之內容必須以職位分析為依據。
3.著重員工所表現的行為而非其人格特質。
4.需訓練主管人員應如何做適當的考核。
5.替被評估者考慮與設想。
6.強調被評估者可以經由努力而改善的事項。
7.儘量尋求共識而非強制採行。
8.分享經驗與資訊，儘量少指導或命令。
9.確保考核之結果必須與員工充分溝通。
10.確保考核之結果必須提供員工過目。
11.討論實際表現出來的行為，不要去臆測或指責受被評估者行為背後的動機。
12.應訂定有關績效考核之書面文件，以便提供考核人遵辦。
13.確保人事決策需與績效考核一致。

三、績效面談的規則

舉辦任何活動要成功，必須訂定雙方可接受的「遊戲規則」。績效面談是主管與員工相互間彼此獲益的一件大事，遵守下列一些績效面談的規則，才能水到渠成（林鉦棽，1998）：

1.決定面談計畫前，主管除了要取得部屬個人工作績效表現的一切資訊外，事先也要向面談對象發出通知，說明面談的時間、地點及面談之目的，以避免部屬對面談的動作有不正確的猜疑。

2.主持者講話要簡明、扼要，儘量讓對方（部屬）多說話。

3.在績效面談開始之前，應該先請員工描述出他自己工作表現的評價；對於可能產生的爭執，主管心裡應該有所準備。

4.面談進行時，應停止接聽電話或接辦其他業務，以視尊重。

5.務必營造一個正面和諧、輕鬆的談話氣氛，不使對方感到拘束。

6.使來接受面談的人感覺到這次面談對他是有利的。

7.對部屬在考核期間的優良表現，主管應該主動地加以讚許。

8.以讚揚長處開始談話。每一個人都有自尊、自負的心理，所以，即使是做批評，也要肯定優點來保持平衡，千萬不要對部屬的缺點做語言上的人身批評，否則，批評將有可能會被接受面談的人認為不公平而遭拒絕。

9.瞭解接受面談者有關工作中存在的問題與改進建議。

10.以積極、正面、愉快的語調結束談話，說明對將來工作的期望，員工所期望的培訓及其他工作方面的幫助。

11.如果有需要的話，不妨與部屬安排第二次面談，以討論加薪、升遷、培訓等問題。千萬不要想在一次面談中解決以上所有的問題。

12.當部屬對績效結果有著不同之意見時，應鼓勵部屬提出看法。若無法當場解決時，將此一問題記錄下來，作為日後觀察的重點，並安排下次面談時間再檢討。

績效面談就是要達到主管與部屬雙方溝通的目的，所以面談者必須具備有效溝通與傾聽的技巧。

三明治式的面談技巧（Sandwich Approach）

　　美國總統林肯（Abraham Lincoln）措辭最尖銳的一封寫給約瑟夫・胡克將軍（Joseph Hooker），他說：「我任命你為波多馬克軍的將軍，當然自有充分的理由，然而現在，我必須讓你知道，在某些方面，你的表現我覺得並不十分滿意。你對自己有信心，是很有價值的人品，而且你雄心勃勃，關於這一點，在一定範圍，我認為好處多過壞處，但是……也是不應該的。」

　　從摘譯上述的一小段文章，就可看出林肯對胡克將軍其實已忍無可忍，但還是保持風度，以他總統之尊，既可任命他，大可免他職或調他職，哪還要低聲下氣不斷用先肯定的「YES」，最後才「BUT」呢？

資料來源：李美惠（2006）。〈智商與度量〉。《非凡新聞e周刊》
　　　　（2006/09/17），頁10。

第三節　結構式績效面談

　　對主管而言，在準備與部屬做面對面績效面談時，態度要公正、誠實，要從工作績效來衡量，不要帶有成見或先入為主的看法，更要傾聽部屬的心聲。成功的績效面談，會鼓舞部屬的工作士氣，會凝聚部屬的向心力；失敗的績效面談，會打擊部屬的工作熱忱，會讓部屬士氣消沉。

一、績效面談的事前準備

　　當員工在績效面談中，表現出高度不滿的情緒，大多是因為他和主

管對於績效好壞的認知有很大的落差：主管認為員工績效不好，但員工認為自己的績效還不錯。

要使績效面談有效，考核者（主管）必須先有準備，決定面談目的何在而去準備相關資料。

(一)蒐集部屬的工作紀錄

檢視、研讀過去一段期間部屬的工作表現資料，包括過去的評鑑考核報告、工作說明書、績效考核的標準、當年所發生事件的報告書、出勤記錄、其他單位的報告、教育訓練的資料、回饋公司的案例、空白的表格、部屬所做的目標承諾文件與自我評估表，以及這次要討論的議題等，將這些部屬的績效和評核標準作一比較，構思如何告訴部屬工作的好壞以及有待改進事項，並將要跟部屬做績效面談時要討論的事項，按重要性的先後次序，逐筆記錄大綱，免得臨時忘記。

(二)妥善安排面談細節

績效面談地點必須選擇一處有適當隱密、舒適、很安靜不受干擾（窗戶是否可關閉，並有遮簾，使得他人不會任意看到室內或是聽到交談）的地點來面談，避免安排在主管自己的辦公室內面談。地點的布置（避免放置不相關的照片、文件或其他讓部屬分心的事物）及座位（舒適且有桌面可放置筆記簿）的安排，不要讓部屬產生恐懼感或壓迫感，在面談進行時，也不要受到電話或訪客的影響。

(三)通知部屬面談前的準備事項

給部屬一份績效考核表和討論的問題清單，讓部屬瞭解績效面談是在幫助他瞭解自己的工作，如何跟組織的需求搭配得更恰當，使組織、部門、個人三方均能夠互惠的舉動。

(四)面談時間的選擇

面談的時間與日期，必須要在幾天以前就通知對方，同時和對方約定面談時間，以免妨礙工作的執行。

二、正式進行面談

績效面談的目的在於討論工作績效，而非討論或涉及人格特質的問題，是注重在未來要做的事項，而不是既往已做過的。

(一)開場白

績效面談一開始，即先點出面談將如何進行，並強調這是雙方坦誠「對事不對人」的溝通。例如：今天我們面談的目的是希望我們一起討論一下你的工作成效，並希望彼此能有一致的看法，一則肯定你的優點，二者也找出哪些地方有待努力。希望透過這次面談能讓我們共同合作以完成既定的工作目標，使你在公司有更好的發展。首先，是不是可以請你先談談過去這段期間你在工作上有沒有什麼心得，或是工作上有沒有遇到什麼困難。

(二)部屬先發言

為確保績效面談為雙方互動的良性過程，可請部屬先提出其自我評量，讓部屬先行評估自我的舉動，可減低部屬的防衛心理，也使主管能修正自己對部屬的偏見，主管再根據部屬自我評估表現優良、欠佳的工作內容再做深入的探討與因應，這時，部屬會比較樂意聽進去主管的「諍言」。

(三)問話的重點

面談的重點是要讓員工多說話（不能偏離主題），主管扮演一位

「聆聽者」，在關鍵語中，「臨門一腳」提出問題，求得解答。有關問話的歸類有下列幾項：

1.對現在的職務有什麼感想？
2.將來希望做些什麼事情？
3.個人有哪些在工作上的長處與待改進之處。
4.最近有沒有進修的打算？
5.對部門有何改善的建議？
6.對最近身心狀況（健康）的關懷。

逐項討論，逐項溝通，不可將各項問題以「蜻蜓點水式」一筆帶過，而要傾聽部屬的自我評量，然後，主管必須先肯定部屬在自我評估中所認同的長處與優點，並能舉出一、兩項實例來讚賞部屬的貢獻，對需要改善的缺點，也要舉出實例來加以佐證，並詢問部屬可否有解決的腹案。

(四)行動計畫

當雙方進行上述問題的溝通與陳述後，要記錄面談中的重點，並就摘要總結，提出具體行動計畫，訂定這份行動計畫最好選擇重點目標項目，績效一定要能量化，而且有明確的時間表，以便定期報告成效並進行追蹤評核。

(五)結束面談

完成改善工作行動計畫後，一定要再做重點結論的陳述，並再肯定部屬的成就，不要再回過頭來又翻舊帳。主管要多看看部屬的優點，著眼於現在與未來之發展。

績效面談後，主管要慎重檢討評估自己主持此次面談的步驟與成果，找出有待改進的面談主持技巧，達到「熟能生巧」、「爐火純青」的境界。

小常識

績效面談的禁忌

1. 面談不能倉促進行，使部屬感覺面談並不重要，只不過是為了完成工作程序的一環而應付了事。
2. 不要照表宣讀，不要用自己的語言解釋評語。
3. 不要誇誇其談或隨意聊天，應注意面談的宗旨是如何改進其工作。

資料來源：丁志達撰文。

三、績效考核的回饋

　　績效考核的回饋是提供部屬訊息，藉著這項訊息，部屬得以決定應加強或改正某項行為。因此，良好的績效考核制度必須發揮回饋的功能（**表11-2**）。

(一)明確

　　回饋訊息愈明確愈好。對業務人員進行績效考核的回饋時，不要

表11-2　績效考核回饋的要領

- 不只討論負面的行為，也要提及正面的行為。
- 為員工的正面與負面行為舉出具體明確的新近例子。
- 描述行為，而不是予以批評、總結與批判。
- 對事不對人。
- 不只說還要聽，雙向溝通。
- 避免批評員工的個人特質（例如：你不夠果決！），此舉有害無益。
- 在績效討論結束前，一定要討論出員工接下來該做的事，也就是訂下行動計畫，幫助員工加強優點，並克服缺點。

資料來源：編輯部，〈績效評估該注意的事項：當員工表現不佳時〉，《EMBA世界經理文摘》，第302期（2011年11月號），頁102。

說：「你對客戶的銷售技巧很差。」而要用：「你在銷售表達技巧方面，必須加強我們產品的優異性能。」以指出明確的工作指標。

(二)時效性

主管在平常就要隨時隨地進行績效評估的檢討與面談，不要等到年終（中）績效考核總結時才提供給部屬回饋。平日的回饋，可以讓部屬有機會隨時瞭解其在職務上的表現如何？有哪些值得肯定？有哪些尚待加強改進？並知道在工作上未來應努力的方向。

(三)對事不對人

回饋的訊息只與工作有關，其他涉及人身攻擊的話要避免，不要說：「你總是遲到。」而是要說：「上星期四你遲到了，注意一下準時上班好不好？」

主管如果沒有事後的追蹤動作，面談的成效會大打折扣，下次面談就會流於形式。同時，工作改善計畫要具體，定期追蹤改善的進度，「預防」勝於「治療」（**表11-3**）。

 第四節　績效面談的類型

績效面談牽涉到主管與部屬之間的互動，是一種資訊相互交換的過程，通常分為下列四種類型：

一、情緒化面談

情緒化面談，係指因為主管與部屬在談話時，雙方因情緒因素介入，使得情緒占據了兩造的心胸，進而造成「意氣用事」，無法正常的繼

表11-3　績效面談應進行與注意事項

面談進行步驟	主要角色	應進行及注意事項
場地安排	主管	1.事先安排、避免電話等干擾。 2.建立隱密舒適的氣氛與空間。
暖場	主管	1.專心接待部屬。 2.從輕鬆的話題開始，保留寬裕時間建立信賴的氣氛。 3.慰勞並感謝部屬的辛勞。
進入主題	主管	1.說明面談目的。 2.幫助部屬進入狀況。 3.使部屬認知自己應扮演的角色。 4.讓部屬確認自己的工作權與責。
探討工作成果與工作職能	主管	1.導引部屬檢討自己的工作成果。 2.導引部屬檢討工作活動中的行為展現。 3.導引部屬發現自己的優點、努力與進步之處。 4.導引部屬探討表現不佳的原因。 5.導引部屬提出改進方案或對策。
鼓勵部屬發表意見	部屬	1.用開放的心胸專心傾聽。 2.不對部屬的「防禦」發動攻勢。 3.多使用開放式問題，多給予肯定與讚美。 4.鼓勵部屬多發言，並引導自我反省。
討論溝通	共同參與	1.討論對評估結果的認知差異。 2.討論部屬自我申告表的內容。 3.討論職能缺口與偏差行為的改進方案。 4.檢討指標或目標的衡量標準與方式。 5.以開放的心胸討論出對評估結果、自我申告表、改進方案、衡量標準與方式，取得共識。
訂定下期工作目標	共同參與	1.重新確認上期待解決的問題。 2.確認改進方案所需之時間與資源。 3.討論下期的工作要項、展望與目標。 4.討論職涯規劃目標與職務強化目標。 5.整合個人與組織的目標。
訂定部屬發展計畫	共同參與	1.從改善方案與職涯規劃目標中討論並規劃出部屬能力的成長方案。 2.安排部屬合適時間參與教育訓練課程。 3.安排部屬參與專案或代理職務等在職歷練方案。 4.必要時安排工作輪調計畫。 5.鼓勵部屬自我研修。

（續）表11-3　績效面談應進行與注意事項

面談進行步驟	主要角色	應進行及注意事項
確認面談內容	共同參與	1.確認討論的各項結論。 2.評估結果。 3.改善方案及各項預計進行之專案。 4.下期的工作要項、展望與目標。 5.歷練研修學習發展成長計畫。 6.確立尚未決定的專案的檢討時間。 7.釐清認知差異之處。 8.主管與部屬在評估表與申告表共同簽名。
結束面談	主管	感謝部屬的努力與參與，針對認知差異點，訂出下次面談的時間及雙方須準備的相關資料項目，再次給予部屬高期待的激勵。

資料來源：林燦螢（2011）。〈績效面談4流程3技巧8潛規則〉。《能力雜誌》，總號第666期（2011年8月），頁48-49。

範例 11-2

情緒化績效面談

評估者（主管）：喬治亞，我現在跟你談談你的績效，我相信你是有好好的工作，但你仍有一些問題有待解決。

員工（喬治亞）：你說什麼？在這個部門裡，我已經做得比別人還好了。

評估者（主管）：嗯！喬治亞，那是你個人的看法而已，你有時候不太聽人家的意見，而且做了一些無助於工作上的努力。

員工（喬治亞）：聽你的意見？你從不跟我溝通，或常藉故不在，一旦我需要你的幫忙，也找不到你，假如你可以先管好你自己，我就可以變得更好。

評估者（主管）：喬治亞，那不是我管理上的問題，而是你的確是個問題人物，現在我只想好好告訴你。

員工（喬治亞）：哦！是的，我懂了，你可以收回你給的工作……。

二人就這樣不歡而散了。

資料來源：David A. DeCenzo、Stephen P. Robbins著，許世雨等譯（1999）。
《人力資源管理》。五南圖書出版公司，頁307。

續談下去，達不到真正「揚善規過」的效果，甚至影響了未來的工作目
標。

二、封閉式面談

封閉式面談的運作，是以考核者（主管）為主角，在面談過程中，
考核者陳述他對此次績效考核結果的看法，而被考核者並沒有太多的機會
說明，只是靜靜的接受主管的說明。

範例 11-3

封閉式績效面談

亞瑟：我不聽！我不聽！我不聽！

這個老魔頭會怎麼去處理每年的考核面談？相信你早已猜到答案
了。

「戴維斯，進來吧，現在要進行年度的考核面談。我已經把你的
考績報告寫好了，你只需瀏覽一下，然後在上面簽個名就可以了。」

戴維斯才瞄了一眼，臉色就變了。

「什麼！？你說我寫的業務報告比小學生的作文還不如？太誇張
了吧！這絕對不是事實！」

「我所看到的就是這樣。」亞瑟以不耐煩的口吻說：「跟我發牢騷有什麼用？你的報告寫得不夠詳細，以前就跟你提醒過了。」

戴維斯再往下看了之後，臉色就更難看了。

「怠忽職守？天啊！你怎麼可以這樣寫？你去年制定的那套業績標準我早就達到了，問心無愧；至於同業會採行什麼樣的銷售制度並不是我能左右的呀！怎麼統統記在我的頭上了呢？」

「喂，老弟，你吃錯藥了啦？怎麼一直語無倫次的？」亞瑟擺出一貫的冷冰冰面孔。「不管你怎麼辯解，我所寫的都是事實，乖乖的給我簽吧！聽到沒有？」

戴維斯嘆了一口氣，心不甘情不願的在考核報告上簽名。

「好，現在聽清楚，你下年度預定的業績成長目標是15%，你可以走了。」

戴維斯頭也不回的離開這間陰森森的辦公室，不願再白費唇舌了。

資料來源：John Humphries著，陳柏蒼譯（1996）。《管人的藝術》。希代出版公司，頁243-244。

三、開放式面談

開放式面談則跳脫封閉式面談中主管唱獨角戲的方式，改由主管先起頭，說明此次績效考核的過程與情況，而後引導部屬說出他的看法。相較於封閉式面談，開放式面談則給予部屬較多的機會表達內心的感受。

範例 11-4

<h2 style="text-align:center">開放式績效面談</h2>

大偉：輕描淡寫，一筆帶過

　　每年度例行的考核面談對大偉來說，就跟平日與部屬在閒聊沒有什麼兩樣。

大偉：「嗨！瑪麗，請坐。沒什麼啦，年度考核面談例行公事而已。」大偉笑容可掬的說：「最近還做得愉快嗎？」

瑪麗：「還好，我想如果我們所能掌握的資源能再多一些，事情就會更好辦。」

大偉：「嗯，有理。還有別的事嗎？」

瑪麗：「哦……我不曉得這算不算是個問題，我總覺得我們浪費在會議上的時間很可觀，你不覺得嗎？」

大偉：「我也有同感，會想想辦法的。還有別的問題嗎？」

瑪麗：「真的要說起來恐怕有一籮筐，不過還沒有碰過解決不了的。」

大偉：「那就好。倘若真的碰到什麼難題，隨時都可以來找我。」

瑪麗：「我會的。」

大偉：「好。我想只要我們能保持現狀，明年應該也不會出什麼問題。辛苦了！」

考核面談就這樣草草收場了。

資料來源：John Humphries著，陳柏蒼譯（1996）。《管人的藝術》。希代出版公司，頁244。

四、輔導式面談

輔導式面談，係指主管完全跳離主角的角色，轉而扮演串場與解惑的功能。主管的工作是輔導部屬而非批評或責備部屬，主要職責是在引導與輔佐部屬發表出內心的看法與疑問，使員工在工作上有更好的表現。

範例 11-5

輔導式績效面談

麗莎：緬懷過去，寄望將來

麗莎每隔半年就約談部屬一次，檢討每個人在最近六個月來的表現，目前她所約談的是搬運工領班比爾。

麗莎：「比爾，請坐。這次會談的目的是要回顧你過去半年來的表現。大體而言，你的表現可圈可點，讓我相當滿意。不過，為了確實起見，我想我們最好還是逐項來檢討，可以嗎？你也可以提供你的意見。」

比爾：「我無所謂，就一項一項來吧！」

麗莎：「你的第一項職責是確保所有的會議室都能事先確實遵照客戶的指示去打點，讓他們的會議能準時舉行，你自認在這方面的落實程度如何？」

比爾：「我認為我們絕對都有遵照客戶的要求去處理，美中不足的是有些不按牌理出牌的客戶，常在開會前幾分鐘才突然跑過來說想再多要一台幻燈機或投影機什麼的，那就麻煩了，有時候臨時抽調不出來，只好去外面租一台，結果額外的開支就轉嫁到我們的頭上來了。」

麗莎：「嗯，這倒是個問題。那你可有什麼點子？」

比爾：「或許可以先調查目前我們有多少會議設備，如果不夠的
　　　話就再添一些。」

麗莎：「既然如此，不如就做得澈底點，能否請你清查目前所擁
　　　有的各項會議設備，檢視有哪些需要更換，哪些則是需要
　　　增購？」

比爾：「沒問題，妳什麼時候要這份報告？」

麗莎：「哦，這大概要花你多少時間？」

比爾：「不需要太久，這個月前應該就可以完成。」

麗莎：「那就這樣吧！請你在下個月六號之前交給我。好，現在
　　　我們再看下一項。」

其他各項的檢討方式都是大同小異，等雙方逐項討論完畢後，就
在上面簽名。最後，麗莎才向比爾交代未來六個月的各項工作重點。

資料來源：John Humphries著，陳柏蒼譯（1996）。《管人的藝術》。希代出
　　　　版公司，頁243-246。

 ## 第五節　績效面談的技巧

綜合上述四種績效面談的進行方式，可將績效面談的技巧歸類為
「上乘的面談技巧」與「不入流的面談方式」兩類（John Humphries著，
陳柏蒼譯，1996：247-248）。

一、上乘的面談技巧

1.在面談之前就已蒐集到充分的相關資料。

2.面談是在確保當事者隱私權的前提下進行。

3.強調絕對會守口如瓶，恪守秘密。

4.問話要有技巧，該問的才問。

5.仔細聆聽對方的說詞，並觀察其肢體語言。

6.以心理輔導的相關技巧來發覺出問題真相。

7.不要撈過界，鼓勵當事者去自行解決問題。

二、不入流的面談方式

1.毫無準備就把當事人抓過來談話。

2.整個面談都只聽見主管一個人的聲音，沒有耐心去聆聽對方的答辯。

3.對當事人的說詞予以嚴詞駁斥，妄下推斷。

4.想越俎代庖，替當事人解決問題。

5.主動提供意見，無端的把自己給捲進去。

6.為當事人片面決定一套解決的辦法。

小常識

績效考核不能落實的原因

在舍曼（Sherman）所著《人力資源管理》書中提到，績效考核不能落實原因有：

1.缺乏最高管理階層的支持。

2.缺乏與工作相關的績效標準。

3.評估者的偏見。

4.考核表格太多。

5.有些管理者認為，耗費精力打考核，但從中所獲的益處不多，或者得不到益處。

6.管理者不喜歡與部屬面對面溝通。

7.大多數管理者在績效面談方面技巧欠佳。

8.考核時所要的判斷過程與協助員工發展的角色相衝突。

9.員工認為評估不公平。

10.主管都願為員工評估高分可以多加薪。

資料來源：丁志達撰文。

結　語

　　績效管理必須靠績效考核來執行。當企業自各方面對員工績效表現加以評估之後，如何使績效評估對於企業有正面效益，則有賴於績效評估的回饋。績效評估的回饋，通常以面談的方式來進行，藉由面談提供一個雙向溝通的機會。

　　績效面談的結果，可使部屬瞭解自己工作上的長處與待改進之處，部屬知道有關工作上的優點，能提升其工作的滿足感與勝任感，樂於從事該項工作，進而幫助其發揮潛能；至於績效考核所發現的缺點，能使部屬瞭解自己的工作不足的知能之處，能充分體認其弱點，從而加以改進，並知道未來在工作上如何努力，表現出成績，達成主管的期望。

範例 11-6

從業人員績效面談須知

須知條文
第1條（訂定之依據） ○○股份有限公司（以下簡稱本公司）為發揮獎優懲劣績效考核功效，依據本公司從業人員績效考核要點第○條訂定本績效考核面談須知。
第2條（訂定之目的） 本公司暨所屬各機構辦理員工績效考核，應確實符合公平、公正、客觀、透明，以盡可能量化為原則。考核結果之等第作為員工晉（降）薪、升遷、工作調整，及紅利等差異化管理之依據。
第3條（適用對象及面談主管） 本須知適用之對象為本公司現職從業人員。
第4條（面談之時間及範圍） 本公司所屬各級主管辦理屬員績效考核時，期初應就企業目標與工作職掌設定績效目標計畫；期中就計畫執行情形正式或非正式查核目標訂定是否妥適、追蹤監督稽催，並予授權賦能、溝通輔導，作成平時考核紀錄；期末將績效考核結果以面談回饋員工，面談結果並應作成紀錄，以為檢討嘉勉過去並策勵來茲，為員工事業生涯發展及追蹤輔導之參考。
第5條（期初、期中、期末面談應運用手法及技巧） 本公司年度之面談分期初、期中、期末面談，其需應用之手法及技巧如次： 期初面談：面談者應循「GROOM模式」（G＝Goals目標、R＝Reasons理由、O＝Opportunities機會、O＝Obstacles障礙、M＝Measures評量）主導進行績效目標計畫，面談者與經面談者均需以誠實的態度，直接而堅定口吻，尊重對方並遵守「SMART原則」（S＝Specific明確的、M＝Measurable可測量的、A＝Achievable可達到的、R＝Relevant相關的、T＝Time-Bound有期限的），確定個人績效目標與公司主要績效指標（KPI）連結。讓員工對績效目標具有責任感，將精力集中在績效目標的完成上。 期中面談：面談者應循「GROW模式」（G＝Goals會談之目的、R＝Reality Checking事實檢視、O＝Options選擇方案、W＝The Way Forward具體行動），授權賦能，溝通輔導。創造授權環境，設定界限，讓員工在一定規範內自主；提供所需資源、分享資訊；平時培養與部屬互相信任尊重之感情，瞭解溝通公式及部屬溝通風格與習慣，以激勵部屬發展核心能力，並隨時檢閱給予回饋。 期末面談：作績效評估時，依績效評等類別作差異化管理。對績效不佳員工尤應及時及早處理，給予矯正的勸告和改善機會。

第10條（考成委員會之組成及任期）
考核委員會置委員五人至十三人，除本機構人事主管為當然委員外，其餘委員由總經理任命之。
考核委員之任期為1年，自當年7月1日至次年6月30日止。

第11條（考成委員會決議之方式）
考核委員會會議應有全體委員三分之二以上出席，出席委員過半數之同意，始得決議。
前項決議，得以無記名投票方式行之。

第12條（迴避及於二等親親屬）
考核委員及辦理考核人員對考核過程應嚴守秘密，並不得洩漏，違反者，按情節輕重，予以懲處。對涉及本身及二等親親屬之考核事項應行迴避。

第13條（員工申訴管道）
本公司從業人員對於考核結果認為不當，致影響其權益者，得於收受通知書之次日起30日內，向考核委員會提出申訴，逾此限者，不予受理。

第14條（員工申訴方式）
申訴應以書面為之，載明下列事項：
一、申訴人之姓名、員工代號、服務單位、職層、職稱等。
二、請求事項。
三、事實及理由。
四、考核結果通知書送達之年月日。
五、提起之年月日。
六、申訴人簽名或蓋章。

第15條（答覆義務）
考核委員會應於收到申訴書之次日起15日內，就申訴事項詳備理由函復，必要時得延長10日，並通知申訴人。

第16條（核定及修正方式）
本要點經董事會通過後實施，修正時亦同。

資料來源：某大電信公司。

Chapter

績效追蹤與改善計畫

開除員工是一個必要而且是負責任的企業決定，儘管沒人喜歡，但是為了整棵樹，就得修枝剪葉。

——美國地產大亨唐納·川普（Donald Trump）

日本NHK電視台曾播放大河劇（大河ドラマ）《德川家康》，在這場戲劇中有一段情節讓人留下深刻印象。

長篠會戰中，當時槍枝開始急速普及，但是武田氏認為裝彈花費時間太多，不適於短兵相接而不採用。相反地，幫助德川家康的織田信長卻從市場蒐羅了數千把槍枝，在會戰中發揮威力，大獲全勝。

織田信長當時的戰術，是先命令士兵搬運木材設置柵欄，防備武田氏的騎兵隊，其次將槍枝隊分成「裝彈」、「火線點火」、「發射」三個班，以進行一連串的作業，藉此使槍彈能不停地射擊。

織田信長認為裝彈花費時間太多，是槍的缺點，但他卻想出改善缺點的方法，使其發揮最大威力。因此，此戰役勝敗的關鍵在於，一個視為缺點而忽視它，一個是瞭解缺點卻積極加以改善利用。

這個故事給予企業內各主管在運用績效考核工具時，有很大的啟示作用，主管有責任於點出員工工作上的缺點時，也要提出如何改進發現到的員工「缺點」，讓員工的「缺點」轉換成工作的「優勢」，值得從這個範例中去學習與領悟（杉山友男著，呂山海譯，1997）。

第一節　批評部屬的藝術

在美國有一家研究機構對五千八百家企業的人力資源主管做的調查資料顯示，「績效考核」是最重要的兩項管理難題之一，另一項管理的難題則是「就業平等的法律問題」。所以，管理大師麥克葛瑞格就曾指出，健全的績效考核，必須破除兩大障礙：

範例 12-1

放大鏡看優點　用顯微鏡看缺點

統一企業創辦人高清愿在其所著《高清愿咖啡時間》書中，就如何看待員工在工作上所表現出來的優缺點，有一段讓人省思的感性文字與經驗的回饋：

企業界，常常是以成敗論英雄，至於決定一個企業的成敗，往往在於經營者用人是否得當，這也是我們常說的「事在人為」。世上沒有一個人是十全十美，因此如何善用每位員工的優點，使其適才適所，充分發揮所長，可以說是對經營者的一大挑戰。

用人方面，我的作法是，在客觀公正，用人唯德的基礎上，用放大鏡去看每位員工的長處，並針對其優點提供他們揮灑自如的空間。至於員工的缺點則以顯微鏡視之，不予計較。

企業界用人時，常會出現一種現象，就是一位員工在跟隨不同的主管做事時，其工作表現往往迥然不同，其中的差異就是在於主管能否善用員工的長處，以及容忍其缺點。

資料來源：高清愿口述，趙虹著（1999）。《高清愿咖啡時間：談經營心得、聊人生體驗》。商訊文化出版，頁23。

1.主管都不願意批評部屬，更不願意因之引起爭議、衝突。

2.主管普遍缺乏必要的溝通技巧，不能瞭解部屬的反應。

考核是在幫助部屬解決工作上的問題而不是在刁難、批評部屬。例如，告訴員工：「你每次都自己亂下判斷，害大家要花很多時間幫你收拾殘局」。考核面談的過程中，主管對部屬愈多的批評，部屬愈會產生愈多的防衛的反彈，導致無法改進其工作績效。批評是一種懲罰，並不能改變行為；批評的結果是員工在心理上築起一道自我防衛的高牆，拒絕接受批評。一些有關奇異（GE）電子公司的研究報告指出，超過一半的批評，

員工的反應是自我防衛，而只有不到八個百分比，能獲得建設性的反應
（T. V. Bonoma、G. Zaltman合著，余振忠譯，1985）（**表12-1**）。

一、批評部屬時的原則

批評不直接對人、對事，而是針對錯誤。在批評員工時要運用以下
原則（高興、周戰峰編著，2000）：

1. 不准傷害員工的自尊心：自尊心受傷，會造成對立情緒或導致過激
   行動。因此，一定要注意批評語言的最優化。
2. 不准刨根問底：舊事重提或刨根問底，會影響管理者本人的氣度與
   形象，也容易造成員工的消極逆反心理。

表12-1　主管考核員工兩難的心聲

1.我害怕我無法正確或適當的評估，而且我常做錯誤判斷。
2.我無法使表現差的員工與我合作，我無法引導、領導他們，我是一位差勁的主管。
3.我是一位好人，所以不能隨便告訴別人他的缺點。
4.我不能在評估面談中使員工過分的驚訝，破壞和諧，所以不能給他壞的評價。
5.我要讓別人喜歡我，受人歡迎，所以我不能批評員工或對他批評太差。
6.我是主管，所以我要尊嚴、要有權威，所以我無法太深入瞭解員工。
7.我並不熟知應如何告知他的壞表現，但卻又必須時常這樣做，我是一個差勁的管理人員。
8.我的員工總不會同意我對他的考核評價。
9.績效評估是一種專業上的痛苦，而又無法避免。
10.每個人都不是神，都是會犯錯，所以我批評他的錯誤，不給他機會是不公平的。
11.我不喜歡別人認為我不瞭解他，通常困擾著我。
12.如果我沒有確實的文件報告，我不能隨意批評，引導員工。
13.員工為了避免受懲罰，只會反應有利的情況，而隱藏不利的情況。

資料來源：魏美蓉（1988）。〈以理性效率訓練（Rational Effectiveness
　　　　　Training, RET）消弭偏見與對立〉，《現代管理雜誌》，第141期
　　　　　（1988/10/15）。

3. 不准強迫認錯：認錯是認識過程的問題，只能以啟發式的批評勸導，而非威逼式。

4. 不諷刺員工：批評時切忌諷刺。諷刺是對他人最大的看不起，容易引起員工的怨恨情緒。

5. 不准背地裡批評員工：請切記「想在三人中間保密，除非其中兩人死去」。因此，切忌在背地裡批評他人，背地裡批評部屬的管理者，要麼是怯懦者，要麼就是搬弄是非者。

6. 不准比較員工：所謂「人比人氣死人」，批評此而比較彼，容易引起被批評者記恨拿來比較的人，不利於以後的合作。

二、批評部屬的步驟

為了克服主管如何「批評」屬下的障礙，在《華爾街日報》管理專欄上，曾有一位擔任管理職的讀者史蒂芬‧莫理斯（J. Stephen Morris）發表一篇〈批評你的下屬〉，文中提出主管批評下屬使用的五個步驟，值得參考（何寬賢，1997：21-22）：

1. 直接切入主題：有些主管在批評下屬之前，總會先講一番無關宏旨的「前言」，希望藉此緩和即將來臨的緊張氣氛，但是這樣做，有時反而會增加雙方的不安情緒，所以不可以迴避主題，直接了當的切入主題是個不錯的方法。

2. 把事實描述出來：就算主管明知下屬犯了錯，一開始亦不要使用主觀批評的字眼去責備下屬，而應當輕描淡寫，把下屬犯的錯誤引起的不良後果客觀地告訴他。一旦這樣做，下屬自然就會較為合作，且不會感到受到威脅。

3. 用心聆聽的技巧：運用主動的聆聽技巧，鼓勵下屬開誠布公的說話，讓他講出他的問題，不要「窒」住他，這樣雙方多有好處，至少最低限度是犯錯者不會死口為自己抗辯。

4.雙方取得共識：彼此對問題的根源與解決方法盡可能的達成「共
　識」。下屬若不肯向你承認有問題，也就不會有解決方法的出現，
　只有當雙方都接受了問題的存在，才有可能同心協力去尋找解決的
　方法。

5.結語：由下屬去總結這次討論的要點及解決方法，然後再約定下次
　見面的時間，讓下屬告訴你事情的進展，並且在這次會見結束時，
　向下屬保證，你願意隨時和他見面討論有關後續的改進情況。

　進行績效評估時要少一點批評，如果主管一定要批評員工，那麼宜
將批評集中在特定的行為之上。主管在批評部屬時，應先建立鼓勵大於懲
罰的心態，透過考核協助部屬瞭解工作能力尚不足之處，並以訓練加以強
化，而非將考核變成一種權力的運作，藉以威脅、恐嚇部屬。

　因此，在考評過程中，主管應以正向思考代替負面思考，多看員工
優點，瞭解其長處，才能真正協助部屬在工作上有所成長；否則，每年
考評結果一公布，就會流失一些心有不甘的部屬，絕非企業之福（吳依
瑋，2000）。

 ## 第二節　表現不佳員工的分析

　企業辦理員工的績效考核時，它使用了主管與部屬的一些寶貴時
間，然而時間就是金錢，因此，如果主管僅將績效考核界定在一年一度的
廟會「大拜拜」，考核後將所發現的問題「束諸高閣」，則原先招募進來
的「精兵」，幾年後，因為失去工作上偏失行為「校正」的機會，逐步變
成為「庸才」，「庸才」又一變為「奴才」。沒有哪一位員工會承認自己
是企業的「冗員」，但主管卻經常嘆息「蜀中無大將」，追根究柢，是主
管沒有好好利用績效考核的功能所致。此時，考績評分標準表的運用，成
了企業績效考核結果追蹤的有利工具（**表12-2**）。

表12-2　考績評分標準表

項目	鑑定 細目＼分數	5	4	3	2	1
工作	數量	超過標準	達到標準	勉合標準	未達標準	遠遜標準
	質量	精密準確	正確無訛	尚無錯誤	間有錯誤	常有錯誤
	時效	提前完成	按時完成	尚不誤事	偶有延誤	常有延誤
	方法	執簡馭繁	有條不紊	尚有條理	草率從事	程序零亂
	主動	積極進取	自動自發	尚須督促	遇事被動	消極應付
	負責	負責盡職	不辭勞怨	尚能盡責	懈於負責	敷衍塞責
	勤勉	認真勤奮	不辭繁劇	尚盡職守	遲到早退	怠忽不振
	協調	協調完善	聯繫適宜	尚能合作	聯繫欠周	不能合作
	研究	研究精湛	研究清晰	尚有研究	忽視研究	不肯研究
	創造	富創造力	銳意革新	常有創見	偶有創見	墨守成規
操行	忠誠	忠貞不渝 誠信篤實	信心堅定 謹守信義	忠於職守 言行一致	觀念淡薄 言過其實	態度冷漠 輕諾寡信
	廉正	安貧樂道 大公無私	廉潔自持 正直不阿	知足守分 不失公正	愛好小利 偏重感情	重利輕義 徇私誤事
	性情	敦厚豪爽	明朗熱誠	平易近人	剛愎自用	急躁粗暴
	好尚	勤奮好學	律己謹嚴	生活正常	嗜好混雜	嗜好不良
學識	學驗	學驗豐富	學驗優良	學驗敷用	學驗有限	學驗太差
	見解	洞燭機先	思慮周詳	見解正確	見解平庸	甚少見解
	進修	自強不息	勤求上進	尚肯研讀	一曝十寒	故步自封
才能	表達	文理精通 言簡意賅	文理暢達 長於詞令	文理通順 言詞清晰	文理膚淺 詞難達意	文理欠通 言詞不清
	實踐	力行著效	力行不懈	尚能務實	行而不力	徒尚空談
	體能	精力充沛	體力強壯	健康正常	精力較差	體弱多病

附註：本表各細目評分以三分為及格，二分以下為不及格。

資料來源：林玉鬃（1997）。《工作考核標準在目標管理上之運用》。超越企業顧問公司。

一、員工能力分析

　　只偏重「打考績」的管理性目的，往往使員工與主管對立，無法提升績效。其實，績效管理還有策略性、發展性的目的，協助開發員工潛能、提升績效，以達成企業的長期策略。

(一)有潛力員工之分析

　　1.連續二年考核在特優（表現傑出）等第員工的能力專案評估。
　　2.連續三年考核在優良（表現全超出標準）等第以上員工，具有潛力者的職涯發展分析。
　　3.連續四年內，每年考核結果在特優、優良二等第之間員工的分析。

(二)需要改進員工之分析

　　1.考核列為不及格（表現差）等第員工的績效分析，並與上年度其考績做比較。
　　2.當年度工作不適任現職員工的分析。
　　3.對上年度考核「表現差」等第員工，追蹤其具體改善之成效。

(三)異狀員工分析

　　1.二年內考核等第落差二級（含）以上者之分析。
　　2.工作表現特優、優良者，但受限於本身條件或該職位（等）已達薪資頂端之分析，以及激勵措施的擬定。

　　績效考核的結果，可使組織或員工明瞭其工作的優點與缺點。有關工作優點，能提升員工工作的滿足感與勝任感，使員工樂於從事該項工作，員工愉快地適任其工作，並發揮其成就感；至於透過績效考核所發現員工個人的缺點，則能使員工瞭解自己的工作缺陷，充分體認自己的立場，從而加以改善，亦依此作為訓練與發展的依據及指標。

範例 12-2

績效考核判斷

安德魯‧葛洛夫（Andrew S. Grove）所著《英代爾管理之道》書中，提到他考核一位經理所產生的績效判斷誤差的經驗。

在向我報告的諸多經理中，有一位經理的部門表現十分傑出。所有用來評估產出的項目都非常令人滿意：銷售額激增、淨利提升、生產的產品運作合乎客戶要求……，你幾乎只能給這個經理最高的評比。但我仍有些疑慮：他的部門的人員流動率高出以往許多，而且我不時聽到他的部屬怨聲載道。雖然還有其他諸如此類的跡象，但當那些表上的數字都閃閃發光的時候，實在很難在那些不太直接的項目上打轉。因此，這位經理當年拿到了極佳的評比。

隔年，他的部門的業績急轉直下，銷售成長停滯、淨利率衰退、產品研發進度落後，而且部門中更加地動盪不安。當我在評估他此年的績效時，我努力地想弄清楚他的部門到底出了什麼事。這個經理的績效真的這麼糟嗎？是不是有什麼狀況我尚未察覺？最後我下了一個結論：事實上這個經理的績效較前一年好，即使所有的產出衡量結果看來都糟得不得了，主要的問題是出在他前一年的績效並不是那麼好，他的部門的產出指標所反應的並不是當年的成果，這之間時間上的差異差不多正好是一年。雖然很難堪，我還是要硬著頭皮承認我前一年所給他的評比完全不對。如果當初我相信流程評估所反應的事實，我應該會給他較低的評比，而不會被那些產出數字所愚弄。

資料來源：Andrew S. Grove著，巫宗融譯（1997）。《英代爾管理之道》（*High Output Management*）。遠流出版公司，頁210。

範例 12-3

協助績效不佳員工成功轉職

《抓住員工的心》（*The Simple Art of Greatness*）作者墨林（James X. Mullen）服務的公司，曾經僱用過一位非常努力嘗試的生管經理。基本上，她的工作是負責公司內外對於廣告所需作品的協調及進度控制。

這位經理人很誠懇，也很有人緣，但工作並不完全稱職。在進行過令人失望的年度評估之後，這位生管經理向墨林（公司內申訴的最後管道）提出她微薄調薪的要求。

「美國廣告代理商協會」（American Association of Advertising Agencies）的薪資結構報告顯示，生管經理的年薪大約在二萬三千美元到二萬五千美元之間，她說道：「而我只領二萬美元。」

「那是因為妳不是個很好的生管經理。」墨林實話實說，「妳還沒糟到我們要開除妳的地步，但也還沒好到可以將經營管理當作一生追求的事業。」

當她徵求墨林對於她重新出發正確方向的意見時，墨林指出，他認為她是個很溫馨而且很具說服力的人，因此，應該試著離開管理面而投入業務工作。

墨林替這位年輕的生管經理安排了一個工作，向其他廣告公司銷售波士頓廣告俱樂部年鑑上的廣告版面。她可以在這種不需要競爭的環境下，練習銷售技巧。同時，她也仍然是該公司的員工。在這工作上獲得的成功，讓她日後得以承接一系列業務部門的外務，每項工作都不斷累積她的經驗與信心。

現在，她是一位非常成功的攝影師的經紀人，而且有不錯的收入。

資料來源：James X. Mullen著，周怜利譯（1997）。《抓住員工的心：建立留得住人才的公司》。天下文化，頁151-152。

二、危險警訊，未雨綢繆

　　如果部屬犯錯是因為他們缺乏資訊或是訓練不足的話，這是主管的責任。但如果原因是因為部屬不注意、疏忽或是沒有工作意願時，主管唯一的責任，就是設法找出原因發生在什麼地方，然後再和他們共商解決之道。

　　人處在社會上，總是會遭遇到許多問題，有時是因為生理疾病的纏身（如記憶力喪失、思考力衰退、體能衰退等，其工作績效會明顯下降，此時應思考醫療方面的補救）、生理上的異常（如頭痛、高血壓、潰瘍、過敏、酸痛等，此時應考慮醫療方面的治療）、戀愛的煩惱、負債的問題、家庭的事故，或者是牽涉民、刑事法律問題而造成身心的困擾等。例如一位上班前剛和老婆吵過架，或是孩子因意外傷害正在醫院急診室裡看診或觀察病情的員工來公司上班，因心有掛念，也就無心於工作，其績效自然也就不會好到哪裡去。此時這位員工需要的是一位有同理心的主管來傾聽、關懷他，以及設法找出幫助他的方法。相反地，一位主管總在部屬「遭難」無助，績效一時低落之際，卻給了部屬「難看」的臉色，以及給予讓人聽了更難過的「責難聲」時，想讓部屬不變「壞」也難（**表12-3**）。

　　一位聰明的主管，當員工有下列這些異常狀況發生時，就要先「探隱」分析，找出是「人為」（如酗酒、吃搖頭丸等）所導致，或「非人為」（如家庭因素中的喪偶、離婚、夫妻不睦、婚外情等）能控制的原因，再設法幫助員工度過難關。例如：

1.出勤率突然不正常。
2.不能適時的提出工作報告，也不能按照當初規定的時間完成工作。
3.工作效率突然降低很多。
4.經常「開小差」，從工作崗位上溜掉，不知道跑到哪裡去了。
5.影響到其他員工的安全與健康。

表12-3　影響員工工作績效不良之原因

一、在機智與工作知識方面
　　（intelligence & job knowledge）
　　‧表達能力不足
　　‧特殊能力欠佳
　　‧工作知識不足
　　‧判斷或記憶的缺陷

二、情緒和情緒性疾病方面
　　（emotions & emotional illness）
　　‧經常性神經分裂症
　　‧精神錯亂症
　　‧精神機能病
　　‧酗酒和藥物問題

三、個人的工作動機方面
　　（individual motivation to work）
　　‧強烈的工作動機受到挫折
　　‧產生尋求滿足非公司所要求之動機
　　‧個人的工作標準過低
　　‧工作士氣的普遍低落

四、生理的特徵與異常方面
　　（physical characteristic & disorders）
　　‧生理疾病與障礙
　　‧起因於情緒造成的生理異常
　　‧不合適的生理的特徵
　　‧肌肉、知覺力和技巧的不足

五、家庭束縛方面
　　（family ties）
　　‧家庭危機
　　‧離鄉背景
　　‧家庭考慮重於工作要求

六、工作同事方面
　　（the groups at work）
　　‧同事間消極的影響
　　‧無效的管理方式
　　‧不適當的管理標準和準則

七、公司本身的原因
　　（the company）
　　‧組織活力不足
　　‧指派錯誤
　　‧組織過分鬆散
　　‧控制幅度太寬
　　‧不適當的組織標準和準則

八、社會及社會價值方面
　　（society & its values）
　　‧法律懲罰之影響
　　‧法律外社會規範的影響
　　‧工作要求與文化價值間的衝突

九、工作環境和工作本身方面
　　（the work content & the work itself）
　　‧經濟壓力的消極影響
　　‧地理位置的消極影響
　　‧工作場所布置不當
　　‧過分危險
　　‧工作本身的問題

資料來源：謝安田（1982）。《人事管理》（*Personnel: Human Resources Management*），作者自印，頁89-92。

6.經常遲到、早退。

7.很多場合都無故缺席。

8.對其他員工的態度變得粗暴起來。

9.工作報告未能符合事實情況（**圖12-1**）。

三、績效不佳員工的特性

　　就最廣義來看，凡是不利或甚至有害於組織目標達成的員工，均可稱為績效不佳的員工。換句話說，任何員工在工作場所表現出會導致自己、同儕或管理者生產力降低或士氣不振者，均可視為是績效不佳的員工。這些績效不佳的員工所表現出來的特性有：

1.這些員工會引起管理者與同儕嚴重的沮喪感。

2.這些員工無法令人相信會做好分內的工作。

3.管理者對此類員工的工作指派必須遠低於其他員工所應負擔的分量，而且指派內容也僅限於這些員工能完成者。

　　這些績效不佳的員工，不僅無法表現出組織所期待的績效水準，還會影響、連累同事必須負擔其應完成的工作。因為，此類人員逼使管理者為確保他們的工作狀況不會更形惡化，或造成更多的問題，而將其應負擔的工作指派給其他員工，導致其他員工感到工作指派的不公平，因而產生挫折感與不滿足感，進而影響到總體的績效表現與士氣。

　　因此，如果企業不能有效處理績效不佳的員工，將會造成生產力降低、意外事故的發生、決策錯誤等難以估計的損失，以及組織成員士氣低落等（蔡秀涓，1999：20-39）。

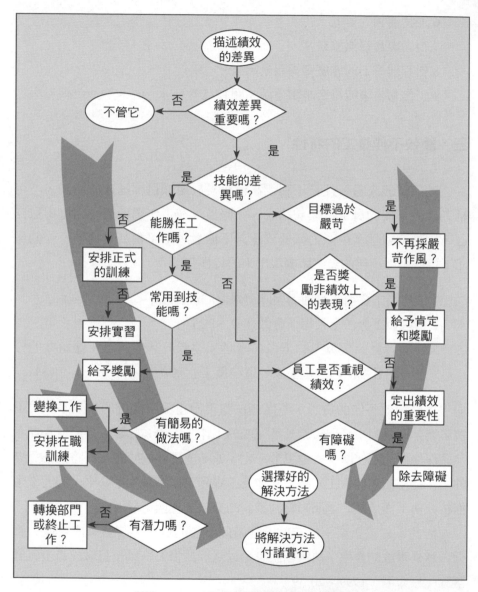

圖12-1　工作表現問題分析法圖解

資料來源：現代管理月刊編輯部，李素珍編譯（1987）。《員工績效問題診
　　　　斷》。管拓文化事業公司，頁134。

第三節　績效不佳員工的處理

　　員工之間的差異在任何組織內部是存在的，且是任何管理者都不可忽視的一門管理知識。「員工應是資產而非負債」，然而一般主管在處理「績效不佳」的員工時，最容易採取的方式是交給人事單位「解僱」員工，或是任其「我行我素」而莫可奈何，這兩種對績效不佳員工的處理，對企業而言，都不是最佳處理方式。

一、員工績效不佳的原因

　　根據資料顯示，不能勝任工作的原因有能力因素、意願因素、情境因素及個人因素四種。

(一)能力因素

　　因工作崗位的調動，或甄選不當而發覺工作能力的不足與欠缺者，如主管欠缺溝通表達的能力、領導統御能力；部屬欠缺工作能力，例如會計人員欠缺會計知識、稅務知識；企劃人員欠缺行銷知識；秘書人員欠缺電腦文書處理能力、檔案管理能力；推銷人員欠缺推銷技巧或溝通談判能力；作業人員欠缺操作自動化設備能力或電腦操作能力等。

(二)意願因素

　　績效考核結果偏低，屬於個人因素而無法以訓練在短期內補救者，例如個人情緒的不穩定（酗酒、精神官能症、吸食藥物毒品等），則必須透過心理諮商或心理治療，才可使員工的精神恢復正常，扭轉不佳的工作績效表現；又如屬於生理異常的頭痛、高血壓、潰瘍、過敏、酸痛等症狀，而導致對工作上的干擾，則必須考慮醫療方面的治療；至於因特殊生理特徵原因（例如身材矮胖，不能勝任操作大型機械；體型粗壯，相貌不

揚者,不能適合擔任櫃檯接待員的工作等)導致的工作效率低落者,則可利用調換工作崗位來克服。

(三)情境因素

如果員工有能力又有意願做好工作,且非員工個人問題(如身心健康等),但卻仍做不好工作之原因,即屬於情境因素干擾所致,諸如訊息傳遞不良、組織氣候不佳、命令的不一致或主管對待部屬雙重標準未能一視同仁等均屬之。

(四)個人因素

個人因素係指員工因私人問題之困擾而無法專心關注組織所交付的任務。一般常見的個人問題有身心健康問題、染上不良惡習、品德、紀律及其他(**圖12-2**)。

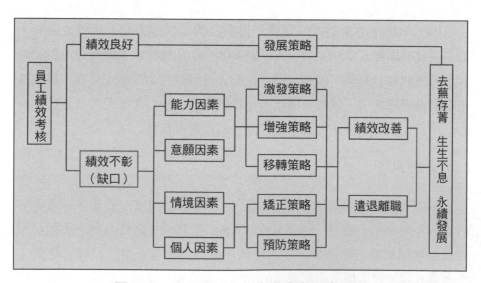

圖12-2　員工績效不彰之因素與因應策略

資料來源:蕭煥鏘(1999)。〈員工績效缺口之診斷與因應策略〉。《人事管理月刊》,第424-425期,頁3607-24。

二、員工績效不佳之因應策略

績效不佳的員工有時就像一個被困在屋頂上的人，處境尷尬，既上不去又下不來，此時，主管若採取強硬手段步步相逼，最後會導致這位績效不佳的員工一定會狠下心向下跳，結局會是兩敗俱傷的。最適宜的策略作法，就是主動為績效不佳的員工架一個梯子，給他下台階，使他能夠一步一步的走下來。

(一)能力與意願矩陣

組織欲達成策略目標，員工必須將本身的工作意願與工作能力兩者相互的調和運用，徒有意願而無能力是無法使策略目標實現；同樣地，有甚佳的工作能力但是缺乏高昂的工作意願亦是無濟於事的（黃英忠，1996：36-45）。

依照上述兩個因素（能力與意願）成分的強弱，可交叉匹配四個面向，因而形成四個不同的策略型態：(1)發展策略；(2)激發策略；(3)增強策略；(4)移轉策略。

◆發展策略

高工作能力又有高工作意願之員工，均能順利完成組織所交付的任務，屬高績效族群，可以透過發展策略之升遷、工作豐富化、多發獎金、職場生涯規劃等方式來獎酬其表現，讓員工在職場中能不斷自我挑戰與成長。

◆激發策略

具有高工作能力、低工作意願之員工，最重要的乃是透過激發策略來提升工作意願，其管理的作法有：積極激勵、工作再設計、導正不良工作行為、適時給了差別待遇、協助員工前程發展等。

◆ 增強策略

　　當員工具有高度工作意願但工作能力不足時，可透過增強策略來提升其工作能力。其管理作法有前述激發策略之激勵措施、差別待遇外，最主要的作法為積極施展教育訓練、工作輪調、員工個別指導及自我啟發等，以增強員工的工作能力。

◆ 移轉策略

　　當員工的工作能力與意願皆低時，組織可說是面臨到人力資源的「素質窘境」，在這種情況下唯有依靠人員異動、離職管理、紀律管理、輔導面談等方式來處理，甚至考慮到必須解僱員工的可能性。

(二)情境與個人矩陣

　　上述提到的員工績效不彰的共通性因素為能力與意願，然而，尚有情境及員工個人因素也會導致績效不彰。情境因素大都起因於某種情境的狀況不良或阻礙；員工個人因素則肇端於員工身心健康欠佳、染上不良惡習或品德瑕疵。此兩種因素導致之績效不佳，可施以「矯正」或是「預防」策略，來加以克服（蕭煥鏘，1999：18-33）。

◆ 矯正策略

　　一般影響員工績效不彰的情境因素，大都起因於某種情境的狀況不良或阻礙所衍生，其管理的方法是採取矯正策略，設法強化非正式組織功能並抑制其負面功能，導正組織氣候，培養團隊凝聚力，提升士氣，改善辦公處所及周遭環境，營造安全舒適的空間，改善對部屬的領導監督方式，加強授權賦能，檢討調整資源分配，使有限的資源發揮最大的效用。

◆ 預防策略

　　至於影響員工績效不彰的個人因素，採取的是預防策略，設法協助解決員工個人的問題、個案管理等（**圖12-3**）。

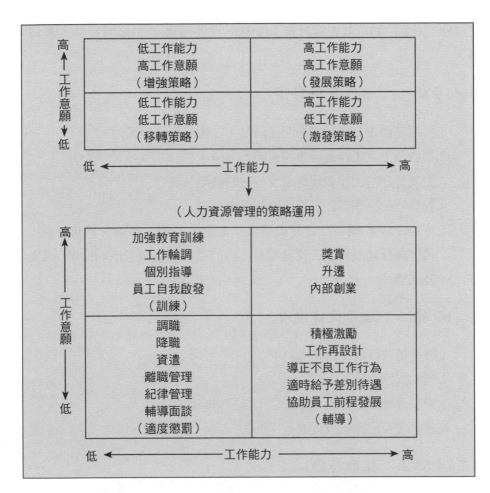

圖12-3　能力、意願的四個面向及因應策略

資料來源：蕭煥鏘（1999）。〈員工績效缺口之診斷與因應策略〉。《人事管理月刊》，第424-425期，頁3607-32。

三、解決績效不良員工的步驟

　　根據美國聯邦政府人事管理局公共關係室編印的《瞭解並解決績效不良員工指導手冊》（*Addressing and Resolving Poor Performance: A Guide for Supervisors*）提到，對處理績效不佳員工，有三階段可循序實施矯正

行為的步驟：(1)績效表現對談；(2)給予改進機會；(3)採取行動（**圖12-4**）。

(一)步驟一：績效表現對談

1.將期望要求、績效標準明示清楚，並與部屬進行溝通。

2.對於員工之工作表現應經常給予回饋。

3.對於良好的工作表現應給予肯定的鼓勵。

4.對於新手應讓其在試用期間便跟上要求。

5.應與工作表現不符合要求標準（數量、品質、時限、態度）之人員，進行諮商討論，使其瞭解工作的要求、績效考核的標準、工作方法等。

(二)步驟二：給予改進機會

1.確定績效表現不合格者為何？

2.通知限期改善。

3.提供改進機會並給予應有之工作設施條件。

4.確定是否已改正或改進。

(三)步驟三：採取行動

1.已有改進並能符合要求者，鼓勵其保持良好績效表現。

2.未能在限期內改進者，應考慮調整工作指派，必要時應依規定降職甚至去職。

3.允許員工對所受處分提出申訴或覆審之行政救濟（**表12-4**）。

當考核結果發現員工績效不佳時，可能是員工的能力不足，亦有可能是員工工作的動機不強，抑或組織相關制度欠完善所致。因此，在評估考核結果後，主管應分析其確切原因所在，並進一步提出改善方案，方可達到真正的績效。但績效不佳，如其責任可明確歸屬於員工個人之能力無

圖12-4　影響績效不彰的原因是什麼？

資料來源：Ferdinand F. Fournies著，丁惠民、游琇雯譯（2001）。《績效！績效！Part II：強化員工競爭力的教導對談篇》。（*Coaching for Improved Work Performance*）。麥格羅・希爾國際出版公司，頁149。

法勝任或工作意願低落時，應儘早處理，不要因為處理起來太麻煩，或者
希望部屬會自行改善，而容忍不良績效員工的繼續存在。如果主管放任績
效不佳的員工的時間愈長，情況就會愈來愈糟糕，同時也會殃及部門中其
他人員，並使主管領導統御之威信大打折扣。

表12-4　處理表現不佳員工的訣竅

1. 提出你所期望的工作表現與績效水準，決定什麼樣的表現可以接受？什麼樣的績
   效不會被接受。
2. 記錄屬下所有缺勤、工作表現不佳以及各有關事項，建立各種評估的標準。
3. 以你自己的專業知識去應付各種情況。
4. 和這些員工私底下面談一下，並且留給他們足夠的時間。
5. 在事前詳加計畫，並記下在面談時的注意事項，以便能找出他們的問題。
6. 面談時要公正而友善，不要一味要求對方同意你的觀點。因為你的目的是要糾正
   他們的行為，而不是要他們唯唯諾諾。
7. 不要一味指責對方，只針對他們的不良行為討論，因為你的目的是糾正他們的行
   為，不是討論他們的人格問題。
8. 把問題說清楚，並且就你所瞭解的部分討論，自己不明白的地方不要提出討論。
9. 只針對主題討論，同時也別被對方的「可憐相」所軟化，不要扯出題外話。
10. 最好能舉例說明。
11. 要能隨時提供幫助給對方。
12. 要能仔細聆聽對方的發言，不要遽下結論。
13. 顧及對方的尊嚴，尊重對方有不同的意見。
14. 保持冷靜，不要發怒，也不要起爭執。主管只是要解決問題，而不是找人來吵
    架。
15. 如果你有不對的地方，要向對方鄭重的道歉。
16. 要光明磊落，不要隱瞞事實。
17. 一起針對問題來討論解決之道，並說明你對對方要求的最低標準。
18. 設定一個最後改善的期限。
19. 在面談時要正確的記錄內容。
20. 最後要綜合一下剛才面談討論的事項。
21. 表達你對對方能力的信心。
22. 談好下一次檢討的時間。

資料來源：丁志達（2012）。〈績效管理與績效面談〉講義。重慶共好企管顧問
公司編印。

第四節　懲罰與解僱員工的要領

　　績效管理的過程，實際上也是「強化」的過程。根據心理學家的研究指出，所謂強化，包括了正向強化（Positive Reinforcement）與負向強化（Negative Reinforcement）兩種。前者是指正面的獎勵以及讚賞等，而後者則是指規勸、告誡、警告或懲罰而言。

一、懲罰員工之方式

　　一般企業用來懲罰員工之方式，大致上可按違規情節之輕重，區分為下列五項：

(一)口頭警告

　　口頭警告是一種最輕微的懲戒，目的是為了讓對方瞭解什麼地方做錯了。主管應適時、適所的積極輔導受警告之員工，以免令其重蹈覆轍。

(二)書面警告

　　書面警告要較口頭警告來得嚴重，因為這種懲戒會列入員工個人資料檔內，以作為存證之用。

　　以書面通知對方違反了什麼樣的規定，並警告下次再犯時會扣薪，或是失去工作。該通知單通常一式三份，一份給違規當事人，一份交由人事部門收執，最後一份留給主管本人；如果有工會的話，也要通知工會；此外，也要知會第二層的主管。

(三)停職

　　停職是指勒令停工，作為懲戒違規員工之手段。停職之長短，視情

327

節的輕重而定,這期間以一至五日為宜,別忘了這也要有書面紀錄。但管理學家主張應避免以停職作為懲戒手段,因為其後遺症有:

1.主管在員工停職期間,不容易找到適當的替手。

2.被停職的員工復職後,工作態度可能變本加厲。

(四)降級

以降級作為懲戒手段通常是不多見的,降級的適切使用場合應該是員工無法勝任目前的工作。

(五)解聘

解聘被認為是「工業死刑」。如果決定要開除員工時一定要有「憑證」,並一一列出,同時也要考慮是否有違反勞動條件,觸犯法規。

一位員工如初次觸犯了較輕微的禁忌行為,主管通常皆以口頭警告或書面警告懲戒之,但員工屢戒不聽,則懲罰應累進加重,直到解僱。

範例 12-4

出勤狀況欠佳之書面紀錄

2/10/1997

TO:布萊克

FROM:狄萊思經理

RE:口頭警告

去年的12月7日、14日及21日你都沒來公司上班,根據公司規章第九條的規定:「經常曠職者必須施以懲戒處分」。你前面這幾次沒來上班,都是在你原定休假日的前一天。在12月27日我找你談了有關

出勤狀況的問題，但是你在1月5日及16日又再度沒來上班，所以在1月29日我再次找你談了出勤狀況不佳的問題，並且警告你如果再有類似的狀況發生，我就必須對你施以正式的懲戒行動。在2月1日，你打電話到公司請病假，這一天恰好是週末的前一天。當2月4日你到公司上班時，你對你的上司巴瑞特說你是到野外去騎越野車。2月7日我約你談了這些問題，並且給你正式的口頭警告。

我希望你能真正瞭解，我非常關切你的出勤狀況。我期望你能在該上班的時候，每天準時到公司，除非你真的生重病無法到公司上班，或是事先已經請假獲准。如果不能來上班，你必須事先通知我、喬治或是山姆。

如果是因為生病無法到公司上班，你必須開具醫生證明，說明你生什麼病，要休息多久。如果你的健康真的有問題，你可以利用公司的保健福利。如果你想休年假或是補休假，請在兩天以前送上假單。這份有關口頭警告的備忘錄將會放在你的個人檔案裡。除非你遵守這個備忘錄中所載的事項，否則我會再採取進一步的懲戒行動。

我收到了這份備忘錄

布萊克簽收處／日期：

資料來源：Mike Deblieux著，林瑞唐譯（1997）。《檔案化紀律管理》。商智文化事業公司，頁14。

二、懲罰員工的要領

績效考核的結果，若無法與獎懲結合，將降低員工工作的誘因，使制度流於形式。因而，懲罰員工的要領，可分為下列幾項來敘述（彭昶裕，1997）：

第一項，合適的懲罰程序的要件，應包括下列要件：

1. 公司是否有將相關之工作規定，詳細地告知每一位員工，尤其是對新進員工更須注意，例如員工的工作手冊、布告欄上的公告，或用 e-mail 傳遞的訊息都應包括在內。

2. 對員工違反規定的指控必須根據事實，如果有見證人，那麼見證人的訪談紀錄也必須存檔，確保兩造雙方都能有充分的機會辯白或提出說明。個人的主觀或假設性之認定應予以排除。

3. 是否適當地採用「警告程序」，而這些警告是否曾用書面形式送達當事人手上。若採用口頭警告，它的內容說詞是否清楚的表達予員工？

4. 具有工會組織的公司，可能還須將員工之警告通知書送給工會備查。除此之外，還可能要告知工會管理者，將採取何種懲處行動，以減少工會和管理者之間所可能發生磨擦的機會。

5. 在決定採取何種懲罰行動之前，也要依員工違規的輕重程度或初犯、累犯等情形，對員工過去的考核紀錄及服務年資做適當的考慮。但這並不意謂員工過去若有不良紀錄，就可當作對員工採取懲罰的唯一因素。

6. 公司要確保管理者或生產線上主管都能瞭解懲罰的程序及政策，尤其是在對員工採用口頭警告或私底下採取所謂的「非正式責難」時，更是要特別注意。

第二項，在懲處部屬之前，主管必須針對下列各問題先自問一下：

1. 這位員工上次的考核紀錄如何？
2. 是否掌握到全部事實經過以及真相？
3. 有沒有給這位員工適當的機會來改正？
4. 有對這位員工提出警告嗎？有告訴他事情的嚴重性嗎？
5. 以前在同樣的情況下，採取什麼樣的行動？

6.對部門其他人員造成什麼樣的影響？

7.在採取行動之前，應該問問其他人的意見嗎？

綜合上述要點，主管必須清楚下列兩項基本的懲罰問題（Natash Josefowitz著，李璞良譯，1992：228）：

範例 12-5

員工沒有自律意識　企業就不可能發展

第二次大戰後，日本松下公司在艱難起步之時，管理十分嚴格。

有一次，松下幸之助的司機遲到了十分鐘，使得松下的一次重要會談受到影響。松下決定懲罰他，他給了司機以減薪的處分，但他的懲處並不是到此為止。他說：「創業之始，員工的自律教育相當重要。有時候，抓一個典型，就能達到一呼百應的效果……我從不忽視員工的自律意識，沒有人的自律，企業就不可能發展。」

為此，他抓住自己的司機遲到的典型，把與之相關的八個人也給了減薪處分，理由是監管不嚴。但松下懲處的目的是為了教育，而不是玩弄暴君的統治手段。他要被懲處者回去好好想一想，自己錯在什麼地方，自己最終應負什麼責任，這個責任在公司裡具有什麼影響？如果整個公司的員工都出現類似的情況，會有什麼結局？

幾天後，與司機連帶的八個受罰者，每人寫了一份厚厚的檢討書，這時，松下讓財務部退還了扣除的薪水。

這事不久就在公司中傳開了，說松下連自己的司機都予以處分，可見他的管理態度是認真的。公司上下對松下肅然起敬，松下公司也因嚴格的管理而蒸蒸日上。

資料來源：高興、周戰峰編著（2000）。《管理能人》。國際村文庫。

1.以做主管的立場而言，你希望如何解決。

2.你的屬下有什麼辦法可以挽回這不利的情勢。

懲罰只有禁止的功能，並沒有鼓勵的作用，解決問題員工在使用預防、輔導、自我改進三種方法不能奏效後，懲罰是最後手段。針對員工懲罰之輕重程度，管理學者認為應參照以下諸種因素確定之（鄧東濱編著，1998：209-212）：

1.違規行為發生之客觀環境。

2.違規員工之服務年資。

3.距上一次違規處分之時間。

4.組織本身處理類似行為之往例。

5.違規員工過去的工作表現。

6.違規員工改過向上之可能性。

7.懲罰違規員工之後，對組織所可能產生之影響。

8.上司或公正的第三者之意見。

小常識

熱爐原則（Hot Stove Rule）

管理學者麥克葛瑞格（Douglas McGregor）將懲戒處理比喻為觸及燒熱的火爐，而提出著名的「熱爐原則」。

1.火爐一燒熱，一定會出現紅色的信號，提醒人們要遠離它，以免受到傷害。

2.倘若某人不理會紅色的信號，以手接觸火爐，他將立即受到灼傷。

3.不管是誰，只要不理會紅色的信號，以手接觸火爐，誰都會因而受到灼傷。

4.一個人之受灼傷，係導因於他觸及火爐的行為，與他本身的身
　分或地位無關。

根據上述四個比喻，引申出下列處理懲罰員工「熱爐原則」的技巧：

1.懲罰與情節輕重要成正比。

2.連續的違反規章應予以加重處分。

3.適度的公開，以收「殺雞儆猴」之效。

4.必須公正，不可因人而易。

5.考慮不處罰，可能有反面的鼓勵作用。

6.定期審核懲罰體制是否與公司管理哲學相合。

資料來源：鄧東濱編著（1998）。《人力管理》。長河出版社，頁209-212。

三、解僱員工的問題

　　主管在開除任何一位部屬之前，都要問問自己，在那個時候應該如何做，才能對這位部屬提供真正的幫助？在事先有問問他嗎？有和他面對面談過嗎？有向他提出各種資料及必要的解釋嗎？有沒有仔細傾聽過他的抱怨呢？有沒有提出你的建議？有沒有和他一起討論改進的計畫？如果以前都沒有這樣做，就產生了「誰開除誰」的烏龍事件。

　　如果是你主張開除屬下時，一定要有憑有據的，一一列舉出來，或許對方的言行違反公司的某些政策，或許是對方的表現未能符合部門的要求，或是公司經營政策急轉彎，面臨員額縮編的「剪人頭」的棘手問題，你都要肯定自己的所作所為的決策並沒有任何的偏差。

範例 12-6

開除哲學深奧無比

菲爾是一位年輕，具有野心的監工，他被提升至一個小小的管理職位。菲爾的第一項任務是去解僱一位已有二十多年資深的員工山姆先生，山姆是位認真、半聾的庫存管理員，不幸的事，當時公司決定要廢除此職位。

那天下午，四點三十分不到，我們即已乖乖的集合好要做見證人，只有可憐的山姆還不知道即將發生什麼事。

菲爾叫山姆進去他的辦公室，山姆來後坐下，完全不知道那一天與在此之前他已經貢獻給公司的七千多個日子有何不同。

「山姆，」菲爾結結巴巴地說，「管理階層已決定廢除人工庫存制度，而我必須解僱你！」

「唷！菲爾，這真可怕……」這位重聽的山姆回答道，一邊從椅子上站起來，一臉驚嚇與真誠的同情：「你才當上一天經理而已，他們怎麼可以不事先警告就開除你？菲爾，我在這裡很久了，讓我和總經理談談，我想我可以幫得上忙。」

「不！山姆，不！」菲爾驚慌地大叫，完全失去冷靜及控制地說，「不是我！是你，是你，是你被開除了！是你被開除了！」

資料來源：James. X. Mullen著，周怡利譯（1997）。《抓住員工的心》。天下文化。

四、解僱員工的訣竅

在《做個成功主管》一書中，作者娜達莎‧約瑟華茲（Natasha Josefowitz）提到開除屬下是不得已的，因為如果這些人還在組織內的

話，會影響部門的工作士氣，降低你部門的工作效率。為了怕影響對方的生計而勉強把他留下來並非明智之舉，但開除部屬又怕他們的家庭或經濟狀況會因此而陷入困境，這時候，應該怎麼辦呢？

1.首先你應該自我反省一下，有沒有試著給這些人特別的訓練？
2.有沒有想到什麼方法可以改進對方的這些缺點？
3.其他地方（職位）會不會比較適合他們？

如果這些方面都無效的話，這時候就可以毅然決定的請他離開了。

開除面談後，必須給對方一個獨處的時間，有些人會藉此「疏通」一下自己的憤怒與不安，對於他們這種感情的發洩，你必須要處之泰然，並且要瞭解與體諒他們不當的表現。

如果你害怕這些員工在事後的報復，就必須事先做好各種準備防範措施，諸如通知他的家人，告訴他們應該留意的事項；另外還要通知公司的警衛員，要他們在這一段時間內不可鬆懈職責，保護廠區內有關人員的安全，當然還要通知你的上司，並找些許同事「隨侍在側」，以防萬一造成不幸事件的發生（Natasha Josefowitz著，李璞良譯，1992：230）。

五、解僱員工合法性的探討

由於開除（解僱）員工時，要面對的是員工工作權的喪失與其經濟收入來源的斷炊之虞，因而各國都會制訂保護勞工工作權的法律。《勞動基準法》第12條就明定雇主與員工終止勞動契約（解僱）時，必須符合下列之規範，否則「偷雞不成蝕把米」，勞資兩造對簿公堂，將有損企業優良形象。

1.於訂立勞動契約時為虛偽意思表示，使雇主誤信而有受損害之虞者。
2.對於雇主、雇主家屬、雇主代理人或其他共同工作之勞工，實施暴

行或有重大侮辱之行為者。

3.受有期徒刑以上刑之宣告確定,而未諭知緩刑或未准易科罰金者。

4.違反勞動契約或工作規則,情節重大者。

5.故意損耗機器、工具、原料、產品,或其他雇主所有物品,或故意洩漏雇主技術上、營業上之秘密,致雇主受有損害者。

6.無正當理由繼續曠工三日,或一個月內曠工達六日者。

總體而言,解僱(開除)員工要步步為營,慎思熟慮:

1.平日避免對員工做暗示性的承諾。

2.找一位專業性的人,剖析解僱(開除)理由的正當性。

3.為你決定採取解僱(開除)之結論下定義(能自圓其說嗎?)。

4.與人事、法律部門人員商討是否會造成爭訟困擾。

5.評鑑過程,誠實以對,不可造假。

6.保存證據。

7.以面對面方式解聘(開除)該名員工。

8.解僱(開除)過程應迅速、乾脆,不要拖泥帶水。

 結 語

　　績效管理已從早期重視「結果公平」,逐漸轉移到重視「程序公平」。換言之,組織可藉由考核過程的公開化(主管說明評核結果)、提高員工的參與度(讓員工參與訂定目標、考核時加入自評程序)、導入360度評量(從同儕、上司、部屬、客戶等角度做評估)等作法,讓績效評估的「過程」盡可能公正客觀,以緩解員工在面對考核「結果」不如預期時的疑慮及失落感。如果是部屬能力不足所造成的績效問題,解決方案應該是訓練與發展的提供;如果動機不強,主管可能需要幫助部屬在職務上做調整或採取其他的建設性建議(林文正,2010:61)。

Chapter 13

績效管理發展

　　將錯誤的人放在錯誤的位置上，就是將一個障礙物放在成功的道路上。

——松下電器創辦人松下幸之助

　　《大象與跳蚤》（*The Elephant and the Flea*）作者查爾斯‧韓第（Charles Handy）說：「過往是未來最糟糕的嚮導，我們永遠面對不可預期的狀況。」在外部環境加速發生變化的背景下，企業和個人如何才能適應複雜多變的形勢，始終在競爭中占據有利的地位呢？毫無疑問，只有那些能不斷進行自我調整，以更快的速度適應新局面、新形勢的組織和個人，才能在未來立於不敗之地。「趨勢」不是未卜先知，而是一項實用技能，《詩經》說：「周雖舊邦，其命維新。」大意是說，周雖然是歷史悠久的邦國，但是卻不會在守舊中滅亡，只能在適應天下大勢中的革新中發展，才得以生存的同時，進一步進入一個全新的發展階段。

第一節　績效給薪制規劃

　　企業雖有一套完善的績效考核制度，用於激勵員工努力達到所欲評估之目標，但若無法與個人獎懲相結合的話，則員工會因缺乏適度誘因，而使此制度流於形式而無法發揮其預期的相乘激勵效果。

　　為使多種指標的績效考核系統能發揮其功能，企業規劃一套能同時考量財務性指標與非財務性指標的獎懲計畫，乃是相當重要的一個關鍵。況且，內外在經營環境的變化莫測，因此，企業要讓整體績效考核制度與各衡量指標，隨時處於一種動態情況，以便因應內外在環境變化而隨時調整，發揮其實質功能。

一、績效決定薪資

薪資的主要目的是激勵員工以最佳的工作成效從事工作，而績效付薪（Pay for Performance）更為先進，只要員工生產力提高，對企業經營成果更有貢獻，更有附加價值，該員工就應該因好的績效表現獲得更高的薪資報酬，打破以往企業內員工，靠「拗」年資加薪的「敬老」而沒有「尊賢」的「大鍋飯」給薪的「假平等」。有績效才調薪，在國內外企業界已逐漸受到重視。

1990年，美國航空公司的地勤人員組織的運輸工人工會與公司簽訂一項合約，就是把加薪與績效結合在一起，合約的內容約定，薪資增加的多少，決定於將旅客行李從飛機上送到旅客手上的快慢。此一勞資雙方的約定，激勵了所有員工，而使航空公司、行李輸送員、旅客都獲得很大的益處。

1991年，一家Searson Lehman證券分析公司實施一種「獎金計畫」，分析師用特定的方法，分析某種股票績效，然後評定為「可買」、「良好」、「中等」、「欠佳」四種等級。分析師的獎金，是依照一年來的估計預測及分析該股績效相比較，準確度愈高，獎金便愈高。所以每次有分析師對某一特定股票評估升等時，該股票也因而大漲幾天（石銳，2000）。

二、績效調薪正反面意見

關於將薪資與考核掛鉤這個事實，爭論也實在不少，贊成者有之，反對者也有之。下列是一些正反面的意見的彙總看法：

(一)正面評價

1.可以讓所有派系、考核者、被考核者以及審核者，以更嚴謹的態度

進行績效評估。

2.許多員工感覺到，為了公平的理由，理當在績效考核與薪資給付之間建立密切的聯繫。

3.可以促進組織發展出一套以績效為導向的文化，而且，在這樣的氣氛中，表現良好的人可以預期獲得額外的報酬，同時，表現不好的人可以預計收入會減少。

(二)負面評價

1.如果薪資給付與績效考核之間的聯繫過於密切，將使績效考核的其他目的完全被薪資決定的陰影所覆蓋。

2.這將引發一種趨勢，亦即員工為了不造成薪資的減少，勢將保留或隱藏有關績效的負面訊息，從而無法開誠布公地與主管討論績效，終於影響到考核的正確性。

3.員工將因此而試圖影響考核人員，請他們訂定層次較低、較為保守且易於達成的目標。

4.員工可能只是根據如何博取上司的好感來調整自己的行為，以便達成預設目標，而非真心誠意地嘗試改變自己的工作表現。

如果考核人員考慮到自己所打的分數，必然影響員工經濟收入的話，可能基於同情或主觀而給予部屬較高的評分（David Goss著，陶文祥譯，1997：93-94）。

學者Gibson用美國薪酬協會（American Compensation Association）的資料研究發現，企業採用績效付薪大多產生正面的效果，而且採用績效付薪比沒有採用的公司平均會增加34%的淨報酬。另一學者Dewey則針對四百家英國公司及一百家美國公司進行調查，發現採用績效付薪的公司比沒有採用績效付薪的公司平均股東權益報酬多了兩倍以上，顯示目前績效付薪仍然被大多數企業所認同且可以產生很好的效應（林于禎，2012：8）（圖13-1）。

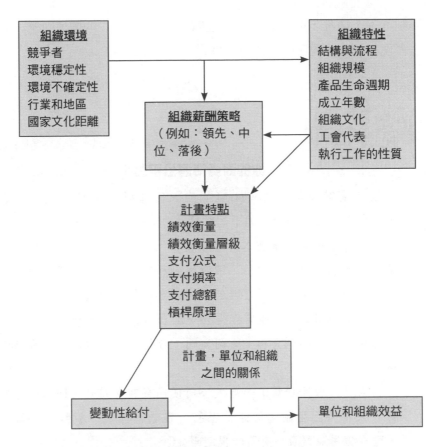

圖13-1　設計變動薪酬時應考慮的內外部因素

資料來源：Marcia, P. M. & Robert L. H. (2000)／引自：林于禎（2012）。《績效薪
　　　　　對企業經營績效影響——情境因素探討》。國立中央大學人力資源管
　　　　　理研究所碩士論文，頁11。

　　整體而言，企業的績效管理制度最終仍要與薪資制度相連結，要
注意的是，加薪的幅度必須要與結果一致。這裡所謂的結果，並不是單
指過去一年的表現，還須同時考量市場的行情及員工的「留置價值」
（Retention Value）。譬如說，某些員工上一年度的表現並不優秀，但他
對公司將來策略執行有重大的影響力，有很高的留置價值，那麼他的加薪
幅度自然就比沒有前瞻性工作的員工高出許多。所以，在新一代的績效發

展制度下，加薪多寡端視員工將來能為公司創造多少的價值而定，而非過去表現的酬庸（曾玉明，1999：20）。

範例 13-1

你的薪資待遇公平嗎？

　　國際商業機器公司（IBM）的一份通訊〈你想知道的薪資問題〉，對於待遇公平做了如下的解釋：

　　維持公平的待遇是基本的管理責任。為了協助經理人，IBM建立了某些行政制度：工作評估、績效規劃和評估、薪資計畫準則、第二線經理審核，以及資深經理與公司總裁參與績效獎金計畫的執行。這些制度確保IBM的員工能夠獲得公平的薪資待遇。除此之外，其他制度的存在（如問卷調查和「敞開之門」政策），也可確保薪資待遇的公平。

　　薪資待遇公平由員工一進入公司便已存在。當然，IBM恪遵聯邦法律，及不得因種族、信仰、膚色、宗教、性別、年齡、國籍或殘障，而在僱用或薪資上有所歧視之規定。

　　一旦進入公司，員工便適用於衡量個人對公司貢獻多寡的「功績給付制度」，所有員工的待遇均和他們的職責及績效相稱。經理人員有責任確保員工有適當的職稱及職等，同時必須適時做好績效規劃、諮商和評估。

　　除此之外，每個經理人也必須確保職級、在該職級的工作時間長短，以及績效皆相仿的員工，能獲得平等的待遇。人事部門將透過週期性的評估，協助經理人達成上述目標。每個員工的薪資都會與其他工作經驗及年資相仿員工的平均薪資作一比較分析，如果這些分析顯示有差別待遇，人事部門和直屬上級主管就會做進一步的調查。如果

調查結果顯示確有差別待遇存在，該員工就可以獲得較大幅度或較頻繁的加薪。這類的調整可以確保內部的公平性。

IBM為了加強整個報酬制度的激勵效果，固定薪資的比重相對減低，而工作績效獎金則增加了。新的獎金計算方法加入原有的報酬制度中，使得正式的營收和利潤目標更加緊密結合，原來在年終才結算獎金的慣例已廢棄不用。經理人的獎金可以高達基本薪資的15～75%，很多計畫規定只要百分之百達成計畫目標，就可以從中獲得10%的獎金，達成率每增加1%，就可以再從這1%獲取3%的獎金（最高不得超過基本薪資的兩倍），績效不彰者則需罰款。目標達成率低於90%的計畫，每低於1%就會損失2%的計畫獎金。因此，績效好的人比以前賺得多，績效差的人比以前賺得少。

資料來源：D. Quinn Mills、G. Bruce Friesen合著，王雅音譯（1998）。《浴火重生IBM：IBM的過去、現在和未來剖析》。遠流文化，頁110、111、221。

第二節　跨文化國際績效管理

隨著外派人員在國際化或全球化組織的角色愈來愈重要，他們的績效表現必須更有效率的管理。在2012年，鴻海集團接獲供應商的檢舉，指旗下表面黏著技術（SMT）委員會人員利用掌握事業群發包採購的機會，長期透過「白手套」向下游供應商索賄所得高達數億到上百億元，其中不乏松下、新力等十多家國際知名大廠，該集團乃分別向兩岸（中國大陸、台灣）司法機關報案，說明了績效管理越來越複雜，跨國企業需要有一套有效的績效管理制度來管理外派人員的業績及個人操守（道德）。例如美國頒布有《外派人員反腐敗行為條例》，這促使越來越多地運用行為而不是結果數據來評估外派人員的績效（**圖13-2**）。

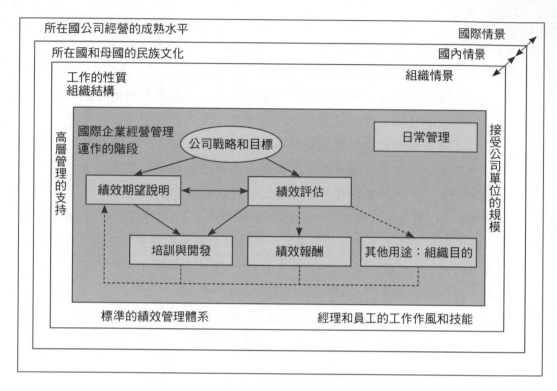

圖13-2　外派人員績效管理的情景模型

資料來源：Tahvanainen M. (1998).／引自：趙曙明、彼得‧道林、丹尼斯‧韋爾
　　　　奇（2001）。《跨國公司人力資源管理》。中國人民大學出版社，頁
　　　　111。

一、外派人員績效考核指標

外派人員績效考核指標可分為三大類：(1)任務性績效指標（Task
Performance）；(2)脈絡性績效指標（Contextual Performance）；(3)適應
性績效指標（Adaptive Performance）。茲分別說明如下：

(一)任務性績效指標

任務性績效指標（客觀或硬性指標），主要是以績效結果為基礎，

它有兩個來源，首先是功能隸屬的績效指標，例如海外分公司的人事部門主管，需要達成總公司所付與的績效目標；其次，是直接隸屬的績效指標，即需要達成分公司最高主管所交付的績效目標，例如離職率、人才留住率等。

(二)脈絡性績效指標

脈絡性績效指標，是指外派人員為達成任務績效，在面臨各種情境中時所展現的行為或態度。外派人員在不同文化脈絡下、在有別總公司文化的情境下所展現的行為與態度，將深深影響他們任務績效的達成。

脈絡性績效指標，包括外派人員在海外的自發性行為、跨文化組織公民行為、跨文化的團隊合作與協調、與不同國籍內外部顧客的關係、跨文化領導、跨文化的人際關係和當地社團的關係，與當地的政府的關係等。

(三)適應性績效指標

適應性績效，是指員工在面臨組織新的環境或是在快速變化情境下，所展現出的調適性與學習的行為或態度。由於外派人員需要面臨不斷的外派、回任與轉任，需要克服環境的一再變化，因此，外派人員也需要快速的學習，否則無法勝任外派工作。

適應性績效指標，包括文化適應能力、人際適應能力、學習新知能力，以及處理不確定能力等構面。這些適應性績效的衡量構面與指標，與外派人員在面臨跨文化情境時，如何快速適應與學習直接相關，因此這些衡量項目應可作為外派人員績效考核的部分（李誠主編，2012：259-265）。

二、跨文化績效評價的方向

未來的跨國企業將會有越來越多的多國籍文化人才組合，這也顯示

出人力資源的多元化是一種世界的趨勢。因此，不論是引進外勞或是從事國際企業活動時，企業或是國家社會都將面臨著管理多元化，包含性別、種族、年齡、文化等方面的差異的重要管理課題。

在國際環境中，績效評核的目標會朝下列的方向發展（林燦螢、鄭瀛川、金傳蓬，2013：222-223）：

1. 協助派外人員改進他們的績效和未來的潛能發展。
2. 公司塑造生涯規劃的討論，協助派外人員，並發展組織承諾，型塑凝聚力的組織文化。
3. 透過派外人員的努力與認知，啟發其未來努力與職涯發展方向。
4. 用來診斷派外人員與組織之間問題與解決的模式。
5. 用來定位派外人員訓練與發展的需求，進而朝向組織發展與個人生涯規劃的脈絡。

 第三節　高績效團隊考核制度

在風起雲湧的上世紀九〇年代，企業界有成千上萬之團隊，如雨後春筍般地群擁而出，這些互助合作的小組很快就成為現今企業內的棟樑，有一些團隊所完成的績效，比傳統性非團隊架構的企業高出30～50%。

由於多職能團隊賦予企業較多的彈性反應，以創造競爭優勢，因而團隊成為組織的基石，取代傳統管理方式的上司和員工的單一互動的模式。良好的多職能團隊比個人單打獨鬥更可能產生有效的解決方案。

舉例而言，跨職能團隊通常是因應生產流程而組成，負責監督某項產品的生產製程。許多工廠就是採取這種完整的作業方式，例如在創造新產品時，工程師和生產線從業人員可能必須合力設計，而產品銷售人員也可能必須參與，因為他們較接近顧客，瞭解顧客的需求。

　　團隊要成功，成員必須方向一致，一旦人人同心協力，和諧團結自然而生，當個人的願景結合起來就形成共同的願景，從而產生綜效。事實上，共同願景就是個人願景的延伸，除非團隊看法一致，否則個人的願景就毫無力量（**表13-1**）。

一、團隊績效考核構面評量

　　團隊績效考核構面評量，可分為投入（特質表現）、過程（行為表現）、結果與產出（實質成果）三方面來作業，這三個構面各有其考慮之因素。

　　1.投入：包括專業能力、應變能力、責任心、學習力等。
　　2.過程：包括注重團隊配合度、工作效率、任務貫徹力、精密度、品質要求等。
　　3.結果與產出：包括團隊績效、時效時程的掌握、技術能力的提升、

表13-1　團隊高績效的核心意義

以英文績效（PERFORMANCE）所組成的十二個英文字母，正可說明團隊高績效的核心意義：
P（purpose）：確定團隊的組成「目標」。
E（empowerment）：團隊能「增加」每個人的能力，並使團隊的力量更擴展。
R（relationship）：重視成員間的「關係」。
F（friendly）：每位成員都「友善」。
O（opportunity）：由於大家的合作能創造更多的「機會」。
R（recognition）：對任務、對彼此都有充分的「認知」。
M（morale）：大家的「士氣」高昂。
A（appreciate）：常常「欣賞」和「讚美」。
N（negotiation）：保持「妥協」的可能性。
C（communication）：更多更有效的「溝通」。
E（effectiveness）：做出棒又好的「成果」。

彭懷真（2000）。《團隊高績效》（*Effective Team-Building*）。希代出版。

對公司的貢獻度、成本降低、客戶滿意度、市場接受度等（**表13-2**）。

二、團隊績效評估方式

組織固然是由一個個員工所組成，但運作主要以「團隊」為主，希望整個組織的績效出色。因此，團隊績效管理包括個人績效、團隊績效和組織績效，三者環環相扣（**圖13-3**）。

表13-2　團隊績效評估項目定義

評估項目	定義	說明
個人特質	標準	就與團隊其他成員合作而言，個人的價值觀念是什麼？
	主動性	個人在解決問題時，是積極主動還是被動應付？
	認同感	個人是否全身投入實現企業目標的努力之中？
	對壓力的承受力	個人是否有辦法應付由於實施團隊概念將會帶來的壓力？
管理技巧	計畫	個人是否具有未達到預定目標而制訂策略的技巧？
	組織	個人在為一項計畫組織籌措人力、物力資源方面的技巧如何？
	實施	個人是否具有行動傾向？
	委派	個人是否有能力向自己或他人分配合適的任務？
	評估	個人是否有能力從成功和失敗中吸取教訓？
人際關係	影響	個人用何種方法去影響他人？
	敏感性	個人對他人的感情和意見，是否表現出靈敏的感受性？
	幫助他人進步	個人是否已經充當過其下屬或同僚的指導或教練？
	可信賴度	個人是否實踐了自己的所有承諾？
溝通技巧	對話技巧	個人是否具有在正式和非正式工作環境中有效地與人相處的能力或潛力？
	報告技巧	個人是否能夠以簡明、扼要的方式，向他人表達思想概念？
	寫作技巧	個人以書面形式表達思想的能力和效果如何？
	閱讀技巧	個人透過閱讀獲得新知識的能力和效果如何？

資料來源：丁志達（2014）。〈提升主管核心管理能力實務講座班〉講義。中華工商研究院編印。

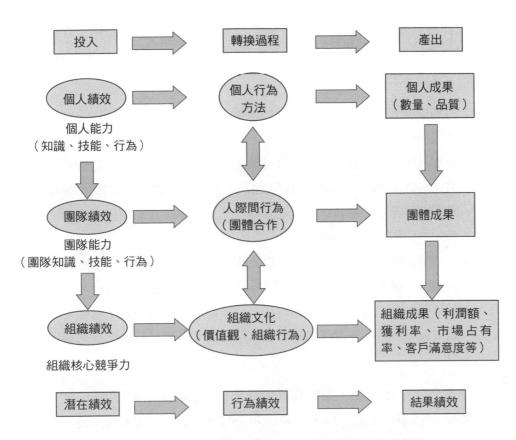

圖13-3　個人績效、團隊績效和組織績效關係圖

資料來源：卓正欽、葛建培（2013）。《績效管理：理論與實務》。雙葉書廊，頁128。

　　團隊合作的工作架構，顯然已經成為現今企業運作的重要模式，因此，要培養良好的群己關係，盡心的工作，放棄斤斤計較的成見，積極學習經驗和新知。

　　團隊合作就像大家在黑夜裡點油燈，如果有人添油會把燈點得更亮，照亮自己，也照亮了別人；若破壞團隊工作，無疑使自己也陷入了黑暗之中。因此，良好的工作績效、正確的工作價值觀、充分的專業知識、良好的溝通表達能力是團隊合作建立的基礎。

既然愈來愈多的企業以團隊為基礎，來重新建構組織，所以，有關組織如何運用團隊評量的方式，下列提出四項建議（Stephen P. Robbins著，何文榮、黃君葆譯，1999：285）：

1. 將團隊績效的結果與組織的目標連貫：尋找出一套衡量團隊達成組織目標的方法，是件重要的工作。

2. 從團隊所負責的顧客開始，看看團隊用什麼工作程序去滿足客戶需求：可以根據顧客的要求來評估產品的結果，團隊之間的交易可用團隊間的傳送和品質作為評估基礎，也可以拿工作循環時間及所浪費的時間作為評估的參考。

3. 同時評估團隊以及個人績效：以完成支援團隊工作的任務去定義每個團隊成員的角色，然後評量個人績效及團隊整體的績效。

4. 訓練團隊去發展自己的評估方法：讓團隊自己定義目的，並確定每個成員瞭解自己在團隊中所扮演的角色，如此可以提高團隊的凝聚力。

企業建立團隊精神，期能藉以加強部門間的配合，形成團隊凝聚力。然而，一個組織如果沒有適當的激勵指標，就容易造成本位主義，為了部門利益反而犧牲企業的整體利益。例如組織宣布人事凍結，公司規定人員只能出不能進，此時人力資源單位不能礙於規定，將所有的單位視為一視同仁，因為組織有些特殊部門可能正處於成長階段，人力要求恰好相反是只能進不能出，此時人力資源單位要主動為新興部門爭取增加員額。當產生衝突，互相對立的情況發生時，如果雙方各自能為對方思考解決方案，企業就能發揮團隊精神，共同實現以顧客為中心的組織理想（廖志德，1999：32-33）（**表3-13**）。

Chapter **13**

表13-3　團隊績效調查問卷

類別	內容（評分標準：1＝根本沒有／5＝非常正確）					
目標	我們專注於一個共同目標	1	2	3	4	5
	我們的目標是明確的、富有挑戰性並且相互關聯的	1	2	3	4	5
	我們的目的與企業的整體戰略相一致	1	2	3	4	5
績效	我們清楚我們做得怎麼樣	1	2	3	4	5
	取得成績後我們會得到報酬	1	2	3	4	5
	我們知道目標是什麼並知道目標的SMART	1	2	3	4	5
關係	我們相處融洽	1	2	3	4	5
	我們每個人都非常負責	1	2	3	4	5
	我們擁有不同的技能但每個人的角色都得到尊重	1	2	3	4	5
交流	我們都能夠在他人面前公開地、誠實地表達自己	1	2	3	4	5
	我們採取「頭腦激盪法」並探索不同的思想	1	2	3	4	5
	我們與所在的整個組織交流良好	1	2	3	4	5
學習	哪裡有不足就在哪裡進行培訓和改進	1	2	3	4	5
	必要的話我們會在某些方面相互切磋	1	2	3	4	5
	我們會回顧團隊流程並確認我們的成就	1	2	3	4	5

資料來源：Pam Jones著，李洪余、朱濤合譯（2003）。《績效管理》。上海交通
　　　　　大學出版，頁185-187。

範例 13-2

團隊績效考核制度作法

　　日本全錄公司實施團隊績效考核制度的作法與檢討重點如下：

一、作法

　　1.設定共同年度目標。

　　2.年度內有兩次檢討。

二、檢討重點

　　1.第一次檢討：團隊每一位分享自己成就外，也可發表對別人績
　　　效的看法。

2.第二次檢討：每位成員以書面的方式回答下列五個問題：

(1)我去年完成了什麼工作？

(2)我明年想完成什麼工作？

(3)我有哪些事情做不好？

(4)我需要再學些什麼？

(5)在團隊中又有誰能夠幫助我？

資料來源：EMBA世界經理文摘編輯部譯（2000）。〈成長的挑戰之二：全錄打破框框，釋放活力〉。《EMBA世界經理文摘》，第165期（2000年5月號），頁68。

 ## 第四節　績效考核與法律問題

2008年，全球金融海嘯造成嚴重經濟創傷，導致台積（TSMC）訂單銳減，執行長蔡力行當時表示不裁員。2008年12月，人力資源部門嚴格執行「績效管理與發展制度」（PMD），針對後段5%的員工以個別約談方式要求簽署「協議離職書」，並在2009年1月即以績效不符為由，約八百位員工被迫離職。被迫離職員工成立自救會，並至張忠謀家外抗議。

2009年5月20日，台積董事長張忠謀向全體員工發表談話，對於公司沒有適當尊重同仁的個人尊嚴，也沒有充分顧慮到在經濟不景氣下，找工作的困難，因而引起許多離職同仁的不滿，也造成許多在職同仁的不安，張董事長表達對整個事件的開始及發展的痛心與遺憾。他邀請離職員工在6月1日返回公司任職，至於不願回任的員工，除已發放的資遣費以及優惠離職金外，公司還會額外加發一筆關懷金，希望能夠在當前嚴峻的經濟狀況下，為這些同仁提供一些經濟上的幫助。張忠謀指出，這次事件是因為「績效管理與發展制度」被誤用而起。他強調，績效管理與發展制度

是一個正向、有建設性的制度，不是拿來作為遣散員工的手段。

台積是一家全球半導體的領頭羊，因金融海嘯捲襲下，誤用「績效管理制度」為工具來裁員，導致了執行長換人，讓離職員工返廠復職的事件，值得企業界引以為戒。

一、法院對績效考核的見解

法官就雇主對於勞工所作之績效考核，是比較偏向於採取尊重雇主人事裁量權的態度，而不會就考核內容予以實質審查。舉例來說，對於某個考核項目，為何是要評五分，而不是四分？為什麼是評丙等，而不是乙等？法官是不會予以實質審查。此有台灣高等法院96年度上更(一)字第14號民事判決，可以參考：「所謂績效考核，係指雇主對其員工在過去某一段時間內之工作表現或完成某一任務後，所做貢獻度之檢核，並對其所具有之潛在發展能力做一評估，以瞭解其將來在執行業務之配合性、完成度及前瞻性，核屬人力資源管理體系中開發管理之一環。完善的績效考核制度，可供雇主作為獎懲、人力配置、薪資調整、教育訓練及業務改善之依據，亦可作為激勵勞工工作意願，進而提高組織士氣。員工考核既屬企業組織人事管理之範疇，雇主即具有依工作規則所定考核規定之裁量權，尚非民事法院所得介入審查。」

二、績效考核的界限

勞資爭議案例中，以《勞動基準法》第11條第五款：「勞工對於所擔任之工作確不能勝任時」的終止契約最為常見。

最高法院98年度台上字第1088號民事判決：「又工作規則中倘就勞工平日工作表現訂有考評標準，並就不符雇主透過勞動契約所欲達成客觀合理之經濟目的者，亦訂明處理準則，且未低於勞基法就勞動條件所規定之最低標準，勞資雙方自應予以尊重並遵守，始足兼顧勞工權益之保護及

範例 13-3

考績爛被解聘　太晚通知……無效

在台北憲兵隊任檔案管理員薛斯○，因常遲到、打瞌睡，一年內被記滿3大過，遭勒令開除，卻因憲兵指揮部未依《勞動基準法》，於三十天內預告將解聘，薛女提告主張開除令無效；台北地方法院判決解僱不合法，僱傭關係仍存在。

判決書指出，憲兵指揮部認為薛斯○在99年上班常遲到，即使到班，也常在上班時間打瞌睡，導致延誤公務業務，各級幹部屢勸不聽，99年4月20日、5月13日部隊召集人評會，決議將她各記1次大過，但她仍不悔改，10月21日人評會第三度討論要懲處她，薛女雖申辯，仍被決議記1大過、2小過，同一年度已累積滿3大過，達開除標準。99年10月28日憲指部再開人評會，表決將薛女年度考績列為丁等，但未在同一時間告知她將被解聘。薛女認為密集的大過處分並不恰當，且憲指部明知她已達解聘標準，卻未提早通知她，違反《勞動基準法》，主張終止令無效，訴請法院確認僱傭關係。

法官解釋，依《勞動基準法》，資方因勞工違反勞動契約，情節重大而要開除員工時，應於知悉情況日起30天內，向員工預告將終止契約；而憲指部早在10月21日，就知薛女全年已累計滿3大過，達到情節重大且須解僱的門檻，卻因行政作業流程疏失，遲至同年11月25日才召開解聘評審會，通過解聘案後，以口頭告知要解僱薛女，100年1月19日正式送達書面的勞動契約終止令。

資料來源：張文川、羅添斌（2013）。〈考績爛被解聘　太晚通知……無效〉。《自由時報》（2013/01/16）。

雇主事業之有效經營及管理。」

　　最高法院98年度台上字第1198號民事判決：「勞動基準法第11條第五款規定，非有勞工對於所擔任之工作確不能勝任時，雇主不得預告勞工終止勞動契約。雇主得否以勞工對於所擔任之工作確不能勝任為由，依該款規定，預告終止與勞工間之勞動契約，應就勞工之工作能力、身心狀況、學識品行等積極客觀方面；及其主觀上是否有『能為而不為』，『可以做而無意願』之消極不作為情形，為綜合之考量，方符勞動基準法在於『保障勞工權益，加強勞雇關係，促進社會與經濟發展』之立法本旨。本件上訴人是否不能勝任其受僱為清潔隊員之工作？原審未遑就被上訴人是否確依系爭管理要點，對上訴人之勤惰等項為考核？該考核之內容為何？依其考核結果，就上訴人之工作能力、身心狀況、學識品行等積極客觀方面；及其主觀上有否『能為而不為』，『可以做而無意願』之消極不作為情形，為綜合之考量後，是否仍得認定上訴人確已不能勝任工作？等情，詳予調查審認。徒憑所為『確有工作不力、無法配合』之空泛證述，或依其主觀評斷所具之證明書，遽認上訴人確不能勝任工作而為其不利之判決，殊嫌速斷。」

　　據此，法官應先審查績效考核之程序，是否有瑕疵、是否在程序上符合雇主所訂之考核規則？再審查績效考核之結果，是否足以認定「勞工對於所擔任之工作確不能勝任？」

三、禁止就業歧視與性別歧視之限制

　　《就業服務法》第5條禁止雇主對於其所僱用之員工為各種就業歧視；《性別工作平等法》第7條更明定雇主對受僱者之考績或陞遷等，不得因性別或性傾向而有差別待遇。因此，雇主對勞工為績效考核時，也應受到前述法律明文規定之禁止歧視之限制。在有歧視情形下，受歧視之勞工，得向地方主管機關提出申訴。

四、禁止不當勞動行為之限制

　　2011年5月1日起施行之《工會法》，在第35條第一項第一、三、四款規定，雇主或代表雇主行使管理權之人，對於勞工組織工會、加入工會、參加工會活動、擔任工會職務、提出團體協商之要求、參與團體協商相關事務、參與或支持爭議行為，不得有解僱、降調、減薪或其他不利之待遇等行為；該規定屬於法律之禁止規定。所以，雇主若藉績核考核，對於參與工會、團體協商、爭議行為之勞工，予以解僱、降調、減薪或其他不利之待遇者，乃雇主之不當勞動行為。當勞工依法申請裁決時，雇主之績效考核人事權，就會受到審查。「從而，雇主對勞工所為降調減薪處分，如係出自於不當勞動行為（不利之待遇）之動機，即應認為為無效。」（行政院勞工委員會不當勞動行為裁決決定書勞裁(100)字第2號）。

　　為了勞資和諧著想，雇主不妨舉辦勞資會議，透過對談與協商，訂定出妥適的績效考核事項與認定標準，以及事後申訴、救濟與由勞工參與的複查的程序。勞工也可以藉由工會透過團體協商的方式，與雇主就績效考核制度簽訂團體協約。如此一來，應該可以在事前解決許多有關績效考核的勞資爭議，並促進勞資之和諧與企業的發展（張清浩律師的部落格，〈雇主之績效考核權與司法審查〉，網址：http://www.lex.idv.tw/?p=3809）（**表13-4**）。

 ## 第五節　績效管理發展趨勢

　　績效考評方法會影響考評計畫辦理的成效。通常考核方法須有代表性，必須具有信度與效度，並能為人所接受。一項好的考評方法應具有普遍性，並可鑑別出員工的行為差異，使考核者能以客觀的意見做考核，最終被它所影響的人接受才能發揮作用。

表13-4　避免績效考核法律糾紛注意事項

- 在晉升、輪調、解僱員工時，不得違反《性別工作平等法》和《就業服務法》的相關規定。
- 企業要進行工作分析來識別員工的關鍵職能項目。
- 有效績效考核的關鍵要求，應在考評工具中體現出來。
- 為了得到有效考核公平性，使用考核工具的考核者（主管）要接受培訓。
- 使用考核結果做出人事決策時，要對所有員工一視同仁。
- 所有考核紀錄必須存檔備查。
- 應該使用考核項目來評核員工的工作績效，不得憑臆測。
- 應該建立一套機制，讓員工在感到考核結果對他造成不公平時，可以質疑績效考核是否存在歧視。

參考資料：Gary P. Latham、Kenneth N. Wexley合著，蕭鳴政等人譯（2002）。
　　　　　《績效考評：致力於提高企事業組織的綜合實力》。中國人民大學出版社，頁25。

　　根據英國人事管理學院（Institute of Personnel Management）委託學者分別在1973、1977及1986年所做有關績效管理制度的研究報告顯示，未來考績制度的發展趨勢為：(1)趨向開放（Towards More Openness）；(2)趨向員工更大參與（Towards Greater Employee Participation）；(3)趨向結果導向（Towards Result-Oriented Systems）；(4)趨向更廣泛之主導者（Towards Wider Ownership）等。

一、趨向開放

　　員工無法知曉自己績效紀錄之完全封閉式績效考核制度，已愈來愈少見。大多數之績效考核制度已建立一些過程，讓員工有機會完全瞭解其考評紀錄。有關之考評紀錄並由員工本人確認考核之過程與結果，對考核者與受評者一樣公開。

　　根據英國學者Valerie與Andrew認為，公開員工考核結果之作為，乃基於以下兩種理由：

1.讓員工瞭解其過去之考核紀錄，有助於激勵員工與其之自我發展。

2.公開之作法能引導績效標準之再檢視，或作為考績面談中修正績效標準之依據。

二、趨向員工更大參與

考核過程讓員工有更大的參與，以獲致重大的發展，特別在1980年代，根據研究顯示，對考核結果的正確與考核功能的發揮是有助益。其作法有：

1.訓練考核者參與績效面談。

2.考核面談的表格，主要由受評者填答。

3.鼓勵考核者讓受考評者在考績面談中做自我考評。

三、趨向結果導向

透過書面的作業、目標設定、評定考績期間（一年或六個月）、目標完成程度等作為考核之基礎。以工作目標為基礎的考核制度，已取代傳統主管以特質導向的評定員工個人特質的考核制度。

四、趨向更廣泛之主導者

考核制度主導者逐漸趨向直線主管和員工（考核者和受考核者）。此種演變主要考量考核結果對人力資源管理之決策更形重要（包括員工個人之評估、發展和報酬），雖然人事和訓練專家對於建立優良考核制度仍扮演重要之角色，假如直線主管在考核制度之設計具主導地位，他們會提供具建設性之建議，使考核制度之運作更趨完美。

小常識

績效管理獲得成功的基本原則

1.績效測量和管理系統的框架應清晰。

2.有效的內外部溝通是績效測量的關鍵。

3.應該讓員工非常明白並理解自己的工作職責。

4.績效測量系統應該為決策者提供判斷工作進展的資料，而不僅僅是一些彙總的資料。

5.績效考核結果應與薪酬、獎勵掛鉤。

6.測量系統應該是學習性的系統。

7.績效評估過程和結果應向所有的員工開放。

資料來源：鄭華輝（2003）。

結　語

　　目前的績效考核制度發展方向強調多元、整體性的績效評估，重視團隊績效。運用績效評估制度來協助、發掘、解決問題，將績效評估制度提升為策略管理制度，以協助組織達到預期目標。同時，績效考核必須隨著公司所處的產業環境、公司在產業中的地位、公司規模而有所不同的績效評核制度，企業如何訂定績效評估的指標、如何建立屬於自己組織的指標，然後善用評估結果來回饋修正行動，仍是未來績效發展的趨勢及重要工作。

Chapter

14

著名企業績效管理制度實務

國際商業機器公司（創造高績效考績制度）

3M公司（將創新視為績效）

台灣惠普科技公司（目標管理制度）

金豐機器公司（關鍵績效指標）

台灣美國運通公司（360度考績制度）

德律科技公司（平衡計分卡）

匯豐汽車公司（績效評估變革）

亞都麗緻飯店（三種績效考核評量表）

台灣麥當勞公司（績效發展系統）

台灣惠氏公司（汰弱留強策略）

新光人壽保險公司（績效改善計畫）

台塑關係企業（高績效獎金制度）

中國鋼鐵公司（考績e化系統）

台灣積體電路公司（績效管理與發展制度）

結　語

只在意部屬的缺點，這不僅是愚蠢，也是不負責任的。

——彼得·杜拉克（Peter Drucker）

「他山之石，足以攻錯」，一些國內外著名企業實施績效管理制度成功的經驗，可以提供給其他正在實施或規劃設計績效管理制度的企業作為「借鏡」，它包括了國際商業機器公司（創造高績效考績制度）、3M公司（將創新視為績效）、台灣惠普科技公司（目標管理制度）、金豐機器公司（關鍵績效指標）、台灣美國運通公司（360度考績制度）、德律科技公司（平衡計分卡）、匯豐汽車公司（績效評估變革）、亞都麗緻飯店（三種績效考核評量表）、台灣麥當勞公司（績效發展系統）、台灣惠氏公司（汰弱留強策略）、新光人壽保險公司（績效改善計畫）、台塑關係企業（高績效獎金制度）、中國鋼鐵公司（考績e化系統）和台灣積體電路公司（績效管理與發展制度）等十四家企業不同類型的績效考核制度。

國際商業機器公司（創造高績效考績制度）

國際商業機器公司（International Business Machines Corp., IBM），1911年創立於美國，是世界最大的資訊工業跨國公司。1965年年底，當時擔任IBM最高執行長的華特生二世（Thomas. J. Watson, Jr.）準備了一份簡報供經理人討論，議題包括公司價值及如何執行的政策和措施，其中關於員工的部分寫到：

　　IBM期能使員工在工作上獲得最高度的成就感，這項目標係藉由認知和使用他們的能力，建立團隊精神，並經由瞭解各個員工的態度、企圖心、問題和期望，以建立良好的士氣而達成。

IBM基本的信念是尊重個人的權利和尊嚴，為了要達成這項信念，IBM提供：

1.符合技術、責任和績效的公平待遇。

2.以績效為依據的升遷制度。

3.對疾病、殘障、退休和死亡的保障。

4.安全、清潔的工作場所和愉快的工作環境。

5.經理人和員工之間有效的雙向溝通。

同樣地，**IBM**也期望它的員工回報以忠誠和最佳績效，以促進公司的利益。IBM認為，為了公司及所有公司成員的利益，我們必須同心協力（D. Quinn Mills、G. Bruce Friesen合著，王雅音譯，1998：98-99）。

考核表設計及內容

很明顯地，**IBM**將績效作為給付公平待遇與升遷的依據，並強調經理人和員工之間有效的雙向溝通的重要。

依據IBM所實施的績效管理制度所使用的表格（Performance Planning, Counseling & Evaluation），以及IBM之績效考核實施之輪廓描述，IBM公司的考核系統與公司的諮商計畫（Counseling Programme）息息相關，明白地揭示有意推動員工發展的企圖。IBM的績效考核表格設計及內容如下：

(一)考核表設計部分

績效考核表一式四頁，每頁記載資料大綱如下：

1.登記員工的個人基本資料、訂定工作計畫的期間、在何時點做考核以及員工的工作地點。（第一頁）

2.員工的工作計畫的要目與詳細說明及重要性。（第二頁）

目標管理制度使用表格

圖a

員工姓名（全名）				員工編碼
職稱	職位號碼——4位數字			任現職日期
指派由該評估者負責評估的日期	績效計畫日期			績效評估的日期
地點		辦公室或部門編號		課組

圖b　績效計畫表

職責 （用關鍵字眼來說明該員工工作的主要內容）	績效因素和應達成的成果 （更詳細地說明員工的主要職責和在下一年度員工被合理期望達成的目標）	相對重要性
績效計畫的變動	（在評估期間內可隨時記錄下來）	
任意附加的計畫（只要經理和員工都認為適當）		

圖c　績效評估表

實際成果　成果水準	超越甚多	從頭到尾都超越	超越	從頭到尾都達成	尚未達成
其他重大成果					

（繼續要達成的職責，未包括在左列的職責，僅當其對整體績效有正影響或負影響時才予以考慮）

與他人關係（工作相關）（該員工對IBM其他員工績效的顯著正面或負面影響）

總評
（考慮所有因素，勾出最能描述該員工在過去週期內整體表現的定義。）

滿意
☐在各方面其工作成果皆超越工作要求甚多。
☐在該工作的所有關鍵部分，從頭到尾都達到了超出要求的成果。
☐工作成果符合要求，在許多方面甚至超越要求。

不滿意
☐工作成果不符合工作要求。

圖d　協議摘要

員工優點　　　　　　　　　　　　改善建議

1. ＿＿＿＿＿＿＿＿＿＿　　　　1. ＿＿＿＿＿＿＿＿＿＿

2. ＿＿＿＿＿＿＿＿＿＿　　　　2. ＿＿＿＿＿＿＿＿＿＿

3. ＿＿＿＿＿＿＿＿＿＿　　　　3. ＿＿＿＿＿＿＿＿＿＿

重要晤談評論

（在此僅記錄討論會上你或員工所提出而沒有記錄在這份文件其他地方的重要項目）

＿＿＿＿＿＿＿＿＿＿＿＿＿＿＿＿＿＿＿＿＿＿＿＿＿＿＿＿＿＿＿＿＿＿＿

＿＿＿＿＿＿＿＿＿＿＿＿＿＿＿＿＿＿＿＿＿＿＿＿＿＿＿＿＿＿＿＿＿＿＿

＿＿＿＿＿＿＿＿＿＿＿＿＿＿＿＿＿＿＿＿＿＿＿＿＿＿＿＿＿＿＿＿＿＿＿

＿＿＿＿＿＿＿＿＿＿＿＿＿＿＿＿＿＿＿＿＿＿＿＿＿＿＿＿＿＿＿＿＿＿＿

- -

　　　　經理人簽名　　　　　　　蓋章　　　　　　晤談日期

員工參閱

隨意評論：假如員工願意，可在下列空白處記錄下任何有關績效計畫或評估的意見（譬如，同意或不同意）。

＿＿＿＿＿＿＿＿＿＿＿＿＿＿＿＿＿＿＿＿＿＿＿＿＿＿＿＿＿＿＿＿＿＿＿

＿＿＿＿＿＿＿＿＿＿＿＿＿＿＿＿＿＿＿＿＿＿＿＿＿＿＿＿＿＿＿＿＿＿＿

＿＿＿＿＿＿＿＿＿＿＿＿＿＿＿＿＿＿＿＿＿＿＿＿＿＿＿＿＿＿＿＿＿＿＿

＿＿＿＿＿＿＿＿＿＿＿＿＿＿＿＿＿＿＿＿＿＿＿＿＿＿＿＿＿＿＿＿＿＿＿

我已看過此份文件，並且和我經理討論過內容。我的簽名說明了我已獲知我的工作績效的情況，但這並非表示我對評估結果表示同意。

- -

　　　　　　　　　　　　　　　　員工簽署　　　　日期

管理當局審核

隨意評論

＿＿＿＿＿＿＿＿＿＿＿＿＿＿＿＿＿＿＿＿＿＿＿＿＿＿＿＿＿＿＿＿＿＿＿

＿＿＿＿＿＿＿＿＿＿＿＿＿＿＿＿＿＿＿＿＿＿＿＿＿＿＿＿＿＿＿＿＿＿＿

＿＿＿＿＿＿＿＿＿＿＿＿＿＿＿＿＿＿＿＿＿＿＿＿＿＿＿＿＿＿＿＿＿＿＿

＿＿＿＿＿＿＿＿＿＿＿＿＿＿＿＿＿＿＿＿＿＿＿＿＿＿＿＿＿＿＿＿＿＿＿

- -

　　　　審核人簽名　　　　　　　蓋章　　　　　　日期

資料來源：國際商業機器公司（IBM）。

3.員工考核的結果紀錄與評等。（第三頁）

4.員工的優、缺點，以及主管是否已為員工訂定發展計畫；然後是員工與其主管的簽名，表示雙方對考核結果已經面談過。（第四頁）

(二)績效考核週期

1.一般員工：一年一次。

2.新進員工：一年兩次。

3.升遷人員：升遷後六個月內。

4.績效不良者：隨時評估，並為其做工作改善計畫，讓員工在三個月內，可以自我調整以改善績效。

(三)績效評估流程

績效考核的評估內容不外乎下列四項：

1.考核其過去執行過程及結果。（一般職責）

2.評估其額外職責（額外職責做得好，則可以加重其考核計分；但做得不好，卻不會影響其考核）。

3.評估其持續性職責及人際關係。

4.最後是全盤的工作績效評估。

(四)績效考核的特色

IBM的績效考核的特色有下列三項：

1.做主管必須讓員工瞭解其長處、短處為何，缺點如何改善，並為員工確定未來發展路線。

2.完成績效評估考核後，必須重新設定該員工的新工作計畫何時可訂定？其員工培訓計畫可於何時完成？

3.員工對績效考核評估結果有何意見，通常在績效考核表格中有員工

簽名處,那僅是代表員工曾與其主管面對面的討論過該評估結果,員工若有任何意見(同意或不同意),可以寫在表格中表達,如有不滿之意見,其直屬二線經理必會安排一次越級談話,以瞭解員工的看法;若是員工不滿意溝通結果,則可以透過申訴制度,會有專人調查並裁定。績效考核的等級:

「1」:非常好。不僅達到工作目標,還遠超過當初承諾的業績。

「2」:很好。在既定的時間內努力達成自己的業績承諾。

「3」:有待加強。預設目標大部分達到,但仍有需要改進或加強的地方。

除了個人絕對的業績考評外,IBM也會針對部門在等級的比例上做相對性的常態分配:

等級「1」的員工約占全部員工的15～20%。

等級「2」的員工約占全部員工的50～60%。

等級「3」的員工約占全部員工的20～30%。

個人的絕對表現加上部門的相對表現就是最終的考核結果(王碧霞,1999:42)。

學者霍茲渥特(Holdsworth)認為,若從多方面進行觀察,無可諱言地,IBM這套系統反應了資訊分享目標的新趨勢,其目的無非是希望考核者與被考核者之間就工作目標及報酬條件建立共識。

範例 14-2

IBM個人業務承諾

IBM的績效管理系統是以稱為「個人業務承諾」（Personal Business Commitments, PBC）的項目為中心來展開及運作，以充分理解公司的業績目標和具體的關鍵績效指標（KPI）為基礎，所有的員工每年年初，必須與直屬主管和經理透過不斷的溝通與協調過程來制定自己未來這一年的PBC，並具體設定業績目標、執行方案與團隊合作等三方面可採取的具體行動。形式上相當於員工與公司簽訂了一年期的業績合約。這樣的作法不但可以整合員工個人的業務目標與整個部門的業績目標，進而與公司業務目標緊密結合；還能提高員工個人的參與感，落實每個職務的責任並增加工作的主動性，同時可以保證其目標將確實的執行。

IBM的個人業績評估計畫，從三個方面來考察員工工作的情況。第一個承諾：必勝（Win），首先員工必須完成個人在PBC裡面制定的計畫，無論過程多艱辛，到達目的地最重要。第二個承諾：執行（Executive），它是一個過程監控量，反映了員工的素質。第三個承諾：團隊精神（Team）。在IBM埋頭做事不行，必須合作。IBM有一套非常成熟的矩陣結構管理模式，一件事會牽涉到很多部門，有時候會從全球的同事那裡獲得幫助，所以團隊精神意識，就是個人工作中隨時準備與人合作。

資料來源：黃良志、黃家齊、溫金豐、廖文志、韓志翔（2011）。《人力資源管理：基礎與應用》。華泰文化，頁209-210。

3M公司（將創新視為績效）

3M公司，2002年以前原稱明尼蘇達礦業與製造公司（Minnesota Mining and Manufacturing Co., 3M），是一家全球著名的美國製造公司，為道瓊工業平均指數的組成股之一，擁有超過五萬五千種以上產品，包括黏合劑、研磨劑、電子產品、顯示產品以及醫療產品等，以給予員工15%自由研究時間的績效管理制度著稱。

一、3M信條

3M相信成功的秘訣在於不斷激發員工好奇心，透過授權鼓勵員工冒險，對成功的創新給予激賞，對於失敗給予容忍，由此推動全員創新，超越客戶需求，為投資人、社會和員工帶來回報。這一延續了一百多年的3M信條，正是以人為本的另一個很好的詮釋。

二、3M的員工意見表

3M的員工不論職位高低，每年都會收到一份員工意見表。員工必須填入自己對目前工作的看法、提出明年度的目標方向和進步的期望值，然後和直屬主管討論雙方在針對前述三項內容取得共識。等到明年此時，主管則會根據員工的實際表現與目標值，進行績效評估、獎懲等；同時，這份意見表在年中隨時可視狀況做出調整。

三、自由研究時間

3M總公司每年只給子公司「一個」年度營收目標，其餘發展方向則由子公司自行決定。不只是技術人員，每個員工都能用工作時間的15%從

事自己感興趣的研究，而且無須向公司報告。而公司內部網路也提供無數的技術資料，任何人若有任何疑問，討論區一天之內便會有專家提出解答。

員工提出的研究計畫只要符合標準（是一個新構想，以及能被證明這項產品或服務在某些地方，或被某些人需要）就可以組成「創新產品小組」（New Venture Team），將自己的產品概念製作為原型。

四、升遷管道

「創新產品小組」是員工自己號召成立的，包括技術、製造、行銷、業務，甚至財務部門在內的五至六名成員，全都是自願參與，而且任務無限期。小組一旦開展某項新構想，便可以向直屬主管爭取經費。一旦提出的創新點子成為產品上市，負責成員就可晉升為「產品工程師」；當該項新產品的營業額若超過100萬美元，給予加薪、表揚的榮譽；當營業額超過500萬美元的門檻時，負責成員將晉升為「產品線工程部經理」；突破2,000萬美元時，公司會成立獨立的產品部門，開放主導該項技術創新的員工，有機會出任新部門的「工程經理」或「研發經理」（劉揚銘，2010：96-97）。

 台灣惠普科技公司（目標管理制度）

原台灣惠普科技公司（Hewlett Packard, HP）總經理黃河明曾撰寫一本《惠普經驗》，書中對惠普實施的目標管理制度多所著墨，有詳盡的報導。

範例 14-3

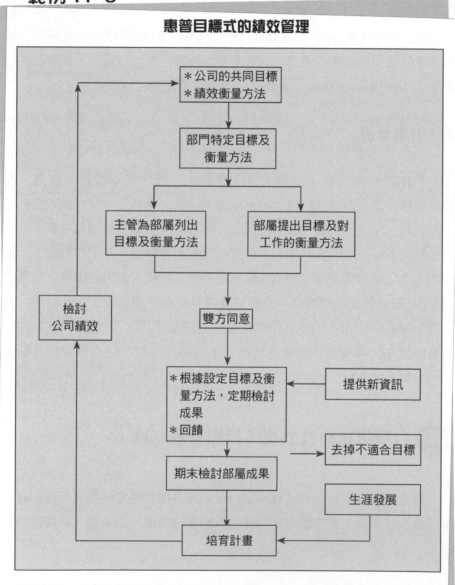

惠普目標式的績效管理

```
          *公司的共同目標
          *績效衡量方法
                 │
                 ▼
          部門特定目標及
            衡量方法
           ┌─────┴─────┐
           ▼           ▼
    主管為部屬列出   部屬提出目標及對
    目標及衡量方法   工作的衡量方法
           └─────┬─────┘
                 ▼
    檢討          雙方同意
    公司績效          │
                 ▼
          *根據設定目標及衡    ◄──  提供新資訊
           量方法，定期檢討
           成果
          *回饋
                 │           去掉不適合目標
                 ▼
          期末檢討部屬成果
                              生涯發展
                 │
                 ▼
              培育計畫
```

資料來源：〈惠普目標式的績效管理〉。《能力雜誌》，總第519期（1999年5
月號），頁47。

一、準備工作說明書

基本上，惠普每一項工作都有清楚的「工作說明書」，裡面清楚載明職位的目標和重要任務；而且對每個重要的責任，都有一定的評估指標。每一位主管在申請聘僱新人時，就必須寫清楚：請這個人進公司，他的工作是什麼？這個職務主要內容為何？職務所應負起的重要責任？通常採用條例式釐訂清楚，並且還定義明白，怎麼算做得好、怎麼又屬於做得不好。

這樣的工作說明書，對員工及組織都有好處，一來員工可以清楚瞭解自己職掌為何？二來組織也可據以為考核。根據工作說明書，公司可以依據該職務對組織的貢獻、複雜度以及困難度等等，把員工放在適當的等級。考核的時候，很多項目都採取公開的方式，考核的內容和工作說明書和職位職掌有相關，也參考工作說明書裡面的績效指標。

二、培育計畫的一環

傳統的考核是主管自己埋著頭做，主管的評估情形部屬並不知情。現在（惠普主管）必須雙方面對面，直接面對彼此坦率的意見，如果雙方無法達成共識，隨時可以向更高一級的主管反應，這對多數台灣的企業文化而言，是相當大的衝擊。在台灣人的文化裡，直接去面對別人對我們意見時，多少會有點不舒服。

雖然我們希望考核要客觀，但不容否認這有相當的困難度存在。大多時候，我們都讓主管去判斷員工是否達到預期的工作目標，但因為考核與薪水有關，為了儘量求取公平，會把同一種工作不同主管的評等加以比較，以調整寬嚴鬆緊的程度。

其實考核和傳統印象的「打考績」不盡相同，還有其更積極的目的存在。我們希望主管把考核當作「培育計畫」的一部分，藉由考核和員工溝通，看看部屬有哪些優點，有哪些需要改進之處，藉此作為培育計畫重

要參考指標。主管在進行考核時，必須得到部屬的信賴，和部屬做全面性的自我瞭解後，再共同討論未來一年的努力方向。

我們鼓勵主管每隔一段時間（也許是一個月）就坐下來和員工聊聊，討論一下這段時間的工作表現，甚至寫下來，作為下次討論的參考。

三、面談準備功夫

通常一位主管要幫助員工工作考核要花十到十二小時做準備，而且還要花二、三小時和員工溝通。我們規定考核結果必須讓員工同意，有不同意見，可以在考核表上加註個人意見，如果上一層主管發現兩者有不同的時候，就會找兩方來詢問，必要時，還會再找旁邊的同仁來協助判斷誰比較有理。

在惠普，對部屬做考核是主管的挑戰，尤其是一些新主管。有時候我們會發現問題是出在主管要求太嚴或過於主觀，這時候我們就會要求主管必須更改考核表。而過去也發生過主管和員工對考核一直無法討論出共識，談了八小時都沒結果，最後員工選擇離職的情況。

考核的意義在於促成進步，而非評定等級。惠普希望能夠透過彼此坦率溝通，進而發現哪些是可以改善之處。只是有時候難免會因為主管和員工角色不同，造成看法不一。

不過，我還是相信事前訂定好目標，以及公開的溝通與考核是必要的。管理的精神就在於，必須一開始就告訴員工他將如何被考核。就像員工來之前，至少要花二小時讓他瞭解「公司需要你做些什麼？」。

彼得・杜拉克曾預言：「在過去一百年來的傳統組織，其骨架與內部結構仍是階級與權力的結合，但新興企業組織，則必然以互相體諒與共同責任為其骨架。」我相信這便是目標管理的精神（黃河明，2000：84-88）。

金豐機器公司（關鍵績效指標）

金豐機器工業公司創立於1948年，最初以製造農產加工機械為主，1950年代開始生產壓力機、紡織機械、抽水機、餐具製造設備等產品，是由一家鐵工廠發展成為金豐集團國際化企業，在台灣沖床界享有盛名的廠商。

一、績效管理的邏輯

在金豐機器，每週實施一次改善檢討會議，四個多小時的績效檢討過程，對各項營運作業流程問題的辨認，有澄清與改進方式的具體討論，這是提升企業執行力的關鍵工作。

二、績效管理的步驟

在金豐機器，生產力報表與管理報表落實到每位工作者的身上。在工廠的每一個作業區，都可看到日作業指示表、日作業生產報表，每位生產線的員工，都要清楚回報他們的工作項目與進度。基本的觀念在於這種績效的呈現，是每個人應盡的本分，以前沒辦法清楚明列的績效，現在能有一個具體的展現，也不擔心靠人脈喜好來打考績，用數據來說話會更加明確（**圖14-1**）。

三、績效管理的效果

在金豐機器，每星期定期召集相關部門主管，針對跨部門專案整合實施檢討會議，其目的在發現問題，引發改進行動，例如若發現庫存期過長，此時負責倉儲管理或生產管理的主管，就必須提出改進對策，像如何

部門管理指標收集與整理	各部門管理指標檢討與確認	管理報表安裝相關資料的蒐集評定標準訂定	每週檢討會議	行動對策
行動： 各部門進行內部關鍵作業流程檢討。填寫KPI收集數據，表中應詳細說明各項KPI／MI的定義或公式、來源表單、提供資料的部門／單位。	行動： 由顧問團協助逐一檢討各部門所提供的資料，並確認各部門KPI／MI符合目前公司目標的整體需求。	行動： 對於確認後的KPI／MI（Management Indicator，管理指標）設定評定的標準（Base Line）。 各部門管理報表的安裝與各指標資料的蒐集。	行動： 定期對KPI & MI進行檢討。 對未能達成的KPI & MI進行原因分析並由總經理室進行控管。	行動： 對各部門／單位所提出的改善行動與對策持續監控，並確認改善的成果。

圖14-1　金豐機器KPI執行步驟及時程計畫

資料來源：安侯顧問公司／引自：盧懿娟（2005），頁92。

掌握產品進廠時間來降低庫存壓力等。一、二週之後，還要檢討新方法是否達到效果。如此，讓這種精進的方式成為工作的一部分，澈底改變作業習慣，就能夠讓整個流程管控更加順暢。

　　整個績效管理系統執行的重點，除了績效指標的建立，必須依據企業的策略目標與關鍵成功因素來建構關鍵績效指標外，更重要的是管理的流程，並應定期對這些關鍵營運績效的表現進行檢討。

　　許多KPI無法發揮作用，就在沒有聽取現場工作者的聲音，在上有政策，下有對策的應對心態下，容易形成虎頭蛇尾的局面（盧懿娟，2005：90-93）。

台灣美國運通公司（360度考績制度）

創始於1850年的美國運通公司（American Express Co.），在績效管理上，一直有獨步全球的創新觀念。1971年在台灣成立的美國運通公司，當國內各企業仍秉持傳統觀念，視整年度企業表現再論功行賞之際，該公司即大力倡行「銀貨兩訖」的績效管理，讓員工在公司既定的考評制度下，清楚知道表現到什麼程度，可以拿到多少績效，進而自己管理自己，從中定位自己的潛能。

一、員工滿意度調查

該公司在新年度開始之前的三個月，對員工做全面性的滿意度調查，調查問卷共有九十九個題目，分為八大類，除了其中一大類是雙向溝通公司經營理念外，其他的問題，包括環境意見、管理執行意見等，希望能透過問卷調查，讓員工瞭解年度考績評定的標準，並依此訂定下一個年度薪資制度及績效考核的規則和部門業務的目標產值，讓每個員工有明確的方向可以依循。

在徵詢全體員工對考績制度及規範的意見之後，公司即採取每月、每季密切的追蹤，務使員工所得的酬勞與績效緊密結合。

二、360度績效考核制度作法

為防杜中間幹部以個人好惡評斷員工績效弊端，美國運通公司採用360度績效考核制度。所謂360度績效考核制度即是針對管理者（中間幹部）全面地考核，要公平的考核出管理者的IQ（Intelligence Quotient，智力商 ）、CQ（Creative Quotient，創意商數）、EQ（Emotional Quotient，情緒智商）全方位表現外，也讓基層員工定期為直屬長官打考

績，以瞭解主管幹部是否認真指引基層員工做對工作。而基於公司產值的表現，必須靠所有團隊共同合作完成，因此，該公司也要求同事之間相互打考核，以瞭解部門主管除了自己部門業務外，有無積極參與公司整體業務的運作。此外，該公司也會定期寄發問卷給客戶，以適度反應顧客滿意度，作為績效表現的重要參考依據之一。

三、考核層級

美國運通公司的員工考核成績單，必須經過三道關卡確定。主管在打好員工考評時，先呈給其老闆簽字，再由老闆和員工個別溝通，瞭解部門主管所評定的考績之公平性，爾後在三方溝通無慮，員工也簽署之下，一份「員工成績單」才正式出爐。

四、建立申訴專員制度

由於沒有一種考核制度是全然正確的，因此，美國運通公司在周延的360度考績制度之外，還設立了獨立於公司組織之外的「申訴專員制度」。總公司設置有獨立專責的申訴專員，除了保護申訴人之外，還會透過管理系統要求各地分公司針對指控做適度改善。申訴專員制度有助於各階層檢視制度執行的公平性，讓考績能夠真正的透明化。

美國運通公司實施這一套360度績效考核制度強調的重點，在於輔導與激勵員工朝薪資優渥的方向努力，並養成員工積極進取、挑戰目標的潛力與企圖心（楊青青，1999：50-53）。

德律科技公司（平衡計分卡）

德律科技公司是電子產品檢測設備廠商，成立於1989年，初期採用目標管理，但隨著公司成長，已不能完全滿足管理的需要，乃在2003年開始導入「平衡計分卡」和「策略地圖」，從策略到執行的每一個環節都更明確，各部門、個別員工也都清楚努力的方向，不會失焦，奠定公司營運管理的基本架構。

一、建立營運管理制度

德律科技在導入「平衡計分卡」之前並沒有經驗，所以委託企管顧問公司協助。首先定義出公司的核心價值觀（團隊、速度、創新、誠信、服務），包含使命與願景（成為全球自動檢測設備的知名品牌）。接著進行產業分析，瞭解公司在產業的特色與位置，再與中高階主管訪談後，形成了策略元素、策略規劃、在往下展開策略藍圖、關鍵績效指標（KPI），藉此建立主管對策略的共識。

二、平衡計分卡四大構面的運用

羅伯‧柯普朗與大衛‧諾頓所著的《活用平衡計分卡》書上說：「平衡計分卡提供主管一個全面性的架構，把公司的策略目標轉換成一套連貫的績效指標，而且不只評估績效，也是一套管理制度，能為產品、流程、客戶、市場開發等四大構面帶來突破性的進步。」

德律科技在運用平衡計分卡四大構面的作法有：

(一)財務構面

德律科技在導入平衡計分卡時，在「財務構面」的「營收成長」策

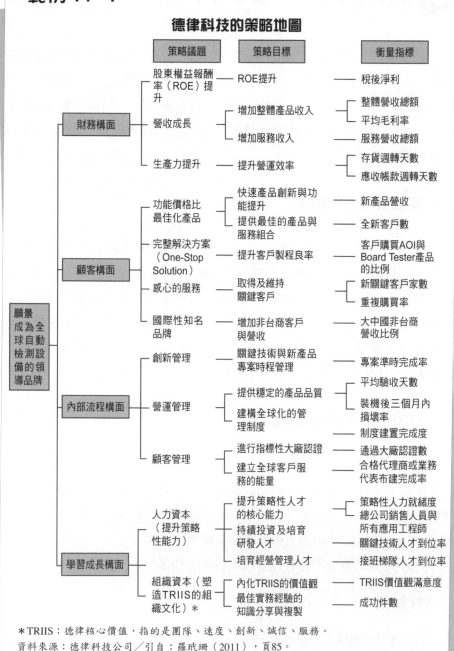

範例 14-4

德律科技的策略地圖

願景 成為全球自動檢測設備的領導品牌

策略議題	策略目標	衡量指標

財務構面

股東權益報酬率（ROE）提升	ROE提升	稅後淨利
營收成長	增加整體產品收入	整體營收總額 / 平均毛利率
	增加服務收入	服務營收總額
生產力提升	提升營運效率	存貨週轉天數 / 應收帳款週轉天數

顧客構面

功能價格比最佳化產品	快速產品創新與功能提升	新產品營收
	提供最佳的產品與服務組合	全新客戶數
完整解決方案（One-Stop Solution）	提升客戶製程良率	客戶購買AOI與Board Tester產品的比例
感心的服務	取得及維持關鍵客戶	新關鍵客戶家數 / 重複購買率
國際性知名品牌	增加非台商客戶與營收	大中國非台商營收比例

內部流程構面

創新管理	關鍵技術與新產品專案時程管理	專案準時完成率
營運管理	提供穩定的產品品質	平均驗收天數 / 裝機後三個月內損壞率
	建構全球化的管理制度	制度建置完成度
顧客管理	進行指標性大廠認證	通過大廠認證數
	建立全球客戶服務的能量	合格代理商或業務代表布建完成率

學習成長構面

人力資本（提升策略性能力）	提升策略性人才的核心能力	策略性人力就緒度 總公司銷售人員與所有應用工程師
	持續投資及培育研發人才	關鍵技術人才到位率
	培育經營管理人才	接班梯隊人才到位率
組織資本（塑造TRIIS的組織文化）*	內化TRIIS的價值觀	TRIIS價值觀滿意度
	最佳實務經驗的知識分享與複製	成功件數

＊TRIIS：德律核心價值，指的是團隊、速度、創新、誠信、服務。

資料來源：德律科技公司／引自：羅玳珊（2011），頁85。

略有好幾個策略目標要達成,在實際執行上分別由不同部門負責,例如採購部門必須開始降低成本、生產部門要提升營運績效。甚至要搭配顧客構面提供最佳營運效率的產品與服務組合,提升客戶製程良率,以及增加非台商客戶與營收等。

(二)顧客構面

德律科技在「增加非台商客戶與營收」方面,首先在當地就會以區域來劃分,例如深圳、蘇州、上海、天津;然後再依產品劃分,例如光學自動檢測儀器(AOI)、動態電路測試機(ATE);而後再分的是哪裡來的非台商客戶,例如中資、日資、港資、外資。針對每一個項目,訂出每個產品要開發幾家新客戶,年度目標和實際達成的數字各是多少。部門單位承接總公司目標後,主管就要進行人力與資源分配,業務人員便要設法開發以往沒有接觸的新客戶,這就是衡量業務人員績效的一部分。

(三)內部流程構面

德律科技在「提供穩定的產品品質」方面,檢視公司是否提供穩定的產品,指標之一就是裝機後三個月內的損壞率。如果裝機三個月品質都很好,就可以繼續銷售,這樣就不會賣出了許多產品之後,才發現顧客抱怨連連,這是屬於內部流程構面裡的「顧客管理」的策略目標,其中,透過大廠認證的數目就是衡量的指標之一。

(四)學習成長構面

德律科技大約每半年會舉辦一次「最佳實務經驗的知識分享與複製」。通常是利用全員大會的時候進行,在會中負責人會報告公司上半年的營運狀況,下半年準備要做的事情。而最佳實務報告內容,包含業務、管理等等,都可以分享。例如研發、應用工程師、銷售,怎麼做到團隊合作無間,進入大廠的供應商名單,這就是對公司具有附加價值、值得

分享的成功案例。

公司要成長,從訂定策略到執行策略,每個部門要做什麼事,都必須透明化,有了策略地圖和平衡計分卡,這些都清清楚楚,可以直接溝通,及時發現、改善問題,這樣對公司的體質是好的,有助於提升競爭力(羅玳珊,2010:82-87)。

 匯豐汽車公司(績效評估變革)

匯豐汽車公司自1975年成立,經營三菱(MITSUBISHI)品牌汽車、配件、零件之銷售與汽車配件裝配。

一、平衡計分卡模型

匯豐汽車將平衡計分卡模型導入企業以建立新的績效評估制度(新制度),其短期策略目標分為四個構面執行,以達到組織績效的全面提升。

1.財務構面:包括提升效益、杜絕浪費。
2.客戶構面:包括員工滿意、誠信交易。
3.流程構面:包括簡化流程、e化作業。
4.員工構面:包括職能驗證、考核公開。

匯豐汽車過去的績效管理制度未設計明定績效標準及項目的考核表,因而造成員工的貢獻無法與組織目標連結,對於績效評估的結果,員工也較難以接受,使得公司的績效評估制度無法有效提升組織整體績效;而新的績效制度導入,目的即在確立員工工作目標的達成是有助於組織目標完成。

二、結果與行為導向評估制度

其次，匯豐汽車過去僅側重員工績效「評估」，沒有績效的「管理」，也就是只有看過去的表現，未著眼於持續改善與未來發展。現行的績效評估標準則區分客觀之工作「結果」考核，以及主觀之工作「行為」考核。

工作結果，包含目標達成率、純益及內控管理。工作行為，則包括如領導特質或業務配合度等，希望員工能兼顧工作目標的達成與工作的行為過程。另外，亦設計績效管理的流程循環，透過主管與部屬共同參與計畫、執行、檢討及回饋等活動，以實際運作。

新制度建立完成後，變革的推動也是重要的任務。為使員工瞭解新制度的內容，使主管具備績效管理的能力，匯豐汽車規劃了一系列相關的訓練課程，使新制上線時，能夠順利的進行（匯豐汽車網址／引自：黃良志等人，2011：215）。

 亞都麗緻飯店（三種績效考核評量表）

《總裁獅子心》的作者嚴長壽，在其經營亞都麗緻飯店時，特別重視員工績效考核制度的落實，在「考核不是洪水猛獸」這一章節中，介紹了在亞都麗緻飯店實施的三種績效考核評量表，以及如何運用這些表格的方法。

一、溝通工具：考核

在亞都麗緻，「考核」不但不是洪水猛獸，反而是我們整個企業體中最好的溝通工具。大部分的人不論是主管或員工總是一聽到「考核」就害怕。主管們一想到考核結果，必須與員工面對面面談就頭大，有很多

話該說不該說，該怎麼說，能不能不說？哎！真傷透腦筋！而對員工來說，一碰到考核人人自危，誰知道這考核背後是否包藏禍心，說了真話弄不好秋後算帳，倒楣的還是自己。然而這種心態在亞都麗緻卻是不存在的。

在我的觀念中，「考核」不但不是洪水猛獸，而是一個大企業體中最佳的溝通工具，幫助員工自我評估，促成員工與主管之間的瞭解，也讓主管能更進一步看清自己的領導能力。每一件事情都有正反兩面，端看我們如何做適當的運用。於是，在亞都麗緻成立之初，我便自己擬定了一套考核計畫，也規劃出三種不同的考核評量表。

二、員工考核表

一種是「員工考核表」，這是針對基層員工所設計的，內容在於衡量他的工作品質、工作效率、人際關係、獨立性、責任心以及他的發展潛力；再依據評估評定他的升遷、調職或是再訓練。這張「員工考核表」是由單位主管來填寫，填寫之後考核主管要簽字，被考核的人也在閱後簽字，可以說是完全的透明化。

三、督導人員考核表

第二種是「督導人員考核表」，內容針對負責督導的主管人員所設計，包括工作效率、行政能力、領導能力、組織能力、策劃能力、判斷能力、協調能力，以及對待下屬的訓練、關愛程度等綜合的考核。同樣地，考核與被考核者都要簽名認可，最後再彙集到總經理處。

四、逆向考核制度

另外，亞都麗緻還有一種「逆向考核」的制度，由員工來替主管把

脈，評量主管的領導力、親和力、專業素養以及溝通能力；同時也替公司
的各項伙食、福利、員工活動做診斷。在這份「逆向考核表」上面，我
們還註明了：「此份問卷採用不記名方式，人事訓練部會將此資料封口完
整的轉呈給總裁親自處理，並事後銷毀，你無須擔心資料外洩。」這樣的
說明，當然是希望保障員工暢所欲言的權利，也希望員工明白：「逆向考
核」不是打小報告，不是惡毒的攻訐，所以也絕不會秋後算帳。

　　這樣的考核完全是站在一個正面的立場，幫助主管做了一個領導能
力的健檢。由於這是一種下對上的考核，我們必須很小心地對主管做溝通
及說明；在這種倒金字塔型的管理模式下，時常主管做了某些決定，事
實上卻不符合大多數員工的需求，或者在主管一心以為是對的事，在員工
的心中確有著極大的差距。也有些主管平日很凶，一碰到考核就會沒有信
心，以為員工都會批評他的不是，但事實卻不然，很多同仁都覺得他很有
責任心，對事情也很盡責。這些都是形成隔閡的原因，因此「逆向考
核」不是公司讓主管難堪的方式，而是在幫助主管瞭解自己，也瞭解與屬
下的距離究竟是遠是近（嚴長壽，1998：174-176）。

 ## 台灣麥當勞公司（績效發展系統）

　　台灣麥當勞公司（McDonald's Corp.）的人力發展是以人員績效發展
系統（Performance Development System）為核心，強調以「職能」為基
礎，以提升工作績效，並強化組織生產能力，進而達成公司目標的一系列
人員管理系統。

一、職能為基礎的考核

　　麥當勞對「職能」的定義指的是，知識（知道是什麼）、技術（如
何做）、行為（有意義的執行）的綜合呈現，是作為執行工作職務所必須

具備的基本能力。

麥當勞將「職能」分成下列三大方面：

1.核心職能（Core Competency）：如顧客導向、持續學習、溝通等項。

2.領導管理職能（Leadership Competency）：如教導與發展、績效極大化、團隊發展極大化等項。

3.功能職能（Functional Competency）：以人力資源單位為例，包括人員計畫、組織規劃、員工福利、忠誠管理、選人用人等項。

「職能」作為麥當勞人員管理的基礎，會落實到接班人計畫、招募、績效管理訓練、工作設計、報酬等各方面，成為公司的營運成本。

二、個人工作目標

在人員績效管理方面，麥當勞鼓勵員工自行提出個人工作目標，設定每月、每季、每半年作為工作檢討，評定年度績效，以此作為個人訓練發展與調薪的依據。

至於衡量人員目標的工具，麥當勞以員工滿意調查、雇主形象調查及離職率，作為主要的檢驗指標。

總之，「人」是麥當勞最大的資產。麥當勞對人員的期望，包括具備職能的、滿意的、忠誠的、感到驕傲的與承諾的。麥當勞也充分尊重員工，並實踐對人員的承諾（曾鴻基講述，趙政岷整理，2001）。

台灣惠氏公司（汰弱留強策略）

2009年，台灣惠氏公司已成為輝瑞藥廠（Pfizer）的子公司（合併），總公司設在新北市淡水區，為國內最大的跨國性藥廠，2013年榮登

範例 14-5

台灣惠氏人力資源管理密碼：15/40/40/5

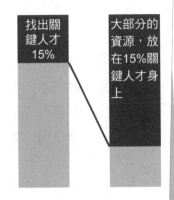

資源分配

找出關鍵人才 15%

大部分的資源，放在15%關鍵人才身上

頂尖員工	次要員工	再次要員工	墊底員工
15%	40%	40%	5%

資料來源：張鴻文（2008）。〈台灣惠氏：淘汰最後的5%，找出關鍵的15%人才〉。《經理人月刊》，第38期（2008年1月號），頁63。

新北市「幸福心職場」大型企業金心獎榜首。

　　台灣惠氏的人才策略採用的是統計學上常態分配的概念，將人力資源區分為頂尖的15%、次要的40%、再次要的40%和最後的5%。台灣惠氏人力資源暨行政管理處副總經理薛光揚強調：「我們會獎勵這前55%的人才，因為對組織來說，他們是能讓組織達成目標的人。」

一、關鍵人才的特質評量

　　惠氏在界定關鍵人才時，還會加入以下特質作為評量標準：

1.能勝任不同工作：員工不僅能把現在的工作做好，也有能力去做其他不同或是更高階的工作。以業務員為例，業績好並不代表就能勝

　任主管，還必須考量對方是否具備管理的能力或特質。

2.信守承諾：已經承諾的事，無論如何都會達成，就算遭遇障礙和困難，也會設法克服，以完成組織所賦予的任務。這種人由於總會想辦法使命必達（Make Things Happen），因此也經常會超出組織的預期。

3.樂於學習和分享：除了工作上的分享之外，也包括生活上的分享。所謂的關鍵人才，是能夠與人分享工作和生活上的喜悅與挫折，然後從別人那裡得到回饋，讓自己成長得更快。

4.誠信：以身作則，要求別人做的事，自己一定先做到；限制同儕或部屬不可以做的事，自己一定也不做。如此一來，便能帶領團隊、甚至組織朝正向發展。

5.高社會智能（Social Intelligence, SQ）：擁有很多外部或不同的人際網絡，可隨時從這些網絡裡找到有助於完成工作的資源，或是讓組織用較低的成本獲致成果，甚至能影響他人。

6.團隊合作：能夠從團隊的角度或對方的立場去想事情，擺脫單打獨鬥或明星球員的思維。

　　台灣惠氏以「職能」來界定員工是否能彰顯出上述價值，也透過360度回饋，深入發掘員工的能力及特質。另外，除了縱向（各部門的績效和職能）評估之外，還會橫向來看，從每個層級去觀察有沒有一些人是有潛力，但可能經驗不足，或是雖然工作表現很好，但有些特質還需要再進步，如此才不會有遺珠之憾。

二、汰弱留強政策

　　台灣惠氏每年有2.5%的調薪預算，全部用在前15%的關鍵人才身上；對於最後5%的員工，「基本上還是會提供和前85%員工相同的資源，但重要的是，這些員工自己有沒有意願去配合、改變和成長。」當這5%的

人被淘汰後，公司通常會挑選能力在前55%以上的人進來，所以原本在組織中屬於後45%的人，就會感受到壓力，因為如果不能擠到前55%，就可能成為下一個被淘汰的對象。

　　台灣惠氏透過積極管理前15%與最後5%的員工、讓中間80%的員工自發性地力爭上游的這套汰弱留強、培養高潛能員工的人力制度下，整個組織終將達到《從A到A⁺》（*Good to Great*）裡所說的「飛輪效應」（Flywheel Effect），持續不斷地進步和成長（張鴻，2008：62-65）。

 新光人壽保險公司（績效改善計畫）

　　新光金控集團成立於2002年，總部位於新光人壽保險摩天大樓，旗下轄有新光人壽保險、新光銀行、新光投信、新光保險經紀人及新光創投等子公司。

一、績效管理變革

　　2006年，新光人壽保險（簡稱新光人壽）進行了績效管理的重大變革。該公司的年度績效評估表包括：「工作目標」、「核心能力」、「改善發展計畫」與「總得分」四大區塊。其中前兩項是平常表現的「事蹟佐證」；後面兩項則是未來發展的結果與計畫。由於「工作目標」在個人績效考核中比例占70%，且是年初時，由主管和員工一起從每人幾十項的工作內容中，挑選出三至五項作為該年度要完成的主要目標。這對於這家具有五十年歷史的「老企業」來說，此績效管理的大改革，有助於員工整體實質工作績效的提升（李欣岳、黃亞琪，2010）。

二、設定具體目標

　　新光人壽的主管在期初的目標設定時，要同時考慮組織的要求及員工的能力。舉例來說，主管設定部屬今年需完成三個專案，在期初績效目標設定時，就必須談妥何時完成？預期產出什麼？如何衡量？需要哪些資源？哪些事情需要跨部室協助？主管需要協助什麼？這是一個雙向的過程，在每年一月底二月初就要啟動績效目標設定，先讓員工自己做設定，員工是根據公司的策略目標到一級主管、部室主管到個人設定目標，另根據自己的工作內涵想做一些改善跟創新。不管績效目標來源自主管交付的，或自己覺得要改善的部分，這部分績效目標的設定是要經過跟主管的溝通與確認，雙方簽名以減少績效目標設定的落差，確保雙方面的共識。

三、績效面談訓練

　　在落實績效管理方面，新光人壽提供主管的教育訓練，包括「如何設定績效目標」、「如何做好績效面談」，以及「如何做好績效改善與輔導面談」。舉例來說，「如何做好績效面談」的課程，會指導主管如何事前設定績效面談的目的、事前需準備哪些資料、開場要談什麼、績效落後的部分要如何尋求共識並找出提升方法？最後如何獲得員工績效提升的承諾？課程中也會透過角色扮演（Role Play）讓主管熟悉這些技巧的運用。

四、績效改善計畫

　　針對績效落後的員工，新光人壽啟動的「績效改善計畫」，是每一個月要做一次主管與部屬的面談。正常的情況下是每半年會做一次績效面談，但針對這一群績效相對落後的員工，是在初期每個月都會做一次，主管要承諾部屬會給予一定程度的支持和督促，才會讓部屬的績效回到正常

水平；部屬也要透過這個過程，加倍努力改善才能確保績效可以回到正常的水平，這三個月的過程也是彼此被列管的過程，每個月的績效面談，彼此雙方確認進步狀況，主管也要跟部屬說得很清楚，若三個月後，沒有通過「績效改善計畫」，績效沒有回到正常水平，就會依人事管理規定處理；若回到正常水準，那也代表員工的能力或行為達到主管的要求及組織期待（林蘭育，2011：60-66）。

 ## 台塑關係企業（高績效獎金制度）

台塑關係企業（台塑）是台灣最大的企業集團，源起於1954年創立之福懋公司，1957年更名為臺灣塑膠工業公司。旗下事業橫跨塑膠、紡織、石化、電子、能源、運輸、工務、生物科技、醫療、教育等領域。台塑能夠吸引人才的主因乃在於績效獎金。

一、目標設定

台塑每一年度部門及個人均設定目標，依目標達成率核計個人績效獎金，由生產管理部門設定考評及獎金計算標準，獎金額度約占個人全部薪給的30%，不同職務、職級，績效獎金核對權數有別，故職務升級，本薪部分雖不立即調整，但獎金部分則有增加。

二、個人績效決定報酬

此一制度的優點，在於無論本薪之調整幅度及獎金之多少，皆以個人績效為依據。換言之，台塑是採取一種彈性薪資制，每個人的薪資中，約有60～70%是他的正常收入，其餘要靠辛勤的苦幹得來的績效，即一個人每月所能領到的「全薪」是薪資加獎金，而績效愈好，獎金愈

多,而且沒有上限。績效的考核,由他的上三個階層的主管考核(三級考核制),而一級主管包括廠處長及經理則由領導人親自評定。

這種將利潤及獎金結合的制度,是台塑管理上最強,也是最誘人的地方。獎金可能一給就是五十萬,也有可能是一輛車。

三、特別獎金

另外,台塑還有所謂的「特別獎金」,這是領導人私下給的暗盤。課長、處長及高級專員,表現好的大概都有幾十萬元,經理或是特殊幹部甚至有上百萬或上千萬元之譜,而這還不包括每年給予的4～5個月的年終獎金(江衍宜編著,2009:175-177)。

四、年終獎金與組織績效掛鉤

在2010年6月間,台塑工會曾動員到台北總公司抗議,要求補發0.1個月年終獎金的差額,當時工會訴求之一就是「爭取員工合理分配權」。台塑為解決因年終獎金所產生的勞資爭議,遂將年終獎金予以制度化,以台塑、南亞、台化及塑化等四家平均每股盈餘(Earnings Per Share, EPS)作為年終獎金核發月數計算基礎,使員工及股東可共享企業經營成果。當EPS達到4.1元,則發給4.5個月本薪;而EPS每增(減)0.25元則加(減)發0.15個月本薪,上(下)限6(3)個本薪(韓志翔,2013:37)。

 中國鋼鐵公司(考績e化系統)

中國鋼鐵公司(中鋼)是台灣最大的鋼鐵企業,由政府出資成立,總部與主要的工廠位於高雄市臨海工業區。其擁有台灣規模最大的煉鋼廠,且是台灣設有高爐的一貫作業鋼鐵廠之一。

範例 14-6

中鋼各層級評核項目與評核等級

各層級評核項目						評核項目說明	重要性		評核等級				
主管			專業	基層	新進		2 很重要	1 重要	5 傑出	4 良好	3 達要求	2 再加油	1 待改善
一二級	三級	四級											
		✔				一、工作執行成果 掌握時效,圓滿完成預定目標且品質良好。 若受評人為三級以上主管及12等以上專業人員時,本項評核等級應對照本考核期間「工作計畫及成果評估表」中「整體工作表現」之評等。							
✔	✔	✔				二、職務績效分析 1.領導能力　能引導同仁之工作態度,傳授知識、技能,適當地將工作分派給每一成員,並經常追蹤執行的成果,進而達成團隊共同目標。							
✔						2.人員培育與潛能發展　能訓練與指導同仁:賦予任務,並予以指導及回饋,適當地給予必要的獎懲,在提升其工作知能方面規劃良好並落實執行。							
			✔	✔		3.專業知能　嫻熟工作相關(科技、專業或管理)的知識並能擴展與運用,甚至能傳授工作相關知識予他人。							

各層級評核項目						評核項目說明		重要性		評核等級				
主管			專業	基層	新進			2 很重要	1 重要	5 傑出	4 良好	3 達要求	2 再加油	1 待改善
一二級	三級	四級												
✔	✔	✔	✔	✔	✔	4.敬業、團隊及組織認同	負責盡職，交辦工作不推諉。對工作及職務調整配合度高，且能與他人共同合作，主動積極參與專案小組或團隊改善活動，優先考量整體團隊目標的達成。							
✔	✔	✔	✔		✔	5.分析及判斷力	思慮縝密，能發覺問題，掌握重點，做出正確合理的判斷，並能及時回應及採取行動。							
	✔	✔	✔			6.計畫及執行	對份內工作能有系統的組織與規劃，提交報告及追蹤執行所交付之任務均能快速有效。							
✔	✔	✔	✔	✔		7.創新改善能力	對於份內工作能產生新的觀念或做法，並積極提案落實改善，以增進工作效率。							
✔	✔					8.溝通協調	具溝通協調力及技巧，在各種場合中，能以客觀、成熟態度協助意見之整合。							
		✔	✔	✔	✔	9.成本及品質意識	具成本及品質意識，踏實執行降低成本提升品質行動。							

各層級評核項目						評核項目說明	重要性		評核等級				
主管			專業	基層	新進		2 很重要	1 重要	5 傑出	4 良好	3 達要求	2 再加油	1 待改善
一二級	三級	四級											
	✔	✔		✔	✔	10.安衛環保意識	確實遵守公司工業安全衛生及環境保護規定,並具有維護公司資料與智慧財產之安全意識。						
					✔	11.適應力	在不同處境中均能掌握工作環境的差異,調整自我的心態與行為,以配合情勢。						
✔	✔	✔	✔			12.自我學習與發展	能自我學習新的知識與技能應用於工作上,並把握各項工作與職務之歷練機會,因而提升個人工作績效與能力。						
✔						13.變革管理	能瞭解公司內、外環境與情勢的變化,即時回應並把握機會行動,達成預期的結果。						
✔	✔	✔	✔	✔	✔	14.品德操守	遵守法紀,廉潔自持,無不良嗜好與習性。						

評核等級	說明
傑出	該項之表現在本單位為最傑出。
良好	該項之表現明顯地超出該職責的要求水準。
達要求	該項之表現達到要求水準。
再加油	該項之表現平平,差強人意。
待改善	該項之表現多未達到基本要求。

資料來源:財團法人中衛發展中心編(2001)。〈中鋼:發揮1+1>3力量〉。《綜效雜誌》,第152期(2001年5月號),頁40。

一、e-HR系統（HRIS）

中鋼由人力資源處與資訊處之人員研發出一套e-HR系統（Human Resource Information System, HRIS），此套系統的功能有：(1)人力資源資料的建立；(2)用在績效考核的評比參考；(3)流程的追蹤。

民營化前，中鋼依員工個人到職日的先後，分月辦理考績評核。在新進人員試用期滿正式錄用後，每滿一年辦理一次考績，人力資源處平均每個月辦理八百件考評作業，當時以傳統人工方式處理尚可支應。民營化後，薪酬管理一改過去採平均調薪方式，開始強調個人薪給調整與獎金的發放需與工作表現充分配合，因此，由原先的評估個人工作成長的「絕對標準」轉為評估同層級受評人之間的「相對標準」，並採集中辦理，複雜的作業程序與方式，對於主管與人力資源處人員都是極大的負擔。

二、e化後的考績表作業

中鋼傳統的作業程序，由資訊處列印考績表送交人力資源處人員點發各單位作業。各單位再轉發給各級主管辦理查核，透過人工將文書作業層層傳遞，逐級完成評核考績表，再送回人力資源處。人力資源處人員點收並審查考績分數與核決層級是否按規定辦理，之後再將考核結果輸入電腦排序並歸檔。e化後的考績表不再以紙張形式出現，由考核主管逕行於線上輸入各項考評資料，並利用電子資訊通知、提醒上層主管進行複核或核決作業，再由人力資源處人員完成透過線上流程追蹤，針對未評核程序者進行催辦。完備的考績資料並自動更新至人事電腦主檔，同時將考績結果回饋予受評人。

中鋼在實施這套系統之前，就先舉辦使用說明會，加上系統富有人性化輔助說明，因此系統操作起來非常方便，而在實施e化系統的考績，其主要目的是以開發導向的考核，而不只是僅侷限傳統的考核導向，用來發獎金及升遷的用途。開發導向的績效考核，是以人力資源規劃發展為前

提讓員工瞭解，主管對自己的評價如何，主管知道部屬的個性與優缺點何在，以作為更有效的人力運用（李瓊瑤，2001：38-41）。

台灣積體電路公司（績效管理與發展制度）

台灣積體電路公司（Taiwan Semiconductor Manufacturing Company）（TSMC，台積）成立於1987年，在半導體產業中首創專業積體電路製造服務模式，全球總部位於台灣新竹科學園區。

一、績效評估三階段

1988年10月，台積實施一套績效管理制度——績效管理與發展（Performance Management and Development, PDM）。

績效評估分為三階段：員工自我評估、共同評估與主管評估，以降低主管個人主觀的判斷。其中共同評核部分，強調客戶導向及團隊合作。於年度開始時，由主管與部屬共同決定誰是共同評核者（包括內部客戶與外部客戶，原則上共同評核為二到三人），並由共同評核者決定其評核結果是否告知員工，至於評核結果如何計算，則仍由主管決定，以維持主管領導權。

評估的步驟，除了每年員工的自我評估外，還包括了定期檢視。員工自我評核後，再由主管與員工溝通，完成員工績效檢討與評核，並設定次年度目標及訂定發展計畫。

目標設定必須是詳細、精確、可量化、可達成、實際及具有時效性的目標；定期檢視，則強調績效考核並非年終總清算，而應於年度中由主管持續地與部屬進行績效討論，著重考核之發展性功能。

為了使這套績效管理制度落實，台積要求主管在進行績效評核時，

必須遵守：如夥伴的合作關係、強調自我績效的管理、持續地互動與溝通、績效發展與例外管理（黃良志等人，2011：234-235）（**圖14-2**）。

二、正式績效面談期間

台積將正式績效面談分為兩次進行，第一次面談時，不會告訴受評者的考績，溝通重點放在去年主要業績、明年的工作目標、學習和發展的討論上，面談時間約為四十五分鐘至一小時三十分；第二次面談於完成評估最後階段進行，此時，員工在該年度績效表現已確定，主管與部屬通常會針對年度考績進行十至十五分鐘的溝通（李瑞華主講，廖志德文，1999：34-39）。

三、台積績效評比的原則

台積的績效管理制度，採取四等級評等法，以「強迫分配制」來規範，其各等級考核人數之比例如下：

傑出≦10%
優良≦25～45%
良好≦50～70%
需改進、不合格≧5%

為了配合公司成為世界級公司的目標，台積為每一位員工訂定超高標準的工作目標及期望，並依據客觀的績效評估論功行賞，以促使員工發揮最大的潛能和生產力。

四、激勵與塑造的制度

台積董事長張忠謀在1998年10月間，在交通大學開講「經營管理講

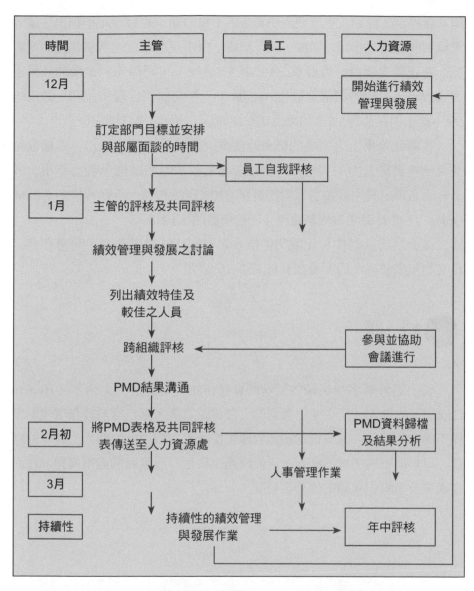

圖14-2　台積績效管理制度（PMD）作業流程圖

資料來源：台灣積體電路公司／廖志德撰1999）。〈台積電──以頂尖人才打造世界級企業的新績效制度〉。《能力雜誌》，1999年5月號。

座」課程中，提到「主管要有勇氣告訴下屬弱點」的觀念，他指出，績效考核制度是為了達到「激勵」與「塑造」所產生的制度。考績制度的副產品，在確認表現最好與最壞的10%或5%過程，可同時達到激勵的效果與溝通效果。對於考績落至最後5%的員工，要向他們合理的說明，最後的5%不能永遠在最後5%，如果每年一樣的話，表示主管有問題。

在溝通效果上，考績的結果應該讓同級或更高主管知道，這樣就可擬具一些調動人力的資料庫，例如資遣名單（隨時準備，備而不用）或是升遷名單，其中升遷名單對於最好的10%應該再進一步進行排名（Rank Order），使升遷名單更為清楚（王仕琦整理，1998）。

從上述的談話中，正說明了績效管理制度的重點是在「培育塑造」員工的未來發展，而不是在看員工過去的表現。

 結　語

從上述各著名企業績效管理的實務作法，可瞭解人力資本（Human Capital）的投入就是企業經營者的人力資源力量，處在當前經營環境劇變與不確定的年代，唯有透過績效管理來提升人力資源能力與人力資本的轉換，以形成不同方式的創新，方能轉換企業生存與發展的競爭優勢，從而在產業及市場中永續的經營與發展。

績效管理辭彙

360度評核（360° Assessment）

360度評核係指藉由不同面向對特定個人提供有關其工作行為表現與產出的資訊，也經由不同的來源獲得回饋，有效蒐集關於員工績效的資訊。

絕對標準（Absolute Standard）

絕對標準係指測量一個員工的績效，而不需與其他員工一併比較。

交替排序法（Alternation Ranking Method）

交替排序法係指依據特定評估屬性（如生產力、出錯率、曠職率）將員工依該屬性由優至劣進行排序。

態度（Attitude）

態度是習得的，且含有行為與認知的成分，是個人對他人事務、環境所抱持的信念（指對人、事、物所知曉的事實、意見、價值判斷）、情感（指對人、事、物所持的愛、恨、喜、憎等情緒反應）和行為傾向（指對人、事、物所做的接近、迴避或冷漠等反應傾向）。

平衡計分卡（Balanced Score Card, BSC）

平衡計分卡強調平衡的觀念，將企業願景轉換為具體的行動策略，由財務、顧客、內部流程、學習和成長四個構面衡量績效，尋求企業短期與長期目標的平衡、財務與非財務度量間的平衡、落後與領先指標間的平衡、外部與內部績效間的平衡狀態。

行為（Behavior）

行為是個體（無論低等動物或人）可以被觀察（包括了不藉由其他補助的直接感觸，或利用儀器測驗結果）的活動。

加註行為評等量表（Behaviorally Anchored Rating Scales）

加註行為評等量表係一項績效考評技術（主要是著眼於行為的考評而非特性考核），其與重大例外與績效行為面向有關。

歸因理論（Causal Attribution Theory）

歸因理論係指考評者將員工工作績效表現不佳歸咎於努力不夠、能力不足、工作特別艱難，或是運氣不佳，它會影響到其考績等第的效應決定。主管與部屬間若常有面對面的互動時，主管會傾向於將績效差的部分歸於「非戰之罪」。

趨中傾向（Central Tendency）

趨中傾向係評估者傾向做出一般性的評價水準。

職能（Competency）

從人資測評的學理來看，職能就是員工能夠有效完成任務的特質與能力的總稱。掌握一套有效的職能評估架構，就能相當程度掌握績效的成敗關鍵。此行為模式包括動機、特性、技能或知識等個人的基本特質。

脈絡性績效（Contextual Performance）

脈絡性績效係指員工為達成任務績效，在面臨各情境中所展現的行為或態度。脈絡性績效指標的優點，在積極性上，有助於導引被考核人展現有利目標達成的行為與態度，而在消極性上，則有助於避免因外部不可控制之因素，而影響績效的偏誤。

重大事例技術法（Critical Incidents Technique）

重大事例技術法係指主管將部屬與工作活動相關的重要或特殊事件加以記載，包含特殊的優異表現以及特殊的不良表現，到了定期評估的時候，整理重要事件的記錄結果，作為員工績效評估的結果。

關鍵成功因素（Critical Success Factor, CSF）

關鍵成功因素係指任何一個組織要成功經營，保持競爭力與成長所必須具備要掌握的幾項重要因素，倘若不能，就無法達成目標與招致失敗。在大部分的產

業中都具有三至六項的決定成功因素（經營者的誠信、經營者人際關係、現金有效控管、專注本業、產品研發、物料管理流程、持續性的員工教育訓練、完整的人力資源制度等），一個企業若要成功，務必對這些關鍵要素有極佳的表現。

論文式考評法（Essay Appraisal）
論文式考評法係一種績效考評方法，考評者用故事體的方式寫下對員工的考核內容。

期望理論（Expectancy Theory）
期望理論係指人們的工作動機來自於藉由努力達成的績效所換取酬賞的期望值，此酬賞須為當事人所重視。

公平性（Fairness）
公平性係指績效評估的分數不受個人特徵（如年齡、性別、年資等因素）而受影響，產生差別待遇的不公平現象。

圖表評等量表（Graphic Rating Scales）
圖表評等量表係一種績效評估的方法，列出一些特性項目，以及每一個項目的績效間距。

H

月暈效應（Halo Effect）
月暈效應係指評估時容易受到個人特質的影響，致影響評估時的判斷。

人力資本（Human Capital）

人力資本是指存在於人體之中具有經濟價值的知識、技能和體力（健康狀況）等質量因素的總和。

個別排列法（Individual Ranking）

個別排列法係從最高到最低排列出員工的績效。

工作分析（Job Analysis）

工作分析係指將組織內各項工作之內容、責任、性質及員工所應具備的基本條件，包括知識、能力、責任感與熟練度等加以研究分析的過程。工作分析所要蒐集的資料有：工作活動項目、人的行為、工作中所使用的機器、工具及設備、績效標準、工作環境及人員條件等。

關鍵業務板塊（Key Business Area, KBA）

關鍵業務板塊係指將現行工作業務方面劃分成若干業務板塊，選出若干關鍵的業務板塊，然後提出關鍵衡量指標。

關鍵績效指標（Key Performance Indicator, KPI）

關鍵績效指標是指衡量一個管理工作成效最重要的指標，是將公司、員工、事務在某時期表現量化與質化的指標一種，可協助將優化組織表現，並規劃願景。KPI是一種量化指標，不是目標，但是能夠藉此認定目標或行為標準，反映組織的關鍵成功因素。

關鍵結果領域（Key Result Area, KRA）

關鍵結果領域是為實現企業整體目標、企業必須在一些領域取得滿意的結果才能實現，這些不可或缺的領域就是企業關鍵成功要素。平衡計分卡認為，這四

個關鍵領域是財務、顧客、流程以及學習和成長。

關鍵策略目標（Key Strategic Object, KSO）

關鍵策略目標就是分析制訂達成目標的重要工作，制訂出若干工作策略，然後再提出衡量這些策略實現的指標。

管理（Management）

管理是經由他人之努力與合作而把事情完成，這是人類共認的定義，亦為千百年來個人事業成功以及人類科學文明偉大成就之秘鑰。

目標管理（Management By Objectives, MBO）

目標管理係一種績效評核法，包括雙向的目標設定與基於達成某特定目標的評估。

配對比較（Paired Comparison）

配對比較係藉由個人與其他人（2人以上）的所有評估屬性進行相互之間的比較，計算其得勝的次數，以決定排出個人的績效名次。

績效付薪（Pay For Performance）

績效付薪係指員工的個人薪資水準與個人、部門或整體企業績效表現連接在一起，對員工而言具激勵效果，對企業而言可控制成本，但無法保障員工薪資收入。

績效管理循環（PDCA循環）

績效管理循環係指全面品質運動所稱的計畫（Plan）、執行（Do）、考核（Check）及持續改善（Action）四階段循環。此一循環著重於持續改善的哲學，而卓越能力模式恰可作為組織成員提升工作能力的依據。

績效（Performance）

績效係指為了達成組織整體目標，構成組織各事業體、部門或個人所必須達成業務上的成果。

績效考核（Performance Appraisal）

績效考核係指利用一套結構性的評估制度，來衡量、考核員工的工作成效，同時得以瞭解員工在未來的表現，是否能夠與組織未來發展相得益彰。

績效管理（Performance Management）

績效管理係指個人與組織目標達成共識，同時將員工個人績效與組織績效相結合，用以提升整體組織效能。

相對標準（Relative Standard）

相對標準係指將員工的工作績效相互比較，以排定其名次或等級而言。

信度（Reliability）

信度係指評估的結果具有一致性（指蒐集同一資訊的交替方法應有一致的結果），亦即評估結果必須相當可靠。

自我評估法（Self-Appraisal Method）

自我評估法是讓員工依據自己能力、興趣、需求與價值判斷等潛力，設定未來的目標，自我要求自我發展的方法，亦是一種自我發覺與分析的過程。當員工對自己做自我評估時，可能會降低自我防衛的行為，且亦可以瞭解自己工作知能上的不足，而予以加強補充，自我發展。

簡便性（Simplicity）

簡便性係指績效評估的表格內容和分數處理必須簡便，過度繁雜的表格和程

序,反而會降低主管評估的意願與效果。

刻板印象(Stereotypes)

刻板印象是指評估者對受評估者的評估,常受到受評者所屬社會團體特質的影響。

策略地圖(Strategy Map)

策略地圖係是指用來呈現平衡計分卡制度中四大策略目標,以及創造組織價值之間因果關係的一種圖形,目的在於清楚展現組織的策略並將策略有效的結合。策略地圖之核心有二,其一為策略(Strategy),其二為地圖(Map)。

效度(Validity)

效度係指評估能否達成所期望的程度,能確實衡量出員工在相關工作上的表現。

意願(Want)

意願係指員工在其工作崗位上所投入的心力與努力之程度。基本上對工作意願的討論,大多著重於心理面的層次,由此提升員工工作意願的本質,即在於組織的有效激勵。

參考書目

一、書籍

Alexander Hamilton Institute, Inc著，許是祥譯（1991）。《目標管理制度》。中華企業管理發展中心。

Andrew S. Grove著，巫宗融譯（1997）。《英代爾管理之道》（*High Output Management*）。遠流出版公司。

Brian E. Becker、Mark A. Huselid、Dave Ulrich合著，鄭曉明譯（2003）。《人力資源計分卡》。機械工業出版。

D. L. Kirkpatrick著，林能敬編譯（1990）。《績效考核與輔導實務》。超越企管顧問公司。

D. Quinn Mills、G. Bruce Friesen合著，王雅音譯（1998）。《浴火重生IBM：IBM的過去、現在和未來剖析》，遠流出版公司。

David Goss著，陶文祥譯（1997）。《人力資源管理》（*The Principles of Human Resource Management*）。五南圖書。

Ferdinand F. Fournies著，丁惠民、游琇雯譯（2007）。《績效！績效！Part Ⅱ：強化員工競爭力的教導對談篇》。麥格羅‧希爾國際出版公司。

Fread E. Fiedler著，馮斯明譯（1985）。《尖端領導》（*The Effective Way of Leading*）。桂冠圖書。

Gary Dessler著，李茂興譯（1992）。《人事管理》。曉園出版社。

Gary P. Latham、Kenneth N. Wexley著，蕭鳴政等人譯（2002）。《績效考評：致力於提高企事業組織的綜合實力》。中國人民大學出版。

Joan Ferrante著，李茂興、徐偉傑譯（1998）。《社會學：全球性的觀點》。弘智文化。

John H. Zenger著，張美智譯（1999）。《2＋2＝5：高產能與高獲利的新解答》。麥格羅‧希爾國際出版公司。

John Humphries著，陳柏蒼譯（1996）。《管人的藝術》。希代出版。

John Payne、Shirley Payne合著，莫菲譯（1997）。《輕鬆管理，成功領導》。圓智文化。

Marcia, P. M. & Robert L. H. (2000). Contextual Determinants of variable pay plan design: a proposed research framework. *Human Resource Management Review, 10*(3), 289-305.

Marcus Buckingham、Curt Coffman合著，吳四明譯（2000）。《首先打破成規：八萬名傑出經理人的共通特質》。先覺出版。

Mark H. McCormack著，吳美麗譯。《管理其實很Easy》。天下文化。

Natasha Josefowitz著，李璞良譯（1992）。《做個成功主管》。絲路出版社。

Pam Jones著，李洪余、朱濤譯（2003）。《績效管理》。上海交通大學出版。

Richard S. Williams著，趙正斌、胡蓉合譯（1999）。《業績管理》。東北財經大學出版。

Robert Bacal著，邱天欣譯（2002）。《績效管理立即上手》。麥格羅·希爾國際出版公司。

S. P. Robbins著，李茂興譯（1994）。《組織行為》。揚智文化。

Stephen P. Robbins著，何文榮、黃君葆譯（1999）。《今日管理》。新陸書局。

Steve M. Hronce著，勤業管理顧問公司譯（1998）。《非常訊息：如何做好企業績效評估》。聯經出版。

T. V. Bonoma、G. Zaltman合著，余振忠譯（1985）。《實用管理心理學》。遠流出版公司。

Virginia Obrien著，蔡璧如譯（1998）。《企業經營快易通》。商周出版。

丁志達（2012）。《人力資源管理》。揚智文化。

丁志達（2013）。《薪酬管理》。揚智文化。

日經Business編，陳秋月譯（1991）。《創建優質企業的條件》。台灣英文雜誌社。

王貳瑞（1997）。《間接人力資源管理》。五南圖書。

司徒達賢（1999）。《為管理定位》。天下文化。

石銳（2000）。《績效管理》。行政院勞工委員會職業訓練局出版。

安達貴之著，李淑芳譯（2005）。《360度評估實務》。中國生產力中心出版。

江衍宜編著（2009）。《王永慶與經營智慧（前傳）》。漢湘文化。

江幡良平著，陳郁然譯（1989）。《推動企業的人脈──新時代人才培育戰略》。台灣英文雜誌社。

何永福、楊國安（1993）。《人力資源策略管理》。三民書局。

何寬賢（1997）。《辦公室實戰手冊》。輝鑫出版。

杉山友男著，呂山海譯（1997）。《3U MEMO現場改善方法》。書泉出版社。

李仁芳、洪子豪（2000）。《企業概論》。華泰文化。

李長貴（1997）。《績效管理與績效評估》。華泰文化。

李長貴（2000）。《人力資源管理：組織的生產力與競爭力》。華泰文化。

李南賢（2000）。《企業管理》。滄海書局。

李誠主編（2012）。《人力資源管理的12堂課：國際人力資源管理》。天下文化。

李漢雄（2000）。《人力資源策略管理》（*Strategic Management of Human Resources*）。揚智文化。

林欽榮（1991）。《組織行為》。前程企管。

林燦螢、鄭瀛川、金傳蓬（2013）。《人力資源管理：理論與實務》。雙葉書廊。

姜定維、蔡巍（2004）。《KPI，"關鍵績效"指引成功》。北京大學出版。

科學園區專業秘書學會（2000）。《科技心　秘書情──科園秘書與你分享好心情》。哈佛企管顧問公司。

英國雅特楊資深管理顧問師群（1989）。《管理者手冊》。中華企業管理發展中心。

埃格特（Max A. Eggert）著，孫怡譯（2003）。《評估管理》。上海交通大學出版。

高興、周戰峰編著（2000）。《管理能人》。國際村文庫。

張一弛編著（1999）。《人力資源管理教程》。北京大學出版社。

張承、莫惟編著（2011）。《人力資源管理便利貼》。鼎茂圖書。

張緯良（2012）。《人力資源管理》。雙葉書廊。

曹國維（1987）。《機會：人盡其才──人力資源管理新課題》。中國生產力中心出版。

荻原勝著，董定遠譯（1989）。《新人事管理──二十一世紀的人事管理藍圖》。尖端出版。

陳正強編著（2000）。《人力資源管理精論》。千葉圖書。

陳芳主編（2002）。《績效管理》。海天出版社。

陳照明（1997）。《目標管理：如何設定「好目標」及有效達成》。世茂出版社。

彭昶裕（1997）。《老闆的禮物——員工情緒管理EQ執行手冊》。耶魯國際文化。

彭懷真（2012）。《多元人力資源管理》。巨流圖書。

黃良志、黃家齊、溫金豐、廖文志、韓志翔（2011）。《人力資源管理：基礎與應用》。華泰文化。

黃河明（2000）。《黃河明的惠普經驗》。天下文化。

楊錦洲（1995）。《管理人才不是天生的》。哈佛企管。

溫玲玉（2010）。《商業溝通：專業與效率的表達》。前程文化。

葉忠編著（2012）。《科技與創新管理》。雙葉書廊。

詫摩武俊（1990）。《性格》。久大文化。

蔣總統思想言論集編委會編（1966）。《考核人才的要領與領導原則》（卷22），中央文物供應社。

鄧東濱編著（1998）。《人力管理》。長河出版社。

鄭肇楨（1998）。《心理學概論》。五南圖書。

鄭瀛川（2006）。《績效管理練兵術》。汎果文化。

鄭瀛川、王榮春、曾河嶸（1997）。《績效管理》。世台管理顧問公司。

簡建忠（2002）。《績效需求評析》。五南圖書。

羅業勤（1992）。《薪資管理》。作者自印。

嚴長壽（1998）。《總裁獅子心》。平安文化。

二、文章（講義）

David Antonioni（1997）。〈360度評估法〉。《世界經理文摘》，第130期（1997年6月號）。

EMBA世界經理文摘編輯部（2012）。〈績效衡量應該這樣做〉。《EMBA世紀經理文摘》，第315期（2012年11月號），頁97-98。

EMBA世界經理文摘編輯部（1999）。〈新主管存活教戰手冊〉。《EMBA世界經理文摘》，第152期（1999/04）。

Robert S. Kaplan、David P. Norton文，許瑞宋譯（2010）。〈為策略畫張地圖吧〉。《哈佛商業評論新版》，第43期（2010/03）。

Tahvanainen M. (1998). Expatriate performance management: The case of Nokia Telecommunications. Helsinki: Helsinki School of Economics.

丁志達（2012）。〈人事管理制度規章設計〉。中華民國勞資關係協進會編印。

丁志達（2012）。〈績效管理與績效面談〉講義。重慶共好企管顧問公司編印。

丁志達（2014）。〈目標管理與績效面談實務班〉講義。中國生產力中心編印。

丁志達（2014）。〈高績效目標管理與績效考核技巧〉講義。中國生產力中心編印。

丁志達（2014）。〈提升主管核心管理能力實務講座班〉講義。中華工商研究院編印。

王仕琦整理（1998）。〈主管要有勇氣告訴下屬弱點〉。《工商日報》（1998/12/17）。

王碧霞（1999）。〈IBM創造高績效文化的考績制度〉。《能力雜誌》，總號第519期（1999年5月號）。

布蘭佳專欄（1994）。〈績效評估前，先做好績效管理〉。《管理雜誌》，第240期（1994年6月號）。

吳依瑋（2000）。〈員工考核以鼓勵替代懲罰：知識時代績效評估的3項新思考〉。《工商時報》（2000/11/20），經營知識版。

李伶珠（2011）。〈薪酬委員會，搞定高階經理人的「薪」事〉。《會計研究月刊》，第304期（2011/03）。

李欣岳、黃亞琪（2010）。〈七大企業，升遷密碼大公開〉。《Cheers雜誌》，第116期（2010/05）。

李瑞華主講，廖志德文（1999）。〈台積電以頂尖人才打造世界級企業的新績效制度〉。《能力雜誌》，總號第519期（1999年5月號）。

李瓊瑤（2001）。〈中鋼：發揮1＋1＞3力量〉。《綜效雜誌》，第152期（2001年5月號）。

林文正（2010）。〈績效管理≠打考績，提升員工能力更重要〉。《經理人月刊》，第71期（2010年10月號）。

林文政（1998）。〈高科技產業人員績效考核之研究——以一家資訊電子業公司研發人員為例〉。《第一屆高科技人力資源管理國際研討會報告輯（上）》。

林鉦鋟（1998）。〈用輔導取代責備〉。《工商時報》（1998/5/11）。

林蘭育（2011）。〈新光金控：績效管理從日常做起〉。《能力雜誌》，總號第666期（2011年8月號）。

邱皓政（2011）。〈提升軟硬績效管理5堂課〉。《能力雜誌》，總號第667期（2011/09）。

施內德曼（Arthur Schneiderman），流程管理獨立顧問；引自：《大師輕鬆讀：無師自通MBA》，第91期（2004/08/19-08/25），頁29。

孫本初（2000）。〈多元評估模式探討之研究〉。《人事月刊》，第31卷，第5期。

張文川、羅添斌（2013）。〈考績爛被解聘 太晚通知……無效〉。《自由時報》（2013/01/16）。

張錦富（1999）。〈透過績效管理制度持續改善〉。《管理雜誌》，第305期（1999年11月號）。

張鴻文（2008）。〈台灣惠氏：淘汰最後的5％，找出關鍵的15％人才〉。《經理人月刊》，第38期（2008年1月號）。

張寶誠（2010）。〈360度評估引領人才成長〉。《能力雜誌》（2010年6月號）。

梁金桂（2002）。〈如何做好360度評量回饋〉講義。美商宏智國際顧問（DDI）編印。

許倬雲（2000）。〈人文與社會的提升〉。《中國時報》（2000/7/3），2版。

曾玉明（1999）。〈績效發展引領企業向前看〉。《能力雜誌》，總號第519期（1999年5月號）。

曾渙釗（1988）。〈為企業做健康檢查——績效評估的方法〉。《現代管理月刊》，第142期（1988年11月號）。

曾鴻基講述，趙政岷整理（2001）。〈以績效發展為本 實踐對員工承諾〉。《工商時報》（2001/05/04），經營知識版。

黃英忠（1996）。〈人力資源管理的理念與應用〉。《人力資源發展月刊》，第34期。

楊青青（1999）。〈美國運通：推行銀貨兩訖的績效管理〉。《能力雜誌》，總號第519期（1999年5月號）。

廖文志（2011）。〈開創性的績效面談〉。《能力雜誌》，總號第666期（2011年8月號）。

廖志德（1999）。〈以績效管理引爆組織動力〉。《能力雜誌》，總號519期（1999年5月號），頁32-33。

管理雜誌編輯部（1992）。〈良好績效評估範例報導——考績考績考出高效率〉。《管理雜誌》，第222期（1992年12月號）。

管理雜誌編輯部（1992）。〈績效評估面面觀——有憑有據賞罰分明〉。《管理雜誌》，第222期（1992年12月號）。

劉厚鈺譯（1990）。〈讓顧客為員工打考績——員工獎勵與顧客滿意的結合〉。《現代管理雜誌》（1990年1月號）。

劉家寧（2002）。〈目標管理確立　績效考核精準〉。《經濟日報》（2002/12/23）。

劉揚銘（2010）。〈3M：給員工15%的自由，換來115%的工作表現〉。《經理人月刊》，第71期（2010年10月號）。

劉陽銘（2005）。〈專家會談KPI：3位管理高手激盪7大關鍵〉。《經理人月刊》，第4期（2005/03）。

蔡秀涓（1999）。〈績效不佳員工的處理：美國聯邦政府的經驗與啟示〉。《人事行政雜誌》，第129期（1999年8月號）。

蔡淑美（1988）。〈探訪「民」隱的績效評估面談〉。《現代管理雜誌》，第141期（1988/10/15）。

諸承明（1998）。〈績效評核系統內涵及其效益之研究——採「期望／實際」差距分析模式〉。《台大管理論叢》，第9卷，第1期。

鄭君仲（2005）。〈輕鬆搞懂KPI：7組條列重點帶你上路〉。《經理人月刊》，第4期（2005/03）。

盧懿娟（2005）。〈我的KPI經驗——機械製造／金豐機器：它讓我們落實每週檢討改進〉。《經理人月刊》，第4期（2005/03）。

蕭煥鏘（1999）。〈員工績效缺口之診斷與因應策略〉。《人事管理月刊》，第424-425期。

聯工社論（2012）。〈績效考核的強化與互信〉。《聯工月刊》，第268期（2012/04/30），2版。

韓志翔（2011）。〈績效面談回歸改善提升的初衷〉。《能力雜誌》，總號第666期（2011年8月號）。

韓志翔（2013）。〈企業麵包愛情兼顧　平衡獎酬蹺蹺板〉。《能力雜誌》，總第683期（2013/01）。

羅玳珊（2010）。〈專訪德律科技董事長陳玠源：用平衡計分卡瞄準未來〉。《哈佛商業評論新版》，第43期（2010年3月號）。

三、論文

尤振富（2009）。《企業績效管理制度之成敗與因應探討》。國立中央大學人力資源管理研究所碩士論文。

林于禎（2012）。《績效薪對企業經營績效影響——情境因素探討》。國立中央大學人力資源管理研究所碩士論文。

林素瑜（1999）。《組織學習與創新績效關係的研究》。靜宜大學企業管理學系碩士論文。

張智寧（2000）。《不同策略群組特性下員工績效評估與組織績效的關聯性研究》。靜宜大學企業管理學系碩士論文。

四、網路文章

Amber，〈策略地圖與平衡計分卡〉，科技產業資訊室網站http://cdnet.stpi.org.tw/techroom/analysis/pat_A077.htm

吳安妮，〈以平衡計分卡推動策略與績效管理〉，http://webcache.googleusercontent.com/search?q=cache:26s5hfho4w0J:host.lyjh.tyc.edu.tw/classweb/UploadDocument/510_%25A5H%25A5%25AD%25BF%25C5%25ADp%25A4%25C0%25A5d%25B1%25C0%25B0%25CA%25B5%25A6%25B2%25A4%25BBP%25C1Z%25AE%25C4%25BA%25DE%25B2z.doc+&cd=1&hl=zh-TW&ct=clnk&gl=tw

吳昭德，〈平衡計分卡概論〉，http://www.asia-learning.com/peter_wu/article/64063329/

張清浩律師部落格，〈雇主之績效考核權與司法審查〉，http://www.lex.idv.tw/?p=3809

鄭華輝（2003）。〈績效管理獲得成功的七條基本原則〉，http://www.eap.com.cn/Knowledge/ uccessfule performance management.htm。

管理叢書 14

績效管理

作　　者／丁志達
出 版 者／揚智文化事業股份有限公司
發 行 人／葉忠賢
總 編 輯／閻富萍
特約執編／鄭美珠
地　　址／22204 新北市深坑區北深路三段 260 號 8 樓
電　　話／02-8662-6826
傳　　真／02-2664-7633
網　　址／http://www.ycrc.com.tw
 E-mail　／service@ycrc.com.tw
 I S B N　／978-986-298-144-3
初版一刷／2003 年 10 月
二版一刷／2014 年 6 月
二版三刷／2018 年 8 月
定　　價／新台幣 550 元

國家圖書館出版品預行編目（CIP）資料

績效管理 / 丁志達著. -- 二版. -- 新北市 ：
揚智文化, 2014.06
　　面 ； 　公分. -- (管理叢書 ; 14)

　　ISBN 978-986-298-144-3 (平裝)

　　1.績效管理　2.人事管理

494.3　　　　　　　　　　　　　　103009184

Notes

Notes